边缘计算实践

——内容分发网络技术与前沿

（下册）

吕智慧　黄莎琳　吴　杰　蔡龙师　著

科 学 出 版 社

北　京

内 容 简 介

本书探讨了内容分发网络和边缘计算技术在无线移动环境与基于云架构的应用、学术研究案例分析、工业应用案例分析、应用加速技术、新型的直播技术、动态内容加速技术、基于内容分发网络的云安全以及内容分发网络和边缘计算的前沿技术展望等方面的应用和发展。本书旨在帮助读者了解内容分发网络技术和边缘计算技术的最新发展和应用场景，深入掌握其在不同领域的具体应用方法和技术原理。

本书适合从事内容分发网络技术和边缘计算技术研究和应用的专业人员，以及对此感兴趣的高校学生和从业者，特别是从事无线移动网络、云计算、互联网应用等领域研究的专业人员参考使用。

图书在版编目（CIP）数据

边缘计算实践：内容分发网络技术与前沿. 下册 / 吕智慧等著. —北京：科学出版社，2024.4

ISBN 978-7-03-078367-7

Ⅰ. ①边… Ⅱ. ①吕… Ⅲ. ①计算机网络－网络结构 Ⅳ. ①TP393.02

中国国家版本馆 CIP 数据核字（2024）第 071236 号

责任编辑：余 丁 高慧元 / 责任校对：任苗苗
责任印制：师艳茹 / 封面设计：蓝正

科 学 出 版 社 出版
北京东黄城根北街 16 号
邮政编码：100717
http://www.sciencep.com
北京九州迅驰传媒文化有限公司印刷
科学出版社发行 各地新华书店经销
*
2024 年 4 月第 一 版 开本：720 × 1000 1/16
2024 年 4 月第一次印刷 印张：13 1/4
字数：265 000

定价：118.00 元

（如有印装质量问题，我社负责调换）

序　言

在这个数字化和智能化时代，信息的传输速度和质量已成为衡量技术进步的关键指标之一。内容分发网络（CDN）和边缘计算技术，作为解决互联网访问服务质量问题的重要手段，正在塑造我们获取和交换信息的方式。该书由复旦大学吕智慧教授及其团队撰写，不仅是对这一领域知识的全面总结，也是对未来技术发展方向的深刻洞见。

吕教授和他的团队总结了在 CDN 和边缘计算技术上多年的深入研究和广泛应用经验，提供了一部极为宝贵的著作。他们不仅探讨了 CDN 和边缘计算技术的基本概念、核心技术和主要协议，还深入分析了这些技术在现代网络环境中的关键作用和应用前景。

书中包含了复旦大学与网宿科技股份有限公司之间多年的产学研合作成果和网宿科技股份有限公司的多项 CDN 专有技术成果，充分反映了学术界与工业界在这一领域的紧密合作。这种紧密合作模式为我们提供了一个宝贵的视角，该书不仅涵盖了从基础理论到最新技术发展的全方位内容，也有针对实际 CDN 和边缘计算技术问题的企业解决方案，真正做到了理论与实践的结合，让我们能够更全面地理解 CDN 和边缘计算技术的发展动态和应用场景。

在阅读该书的过程中，读者将会对 CDN 和边缘计算技术有一个全面而深入的理解。从内容的高效分发、缓存策略，到负载均衡、服务部署，再到应用加速技术、新型的直播技术、动态内容加速等方面，吕教授和他的团队为我们展示了一幅技术进步如何推动社会发展的画卷。随着宽带和移动互联网技术的不断发展，以及人工智能技术的日益普及，这些技术的重要性只会越来越高，对于从业者、研究人员乃至普通读者来说，该书无疑是一座宝贵的知识宝库。

我相信，通过阅读该书，读者不仅能够获得关于 CDN 和边缘计算技术的深入理解，还能够洞察到这些技术在未来社会发展中的巨大潜力。在 CDN 和边缘计算技术领域，无论是解决当前的技术挑战，还是探索未来的技术方向，该书都将是一个不可或缺的参考和指南。

中国工程院院士

2024 年 3 月 1 日于复旦大学

前　言

内容分发网络（content delivery/distribution network，CDN）概念是 1998 年美国麻省理工学院的教授和研究生通过分析当时 Internet 的状况，提出的一套能够实现用户就近访问的解决方案。CDN 作为边缘计算的典型代表，通过在现有的 Internet 上增加一层应用层的网络架构，专门用于通过互联网高效地传递丰富的多媒体内容。其主要机制是通过在网络多个边缘接入处，布置多个层次的缓存服务器节点，通过智能化策略，将中心服务器丰富的内容分发到这些距离用户最近、服务质量最好的节点，同时通过后台服务自动将用户引导到相应的节点，使用户可以就近取得所需的内容，加快用户访问丰富媒体服务的响应速度。随着宽带和移动互联网技术的快速发展，现在的互联网应用已经从单纯的 Web 浏览全面转向以丰富媒体内容为中心的综合应用，内容为王的时代已经到来，丰富媒体内容的分发服务将占据越来越大的比重，流媒体、社交网络、大文件下载、高清视频等应用逐渐成为宽带应用的主流。这些应用所固有的高带宽、高访问量和高服务质量要求对以尽力而为为核心的互联网提出了巨大的挑战，如何实现快速的、有服务质量保证的内容分发传递成为核心问题。总地来说，虽然 CDN 技术已经得到了广泛应用，但依旧存在很多新的问题需要研究者和开发者继续解决，具有重要的研究意义。随着移动互联网和物联网等技术的飞速发展，大规模的数据处理和传输已经成为当今社会的重要需求。传统的数据中心和云计算技术已经无法满足快速增长的数据处理需求。在这种情况下，作为 CDN 概念的进一步拓展，边缘计算技术应运而生，它可以在物理空间上更接近终端设备的地方提供更快速的数据处理和传输服务。CDN 和边缘计算技术可以帮助提高数据的传输效率和处理效率，减少传输延迟和数据传输故障的发生，它们已经成为当今互联网和物联网领域最受欢迎和热门的技术之一。

本书是一部针对内容分发网络和边缘计算技术的专著，综合了复旦大学吕智慧教授和他的团队 20 余年的研究成果。作者团队不仅来自学术界，还包括复旦大学重要合作伙伴：国内先进的 CDN 运营商之一——网宿科技股份有限公司的高级技术人员。全书共 18 章，上册、下册各为 9 章，全面介绍内容分发网络技术和边缘计算的理论、原理、协议与应用。本书上册介绍 CDN 和边缘计算技术的概述和主要技术原理，包括内容分发、缓存、路由和负载均衡等方面的技术。此外，本书上册还介绍了多媒体网络与系统通信主要协议、流媒体系统、P2P 与 CDN 的结合与发展、数据驱动的 CDN 资源管理技术、边缘计算环境下虚拟机资源配置技术、边缘计算数据资源的索引定位与冗余放置技术以及边缘计算环境下的服务部署和任务路由等方面的内容。然后在下册展开介绍内容分发网络和边缘计算技术的前沿发展和应用，重点关注无线移动环境和基于云架构的 CDN 相关技术，探讨了其在学术、工业和其他领域中的应用。进一步涵盖了网宿科技股份有限公司的 CDN 技术和平台：从应用加速技术到新型的直播技术、动态内容加速技术，再到基于内容分发网络的云安全，最后展望了内容分发网络和边缘计算的前沿技术。这些内容将帮助读者深入了解内容分发网络技术和边缘计算技术的最新发展和未来趋势，以及如何在实际应用中有效地利用这些技术来提高内容分发网络和边缘计算的应用性能和用户体验。

我们相信，本书将为读者提供关于边缘计算和 CDN 技术的全面理解和深入认识，帮助他们更好地了解这些技术的基本概念和应用场景，掌握其核心技术和实现方法，以及在实际应用中遇到的问题及其解决方案。本书还将为相关研究人员、从业者和研究生提供一个良好的学习和交流平台，促进边缘计算和 CDN 技术的进一步发展和应用。

本书是复旦大学吕智慧教授团队科研项目和国内外最新成果调研的总结。吕智慧教授撰写了本书的上册及下册的第 1～4 章和第 9 章，网宿科技股份有限公司撰写了本书下册的第 5～8 章；研究生杨骁、吴子彦、王聪婕、肖瑗、唐松涛、徐杨川、黄思嘉、黄翼、何珺菁、尤吉庆、杜鑫、郑梦珂、郭恒其、王信宇、邓睿君、保昱冰、谢梦莹为本书的不同章节做出了贡献，科学出版社的编辑为本书的编校做出了贡献，在此一并表示衷心的感谢。

吕智慧

复旦大学计算机科学技术学院

2023 年 8 月 19 日

目　录

第 1 章　无线移动环境的内容分发网络技术

本章首先从无线网络基础技术、5G 网络技术、固网与移动网的融合技术及移动宽带多媒体四个方面介绍了无线移动环境内容分发网络的发展概况，然后具体介绍了无线多媒体内容分发的关键技术，在 1.3 节引入移动边缘计算网络的概念，解读了移动边缘计算网络为无线移动环境内容分发网络所注入的新活力和新变化。

1.1　无线、宽带、多媒体技术发展趋势

截至 2022 年 6 月，中国网民规模达 10.51 亿，互联网普及率提升到 74.4%。中国累计建成开通 5G 基站 185.4 万个，5G 移动电话用户数达 4.55 亿，建成全球规模最大 5G 网络，成为 5G 标准和技术的全球引领者之一。骨干网、城域网和 LTE（long term evolution，长期演进）网络完成互联网协议第六版（internet protocol version 6，IPv6）升级改造，主要互联网网站和应用 IPv6 支持度显著提升。截至 2022 年 7 月，中国 IPv6 活跃用户数达 6.97 亿。——国务院新闻办公室《携手构建网络空间命运共同体（2022 年 11 月）》。

数字内容产业在下一代互联网协议（internet protocol，IP）网络的应用中占有十分重要的地位。随着近年来无线通信和访问的迅猛增长以及互联网的巨大成功，无线和互联网通信正在向着能随时随地在任何设备上都能提供实时多媒体内容服务的目标发展。

1.1.1　无线网络的基础技术

无线网络，是指无须布线就能实现各种通信设备互联的网络。无线网络主要涵盖：分区域部署全球微波接入互操作性（world interoperability for microwave access，WiMax）城域网、无线网格网络、无线保真（wireless fidelity，WiFi）局域网；建立统一的无线管理平台和基站；在主要交通要道、港口和公共场地部署无线接入点；实现 5G 网络；WiFi、5G 网络的无缝融合等。

1. 智能家庭/展位个域网

智能家庭个域网中的无线网络应用场景包括家用设备互联网、集约化中心设备、家庭泛在传感设备、无线个人区域网（wireless personal area network，WPAN）、智能识别设备、微小型移动数字终端、智能家电等上百种。通过超宽带（ultra wide band，UWB）等技术进行家用设备组网，可以实现数据交换（如电视、计算机、音响的媒体内容共享），网络远程监控与控制，健康远程诊断与监控，无线传感器网络和 Internet 的结合等功能。

从下一代 Internet 和无线网络的角度来看，多种类型的有线、无线网络如宽带 Internet、无线广域网、无线城域网、无线局域网、无线个人区域网，超宽带、蓝牙、软件无线电或感知无线电、对等网络等将并存。

从设备的角度来看，各种具备多种有线/无线接入能力的设备也正在涌现，包括个人计算机（personal computer，PC）、电视机机顶盒、5G 手机、掌上电脑（personal digital assistant，PDA）等多种终端，整个社会对数字内容的需求是下一代网络发展的主要动力。

2. 随时随地的通信

根据信息技术研究公司 Gartner 2023 年 1 月的研究数据，2023 年全球总设备（个人计算机、平板电脑和手机）的出货总量为 17 亿台，2023 年中国 PC 市场出货量约为 4830 万台。Canalys 预计，到 2024 年中国 PC 市场中 PC（台式机、笔记本计算机和工作站）和平板电脑类别将比 2023 年增长 7%和 1%。这些增长主要来源于青年群体，他们精通科技，并且与发达国家的中产阶级相比更具有消费能力。他们同样渴求从移动设备中寻求新的“互联生活体验”——这将会改变他们学习、娱乐、通信、购物和支付的方式，同时也提升了生活的品质。

这种对于互联生活体验的爆炸性需求以及智能设备的急速扩张，为新兴市场的运营商提供了无限的机遇，尤其是移动云。Canalys 发布的调研报告显示，2020 年全年，全球云基础设施支出高达 1420 亿美元，同比增长 33%；并指出，零售与制造业等受新冠疫情影响最大行业，对云服务需求保持强劲的势头，以云为核心的智能化、数字化速度正在加快。

各项无线标准如图 1-1 所示，主要涉及：电气电子工程师学会（Institute of Electrical and Electronics Engineers，IEEE）的 802.15（无线个人区域网，WPAN）、802.11（无线局域网，WLAN）、802.16a/d（固定无线接入，FWA）和 802.20（宽带移动接入，WBMA）等标准。其中，WPAN 主要包括蓝牙（bluetooth）技术和超宽带（UWB）技术；而采用 802.11 标准的 WLAN 和采用 802.16a/d 标准的 FWA 也被称为 WiFi 和 WiMax。

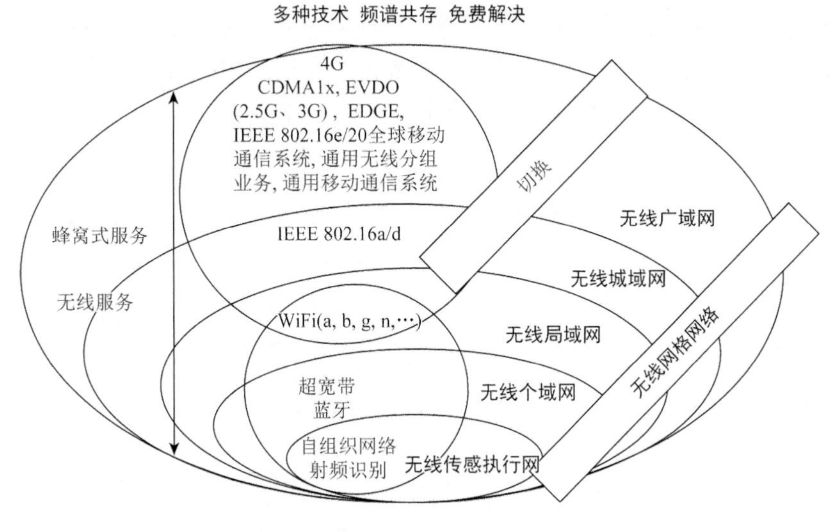

图 1-1　多种无线标准

3. 3G 网络

我国 3G 网络的发展始于 2009 年，当年 1 月初工业和信息化部正式向 3 家运营商同时发放 3G 牌照。工业和信息化部向中国移动发放中国自有知识产权时分同步码分多址（time division-synchronous code division multiple access TD-SCDMA）运营牌照，中国联通和中国电信则分别获得另外两个 3G 国际标准牌照，中国联通获得宽频分码多重存取（wideband code division multiple access，WCDMA），中国电信则获得 CDMA2000 牌照。3G 网络建设带动了包括无线主设备、光纤光缆传输、无线网络优化、IT 支撑系统等出现明显增长。我国工业和信息化部官员表示，2009～2010 年我国完成的 3G 投资达到 2800 亿元左右。

WCDMA 是基于 GSM 网发展出来的 3G 技术规范，是欧洲提出的宽带 CDMA 技术。WCDMA 的特点是有较高的扩频增益，发展空间较大，全球漫游能力最强，但技术成熟性一般。其中 R4 版本是向全分组化演进的过渡版本，R5 和 R6 是全分组化的网络，在 R5 中提出了高速下行分组接入的方案，可以使最高下行速率达到 10Mbit / s。

CDMA2000 是由窄带 CDMA（CDMAIS95）技术发展而来的宽带 CDMA 技术，由美国高通公司为主导提出，现在韩国成为该标准的主导者，其特点是可以从原有的 CDMAOne 结构直接升级到 3G，建设成本低廉。

TD-SCDMA 是由中国提出的 3G 标准。其特点是频谱利用率高、对业务支持具有灵活性等。

3G 网络存在很明显的缺点：3G 是基于地面、标准不一的区域性通信系统，尚不能达到在覆盖、质量、造价上支持的高速数据和高分辨率多媒体服务。各种高性能多应用的网络、通信设备需要更高性能的无线通信网络来满足。

各种技术标准的覆盖范围和数据传输速率之间的关系如图 1-2 所示。

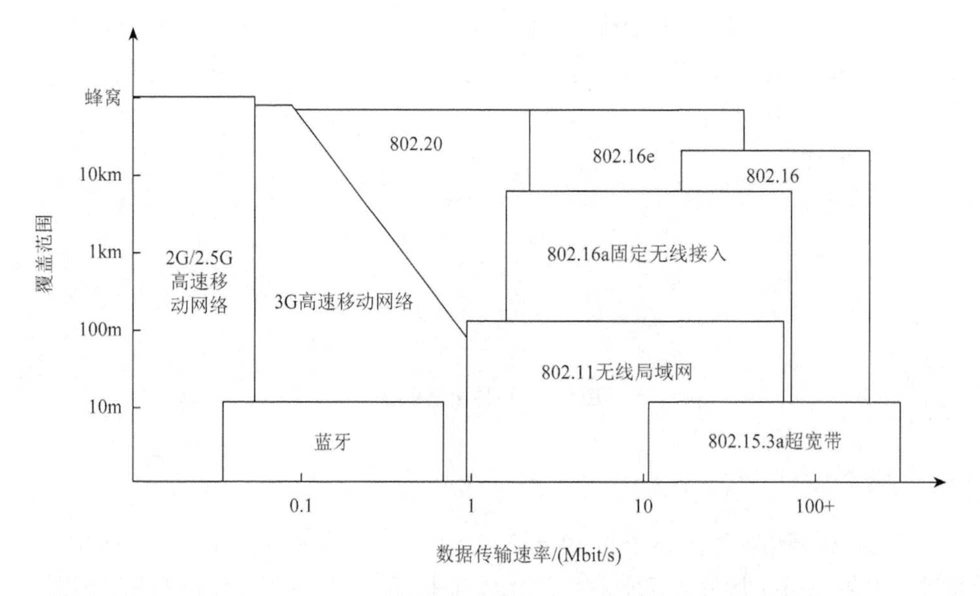

图 1-2 各种技术标准的覆盖范围和数据传输速率之间的关系

4. 4G 网络

1）4G 网络介绍

4G 是第四代移动通信及其技术的简称，是集 3G 与无线局域网（wireless local area network，WLAN）于一体并能够传输高质量视频图像以及图像传输质量与高清晰度电视不相上下的技术产品。4G 系统能够以 100Mbit/s 的速度下载，比拨号上网快 2000 倍，上传的速度也能达到 20Mbit/s，并能够满足几乎所有用户对于无线服务的要求。4G 可以在有线电视调制解调器没有覆盖的地方部署，然后扩展到整个地区。

起初提交的 4G 标准共有 6 个技术提案，分别是来自北美标准化组织 IEEE 的 802.16m、日本（两项分别基于 LTE-A 和 802.16m、3GPP 的 LTE-A）、韩国（基于 802.16m）、中国（基于 TD-LTE-Advanced）和欧洲标准化组织 3GPP（基于 LTE-A）。LTE-Advanced 和 802.16m 分别获得了不同厂家和阵营的支持。其中，LTE-Advanced 得到国际通信运营企业和制造企业的支持。法国电信、德国电信、美国 AT&T、日本 NTT、韩国 KT、中国移动、爱立信、诺基亚、华为、中兴等明确表态支持 LTE-Advanced。最终入选的是中国的 TD-LTE-Advanced 技术方案。

2）不同标准的实现方法

（1）WiMax-全球微波接入-802.16 无线城域网（表 1-1）。

表 1-1　WiMax-全球微波接入-802.16 无线城域网

优势	WiMax 所能提供的最高接入速度是 70Mbit/s，是 3G 所能提供的宽带速度的 30 倍
	实现更远的传输距离
劣势	从标准来讲 WiMax 技术不能支持用户在移动过程中无缝切换（要到 802.16m）
	WiMax 严格意义上讲不是一个移动通信系统的标准，而是一个无线城域网的技术
涉及技术	正交频分多址（OFDMA）、MIMO 智能天线技术

（2）WirelessMAN-Advanced-802.16m（表 1-2）。

表 1-2　WirelessMAN-Advanced-802.16m

优势	支持用户在移动过程中无缝切换
	有 5 种网络数据规格，节省功耗
	可在“漫游”模式或高效率/强信号模式下提供 1Gbit/s 的下行速率
劣势	可能会先被军方采用
涉及技术	正交频分多址（OFDMA）、MIMO 智能天线技术

（3）SHPA+（表 1-3）。

表 1-3　SHPA+

优势	是一种经济而高效的 4G 网络，成本上的优势很明显
	是商用条件最成熟的 4G 标准
劣势	速度一般，比不上其他 4G 标准
涉及技术	新的传输信道 E-DCH、新的物理信道 E-DPDCH

（4）LTE-长期演进（表 1-4）。

表 1-4　LTE-长期演进

优势	下行峰值速率为 100Mbit/s、上行峰值速率为 50Mbit/s
	强调向下兼容，支持已有的 3G 系统和非 3GPP 规范系统的协同运作
劣势	LTE 终端设备当前有耗电太大和价格昂贵的缺点，目前不具备太大的商业性
涉及技术	基于 TDD 的双工技术、OFDM（正交频分复用技术）、基于 MIMO/SA 的多天线技术

（5）LTE-Advanced（表 1-5）。

表 1-5　LTE-Advanced

优势	峰值速率：下行 1Gbit/s，上行 500Mbit/s
	后向兼容的技术，完全兼容 LTE，是演进而不是革命
劣势	密集部署、重叠覆盖会造成很复杂的干扰
涉及技术	基于 TDD 的双工技术、OFDM（正交频分复用技术）、基于 MIMO/SA 的多天线技术

3）我国 4G 标准——TD-LTE

TD-LTE 是 TD-SCDMA 的后续演进技术，继承了 TD-SCDMA 系统大量的中国自主知识产权，实现了以我为主而又融入了国际标准。在中国政府的大力支持下，以中国移动为代表的中国企业在 TD-SCDMA 标准化、产业化、规模部署经验的基础上，主导了 TD-LTE 的标准化和产业化发展。

整体来说，4G 网络的优、劣势分析如图 1-3 所示。

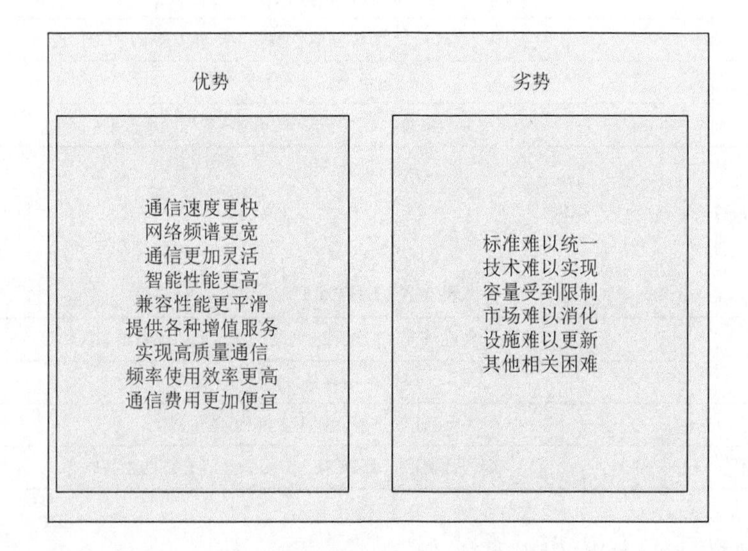

图 1-3　4G 网络的优、劣势分析

4）4G 主要应用

（1）视频通话/在线视频：高速网络支持人们实时面对面通话，同样高速网络支持人们上传或下载高清视频。

（2）云（计算）服务：高速便捷的在线存储和应用，云服务对于移动用户来说在可靠性、功能性和安全性方面都会有显著的改善。

（3）在线游戏：每时每刻基于 4G 网络的在线游戏对于游戏热衷者来说是一种莫大的诱惑，对于普通手机用户而言也是打发碎片时间的好方法。

（4）区域社交服务：社交永远是热门的应用，基于 4G 网络的区域内近距离社交，可视频、可音频，可发送视频或照片，给社交带来便捷的方式。

（5）手机导航定位：更精确的定位，更清晰的街角图片，更丰富的美食、娱乐推荐。

1.1.2　5G 网络技术

1. 5G 网络介绍

第五代移动通信技术（5th generation mobile communication technology，5G）是具有高速率、低时延和大连接特点的新一代宽带移动通信技术，5G 通信设施是实现人-机-物互联的网络基础设施。

国际电信联盟（International Telecommunication Union，ITU）定义了 5G 的三大类应用场景，即增强移动宽带（enhanced mobile broadband，eMBB）、超高可靠低时延通信（ultra reliable low latency communication，uRLLC）和海量机器类通信（massive machine type communication，mMTC）。eMBB 主要面向移动互联网流量爆炸式增长，为移动互联网用户提供更加极致的应用体验；uRLLC 主要面向工业控制、远程医疗、自动驾驶等对时延和可靠性具有极高要求的垂直行业应用需求；mMTC 主要面向智慧城市、智能家居、环境监测等以传感和数据采集为目标的应用需求。

为满足 5G 多样化的应用场景需求，5G 的关键性能指标更加多元化。ITU 定义了 5G 八大关键性能指标，其中高速率、低时延、大连接成为 5G 最突出的特征，用户体验速率达 1Gbit/s，时延低至 1ms，用户连接能力达 100 万个连接/km^2。

5G 移动网络采用软件定义去中心化的非集中式网络控制方式，有效地提高了网络的灵活性和可扩展性，主要由统一接入网和基于软件定义网络的核心网构成，其中，统一接入网的无线接入点均连接到核心网边缘的本地接入实时访问服务器上，通过任意无线接入点服务的移动终端或实时访问服务器上的分布式网关，进入核心网中进行访问。基于软件定义网络的核心网主要实现移动性管理和通信控制管理，由软件的网络功能实现移动性管理、QoS 控制和网络管理，通过网络控制器和网络基础设施进行网络控制，提供网络管理策略，并动态决定 QoS 控制的参数。同时，在进行网络移动性管理的过程中，要重点关注移动性锚点的具体位置和部署方式。要支持分布式移动性管理，实现对异构接入网络无线资源的多接入协调和统一调度，有效地实现 5G 移动网络的移动性管理，包括位置管理和切换管理，并通过对分布式网关的控制和管理，实现本地流量卸载[1]。

2. 5G 网络发展现状

1）5G 网络建设规模进一步增长

移动电话用户数稳中有增，5G 用户占比不断提升。截至 2023 年 2 月末，三家基础电信企业的移动电话用户总数达 16.95 亿户，比 2022 年末净增 1188 万户。其中，5G 移动电话用户达 5.92 亿户，比 2022 年末净增 3129 万户，占移动电话用户的 34.9%，占比较 2022 年末提升 1.6 个百分点；5G 基站总数达 238.4 万个，比 2022 年末净增 7.21 万个，占移动基站总数的 21.9%，占比较 2022 年末提升 0.6 个百分点[2]。

移动通信技术的发展趋势如图 1-4 所示，在未来，国内 5G 建设将保持稳步发展。总体而言，业界认为适度超前建设符合公共基础设施的总体特点，特别是结合 2G、3G、4G 移动通信技术的发展，确保了行业格局的快速形成。三大国内电信运营商将继续加大对 5G 网络的投资。

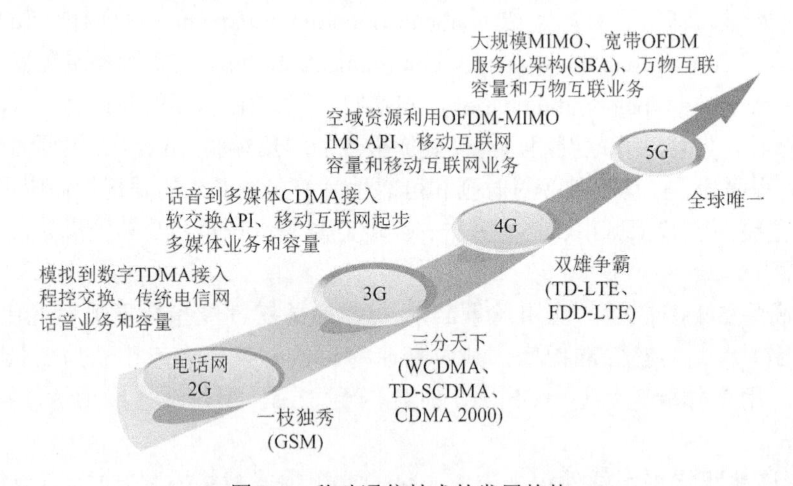

图 1-4　移动通信技术的发展趋势

2）5GC/B/G 端融合应用市场前景巨大

随着 4K/8K 视频的不断推广和普及，以及 VR/AR 技术的不断升级，5G + 超高清视频、5G + VR 等在线直播方式将成为最新的主流。未来，5G 将在超高清直播、VR/AR 等领域为 C 端用户带来更多极致体验，从而刺激用户增加消费。此外，5G 手机和其他终端设备新的 5G 网络架构也将迎来全面升级，带动 5G 换机热潮。

5G 在物联感知及智慧互联两个领域的应用空间广泛。以物联网智能感知为代表的工业互联网、车联网等 B 端 5G 融合应用场景，以及智慧城市、智慧水务、智慧电网等 G 端 5G 融合应用场景具备企业和政府两个巨大量级的客户群。工业互联网以感知技术为基底，应用 5G 网络的高速率传播以及超低时延，能够显著降低工业过程中的成本，提高工业生产效率，促进工业数字化发展。依靠 5G 可靠传输的智能网联汽车与其他实体交互（5G vehicle-to-everything，5G-V2X）技术也正在加紧进行研发和试验。同时，在智慧城市、智慧物流、智慧电力、智慧水利、政府数据管理、安防监控、政府大数据等方面，B 端和 G 端融合应用利用 5G 网络的特性可大幅提高工作效率，将为 5G 新基建释放更多需求。2021 年，B 端和 G 端融合应用规模平均增长超过 200%，以工业互联网、车联网、政府数字治理等方面最为显著[2]。

3）5G 将对工业互联网领域显著赋能

近两年的 5G 行业级应用主要面向 eMBB 应用场景。目前，面向 uRLLC 和 mMTC 工业物联网方向的 R16 版本已经冻结。R16 围绕基本功能增强、垂直行业能力扩展、运维自动化及网络智能化增强三方面，进一步增强 5G 更好地服务行业应用的能力。R17 版本目前正在准备中，将继续对基础能力进行增强，同时在工业物联网、网联无人机、定位、网络控制的交互服务等能力上继续增强。

我国“5G＋工业互联网”创新发展进入快车道，建成全球规模最大、技术领先的 5G 独立组网网络。飞机、船舶、汽车、电子、采矿等一大批国民经济支柱产业开展“5G＋工业互联网”创新实践，全国在建项目超过 4000 个，培育一批高水平的 5G 全连接工厂标杆。5G 加速向医疗、交通、教育等各行业、各领域推广，带动人工智能、8K 显示等新技术日益成熟，带动车联网等新业态蓬勃发展。中国信息通信研究院发布的《2022 中国“5G＋工业互联网”发展成效评估报告》显示，全国 4000 余个“5G＋工业互联网”项目已覆盖 41 个国民经济大类，5G 全连接工厂种子项目中，工业设备 5G 连接率超过 60%的项目占比超一半，5G 技术与工业融合的广度和深度不断拓展。从以上分析可以看到，5G 在工业互联网中的应用正逐步深入。

4）5G 网络未来应用及发展

未来 5G 行业应用需与 5G 自身的发展规律相适应，5G 技术标准是分不同版本梯次导入的。第一个 5G 标准是 R15，由第三代移动通信伙伴项目（3GPP）在 2018 年发布，而最新版 R17 版本标准重点实现海量机器类通信，支持中高速大连接，于 2022 年发布。

另外，5G 技术创新向行业应用转化遵循产业发展规律新技术产业化过程长、环节多，具有长期性、不确定性和高风险性等特点。而不同行业的数字化水平和需求，也会决定 5G 技术创新扩散速度，如先导行业的数字化水平较高，行业业务对 5G 的需求已经相对明确，便可引领其他行业发展。另外，未来 5G 的应用场景也会呈现梯次导入，螺旋式上升，继而形成规模拷贝，将从网络、终端、平台、安全层面与行业深度融合，促进现有产业链扩充形成新体系。

1.1.3 基于 IMS 的 FMC 实现

5G 网络隶属移动网的范畴，而 FMC 实现了固网与移动网的融合。

1. 固定移动融合（fixed mobile convergence，FMC）

FMC 是指固网与移动网的融合。FMCA 对 FMC 的定义是，运营商统一利用移动和固定的资源及网络为客户提供电信服务的方式，服务的内容包括数据、语音、多媒体及其他运营商可以提供的增值业务。

对 FMC 而言，网络的业务提供与接入技术和终端设备相独立，业务控制完全从呼叫控制中分离出来。从用户角度看，FMC 的目的是使用户通过不同的接入网络，享受相同的服务，获得相同的业务。其主要特征是用户订阅的业务与接入点和终端无关，也就是允许用户从固定或移动终端通过任何合适的接入点使用同一业务[3]。

融合的控制层和业务层可有效地降低电信运营商的资本支出和运营成本，并可通过提供固定与移动融合的业务来提高用户平均收入值和用户忠诚度。FMC 的标准化工作主要由电信和互联网融合业务及高级网络协议和 3GPP 负责，两者就此话题成立联合工作组，并一致认为未来 FMC 网络将基于 IMS 的体系架构。

2. IP 多媒体子系统（IP multimedia subsystem，IMS）

IMS 是一个多媒体控制平台，由 3GPP 在其 R5 版本中引入，旨在为 3G 用户提供各种多媒体服务，其核心特点是采用移动互联网服务内容应用服务的直接提供者协议和与接入的无关性，为未来的多媒体应用提供一个通用的业务平台，引入 IMS 成为业界公认的向 FMC 演进的重要一步。3GPP R5 主要定义 IMS 的核心结构、网元功能、接口和流程等内容：R6 版本增加了部分 IMS 业务特性，IMS 与其他网络的互通规范和无线局域网接入特性等；R7 版本加强了对固定、移动融合的标准化制订，要求 IMS 支持数字用户线、电缆调制解调器等固定接入方式[3]。

IMS 的核心特点是：①与接入技术无关；②采用 SIP 协议进行端到端的呼叫控制；③在移动性、安全、计费、网络互通等方面进行了全面的考虑和详尽的定义。

工业和信息化部发布的数据显示，截至 2020 年底，我国固定宽带家庭普及率已达到 96%，移动宽带用户普及率达到 108%。2022 年 8 月 19 日，工业和信息化部信息通信发展司司长谢存表示，我国建成了全球规模最大的光纤和移动宽带网络，固定网络逐步实现从十兆到百兆、再到千兆的跃升，移动网络实现从“3G 突破”到“4G 同步”再到“5G 引领”的跨越。而移动运营商建设固定宽带网络 FMC

已成为运营商面向未来，持续构建全业务运营竞争力的核心所在，FMC + 5G 时代的到来意味着更多固定业务与移动业务的融合。

1.1.4　移动与宽带多媒体

1. 多媒体产业发展

我国数字媒体市场规模和产业潜力巨大。“2022 年中国数字经济规模超过 50 万亿元，占 GDP 比重超过 40%，继续保持在 10%的高位增长速度，成为稳定经济增长的关键动力。其中，中国数字产业化规模达到 7.5 万亿元，不断催生新产业、新业态、新模式，向全球高端产业链迈进；产业数字化进程持续加快，规模达到 31.7 万亿元。工业、农业、服务业数字化水平不断提升。”——国务院发展研究中心市场经济研究所；东京——任天堂，2016 年的交易量达到 1570 亿美元，远超过丰田汽车；加拿大魁北克地区形成多媒体产业谷，成为支柱产业，聚集千家公司，年产值超 100 亿美元。

2. 多媒体产业链

5G 技术正推动我国流媒体业务发展。5G 具有高速度（数据传输速率最高可达 10Gbit/s，比 4G 网络快 100 倍）、低延迟（5G 相较于 4G 网络 30～70ms 的网络延迟，其网络延迟低于 1ms）和大容量（连接数密度可以达到 100 万个连接/km^2）的技术特性。

对于流媒体平台来说，5G 技术将实现视频下载及播放网速限制的突破，并将在音视频生产、传播、消费等方面呈现新趋势，进入以长视频生产为主、长短视频相结合的时代。5G 技术不仅提高了流媒体的传输速度，还将与人工智能、虚拟现实等技术实现融合并赋能流媒体的内容生产环节，创新出高质量的音视频内容，开拓出多元化的传播方式，进一步带来流媒体平台内容生产与传播的变局。多媒体产业链如图 1-5 所示。5G 时代，音视频生产将朝着智能化、场景化的方向发展，流媒体技术的边界、音视频传播的逻辑以及音视频内容生产的形态都将发生革命性的变革。“5G + ”也将会通过流媒体以视听形式惠及社会大众，甚至全人类[4]。

3. 多媒体产业链——媒体制作

多媒体产业链分为媒体制作、媒体流通和媒体消费三个部分。媒体制作的主要内容如图 1-6 所示。主要使用到的技术包括内容管理、内容检索、数字版权保护、各个环节安全管理技术、用户管理与认证和服务计费与结算等。

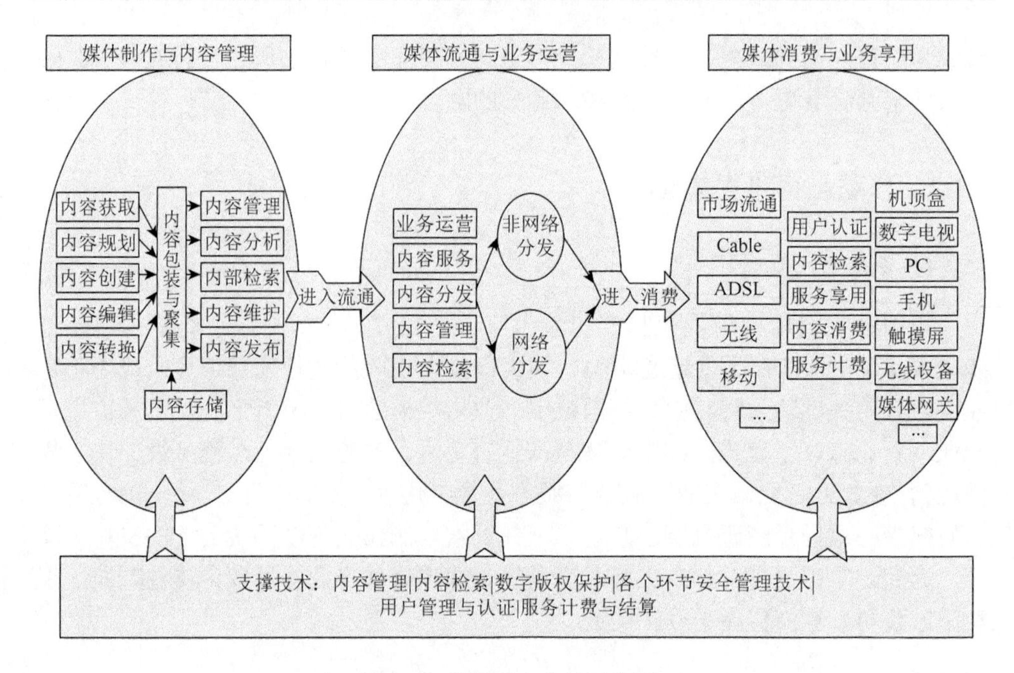

图 1-5　多媒体产业链示意图

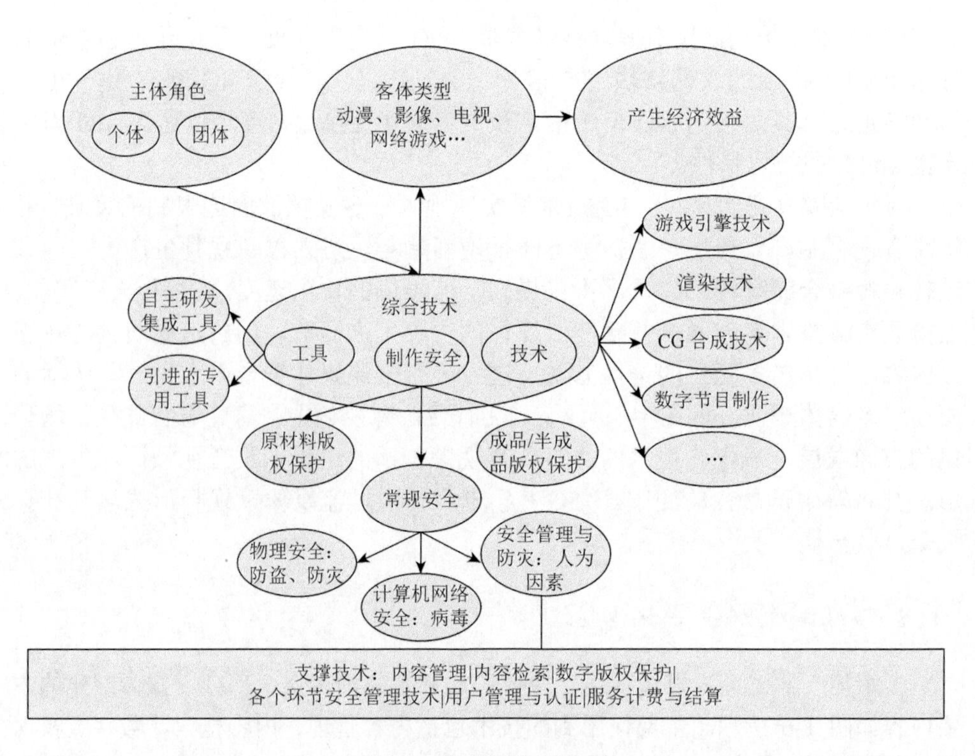

图 1-6　媒体制作示意图

4. 多媒体产业链——媒体流通

如图 1-7 所示，媒体流通主要分为网络流通与分发和非网络流通与分发，流通需要考虑技术、介质、安全等因素。

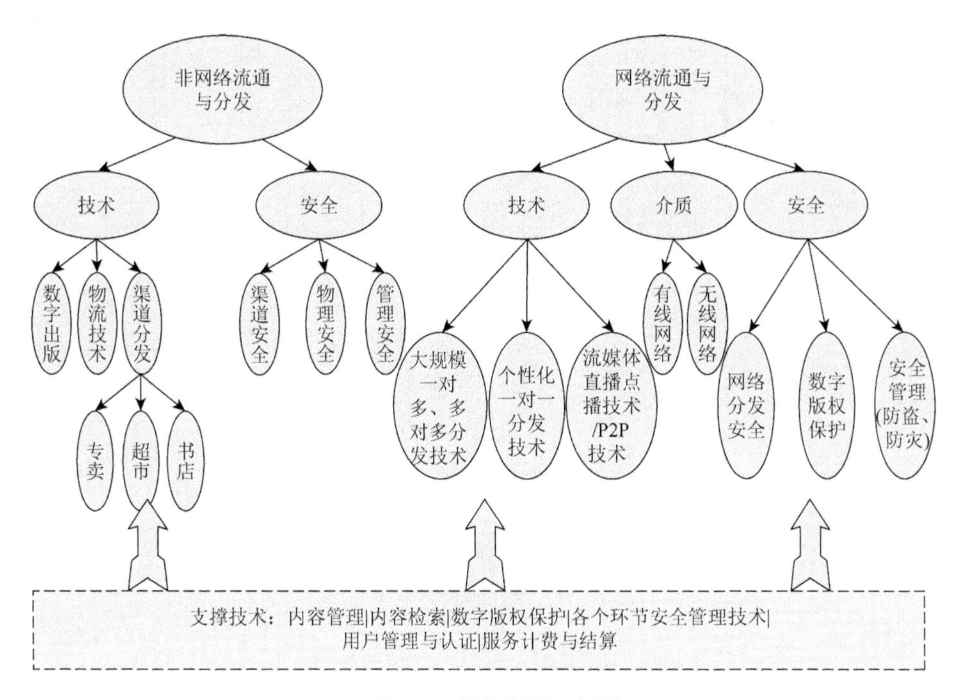

图 1-7　媒体流通示意图

5. 多媒体产业链——媒体消费

如图 1-8 所示，媒体消费与媒体流通类似，要考虑技术、终端、介质和安全等因素。使用到的支撑技术有内容管理、内容检索、数字版权保护、安全管理技术、服务计费与结算等。

随着 5G 网络的不断延伸及最新无线通信协议的进展和先进 5G 通信设备的开发和部署，无线通信将真正实现从语音到数据的跨越，为用户提供更为畅通便捷的媒体流通 + 消费。无线运营商可以随时、随地为移动用户提供宽带流媒体数据发送及接收应用业务，未来的无线应用将以指数形式增长。这些应用业务从视频电子邮件到天气、旅游信息，从本地、全球和个人新闻报道到定位服务，从电子商务到远程医疗和家庭自动化，从音乐下载到视频点播、视频直播服务，5G 所创造的高速率的通信方式，为更多的移动流媒体应用带来了无限的发展空间，图 1-9 展示了媒体流通和消费的结合应用。

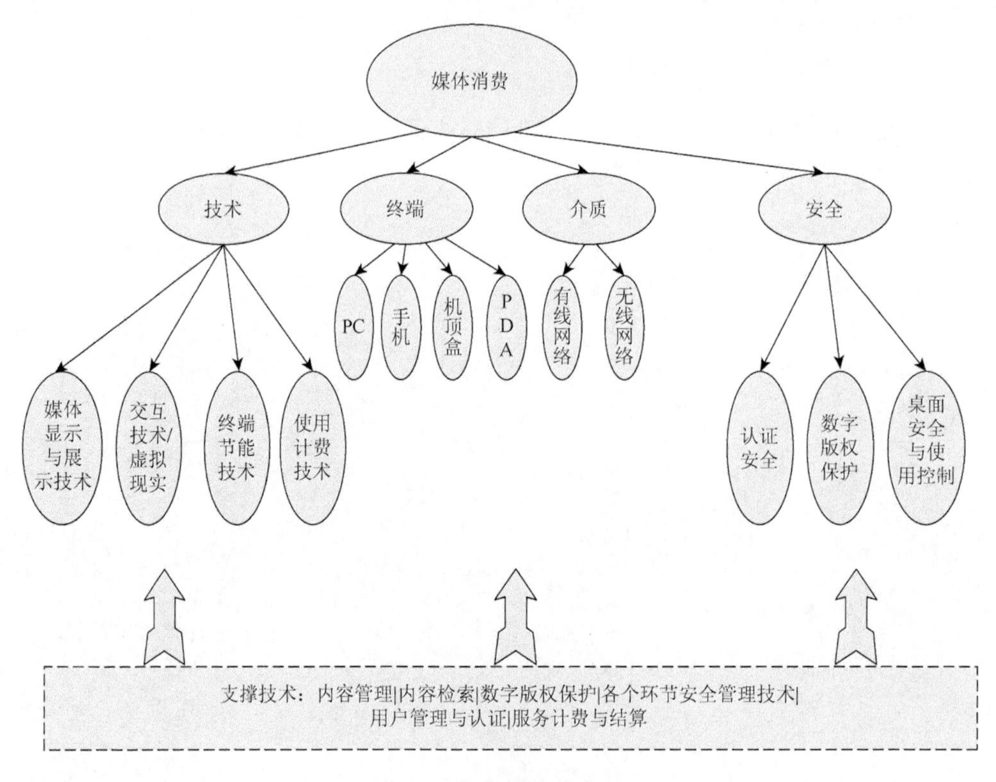

图 1-8　媒体消费示意图

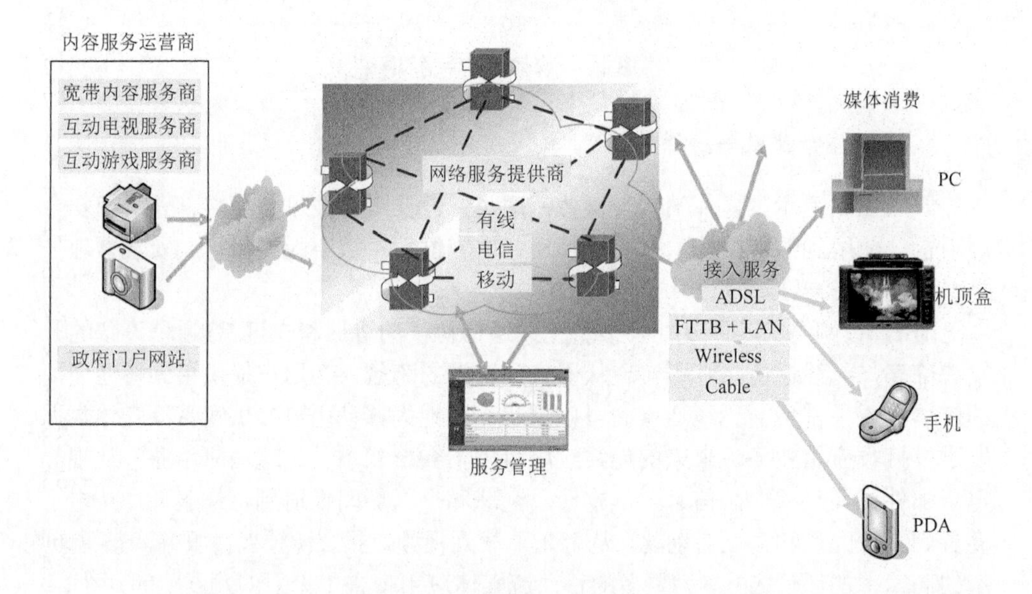

图 1-9　媒体流通 + 消费示意图

1.2　无线多媒体内容分发技术

内容分发网络在互联网中扮演着护航者和加速者的角色，使得用户可就近获取所需内容，在各种网络环境下尽可能地保障内容在转发、传输过程中的连贯性。CDN 如同互联网中的快递员，可将源站的内容分发到分布全球的 CDN 节点，快速地响应用户请求，为用户带来极致的业务体验。

CDN 与互联网业务紧密结合，随着互联网的超高速发展，进入“大视频时代”带动了多媒体内容不断丰富、超高清视频业务及应用数量不断激增，大幅推动了对 CDN 发展的需求；同时，云计算、大数据、5G、SDN（software defined network）、NFV（network function virtualization）、物联网、产业互联网、人工智能等新兴技术不断涌现，要求 CDN 进行革新与重构。

无线多媒体系统支撑平台通过与移动的通用分组无线业务网关支持节点和无线应用协议网关连接，实现移动用户的流媒体业务；并通过成熟的计费、认证和网关等接口实现与运营商现有系统的互连，而且通过移动网络接口模块和应用接口模块实现与其他应用及系统的互连，使运营商的移动流媒体平台可以给最终用户提供各种内容和业务。

1.2.1　移动流媒体格式

当前移动流媒体采用的主流媒体格式有 3GPP、3GPP2、MPEG4、RM 等，下面分别予以介绍。

1. 3GPP

第三代合作伙伴计划（3rd generation partnership project，3GPP）是于 1998 年 12 月制定的，它是一份由几个电信标准化组织共同起草的合作协议，利用宽带码分多址（wideband code division multiple access，WCDMA）无线通信技术，制定全球适用的基于全球移动通信系统（global system for mobile communications，GSM）网络的第三代移动技术规范。

2. 3GPP2

3GPP2 是 3GPP 的“姐妹”计划，于 1999 年 1 月制定。它是建立在 CDMA2000 无线通信技术基础上的第三代技术规范。

3. MPEG4

动态图像专家组（moving pictures experts group，MPEG4）标准设计的目的是

在低码流的情况下提供高质量的音视频。最初是针对互联网上的用户传输多媒体信息，后来由于无线技术的发展，能够在移动终端提供多媒体服务，MPEG4也就被引入无线传输领域，其中MPEG4中的视频编码被3GPP和3GPP2组织采纳作为视频标准。同时，MPEG4的文件格式动态图像（moving picture 4，MP4）和音频格式高级音频编码（advanced audio coding，AAC）都成为移动流媒体的标准。

4. RM

真实媒体（real media，RM）格式是RealNetworks公司开发的一种流媒体视频文件格式，它主要包含RealAudio、RealVideo和RealFlash三部分。RM可以根据网络数据传输的不同速率制定不同的压缩比率，从而实现低速率的Internet上进行视频文件的实时传送和播放。

5. SWF

冲击波闪光（shock wave flash，SWF）是Macromedia公司的动画设计软件Flash的专用格式，被广泛应用于网页设计、动画制作等领域，SWF文件通常也被称为Flash文件。

6. FLV

闪光视频（flash video，FLV）流媒体格式是随着Flash MX的推出发展而来的视频格式。它形成的文件极小、加载速度极快，使得网络观看视频文件成为可能，它的出现有效地解决了视频文件导入Flash后，使导出的SWF文件体积庞大，不能在网络上很好地使用等问题。

7. MOV

影片格式（movie，MOV）即QuickTime封装格式，它是Apple公司开发的一种音频、视频文件封装，用于存储常用数字媒体类型。当选择MOV作为“保存类型”时，动画将保存为.MOV文件。QuickTime用于保存音频和视频信息。

8. WMV

Windows媒体视频（Windows media video，WMV）是微软开发的一系列视频编解码和其相关的视频编码格式的统称，是微软Windows媒体框架的一部分。

1.2.2　无线多媒体内容分发的关键技术

1. 符合 3GPP 移动流媒体协议栈的开放接口

第三代合作伙伴计划（3GPP）是领先的技术规范机构，是由欧洲电信标准化协会（European Telecommunications Standards Institute，ETSI）、日本无线电工业及商贸联合会（Association of Radio Industries and Businesses，ARIB）和日本电信技术委员会（Telecommunications Technology Committee，TTC）、韩国电信技术协会（Telecommunications Technology Association，TTA）以及美国的 T1 在 1998 年底发起成立的，旨在研究制定并推广基于演进的 GSM 核心网络标准，即 WCDMA、时分同步码分多址（time division-synchronous code division multiple access，TD-SCDMA）、增强型数据速率 GSM 演进技术（enhanced data rate for GSM evolution，EDGE）等。中国无线通信标准组（China Wireless Telecommunications Standardsgroup，CWTS）于 1999 年加入 3GPP。

3GPP 受组织合作伙伴委托制定通用的 WCDMA 技术规范。其组织机构分为项目合作和技术规范两大职能部门。项目合作部（Project Coordination Group，PCG）是 3GPP 的最高管理机构，负责全面协调工作；技术规范部（Technology Standards Group，TSG）负责技术规范制定工作，受 PCG 的管理。

3GPP 最初的目标是实现由 2G 网络到 3G 网络的平滑过渡，保证未来技术的后向兼容性，支持轻松建网及系统间的漫游和兼容性。3GPP 在 5G 技术标准的制定及 5G 商业化的推进过程中功不可没，2022 年 3 月下旬，全球 5G 标准的第三个版本——3GPP R17 完成第三阶段的功能性冻结即完成系统设计，标志着 5G 技术演进第一阶段的圆满结束，而且证明了移动生态系统具有强大韧性，且致力于推动 5G 向前发展。无线多媒体系统支撑平台解决方案需要符合 3GPP 移动流媒体协议栈，如图 1-10 所示。

2. 业务管理接口

用户通过流媒体平台修改自己的使用状态，例如，开通服务、停止服务、暂停服务和激活服务等动作时，或者通过在系统门户中改变了对流媒体服务的使用状态时，流媒体平台会使用 HTTP 协议与系统平台保证定购关系的同步。每次用户使用流媒体平台服务的时候，流媒体平台根据内部保存的定购关系决定为用户提供何种服务。

3. SSO 接口

用户通过系统访问流媒体平台，流媒体平台会从接收到的请求中提取出用户

<table>
<tr><td>媒体交付
视频
音频</td><td>能力交换
场景描述
演示
描述
静图
位图
矢量图
文本
时控文本
合成音频</td><td colspan="2">能力交换
演示
描述</td></tr>
<tr><td>块格式</td><td rowspan="2">超文本传输协议
(HTTP)</td><td colspan="2" rowspan="2">实时流传输协议
(RTSP)</td></tr>
<tr><td>实时流传输协议
(RTSP)</td></tr>
<tr><td>用户数据报协议
(UDP)</td><td colspan="2">传输控制协议(TCP)</td><td>用户数据报协议
(UDP)</td></tr>
<tr><td colspan="4">互联网协议(IP)</td></tr>
</table>

图 1-10　符合 3GPP 移动流媒体协议栈的开放接口

验证信息（SessionID、ServiceID）。而后，流媒体的门户模块将向平台发送单点登录（single sign on，SSO）请求验证。在向平台发送的 SSO 请求中，将包括系统为流媒体平台分配的服务 ID 号码以及平台传送过来的 SessionID 信息。

另外，为了保证平台对于用户 Session 活动性的知晓，避免将某个活动的会话误终止。流媒体平台会定时向系统发送请求，保证 SessionID 的有效性。这个请求遵循系统无线应用协议业务规范中的回应接口说明。

4. 服务质量监督接口

流媒体平台开放超文本传输协议（HTTP）接口，并提供一个特定的统一资源定位系统（uniform resource locator，URL）为平台的检测系统在核查系统状态的时候使用。平台通过发送 HTTP 请求来检查系统运行状态，流媒体平台在响应的报头中给出系统运行状态的参数。而且，流媒体平台内存会保存一份 IP 列表，只有来自这些 IP 的状态请求，才会有响应。

5. 短信网关接口

利用短信现有的庞大用户群，将流媒体平台的一些业务和短信结合，有利于流媒体业务的推广，例如，影片链接推荐好友、短信评片、短信点播、影片排行榜。

6. BOSS 系统接口

根据系统的要求，流媒体平台将按照接口的规范与移动的业务运营支撑系统（BOSS）进行连接。其中包括按照指定的格式向 BOSS 系统传送呼叫细节记录话单等。与 BOSS 系统的对接主要是客户化开发工作。

7. 支持多种媒体的播放和多速率智能码流

支持各种终端的不同播放器所支持的媒体格式，如 3GPP/3GPP2、H.263、H.264/MPEG4、RM、WMV。系统支持多速率编码，可以通过媒体播放服务器和服务终端的配合选择当前网络所能支持的最适合播放的速率，这对适应于复杂多变的无线网络环境，以及用户在 5G 网络的漫游所引起的实际传输速率变动是至关重要的。

如图 1-11 所示，系统在实施时，将部署多台服务器、流媒体服务器、移动流媒体管理平台、视频采集服务器、二路实时编码设备，以支持电视直播和实时监控，通过百兆以太网（或者千兆以太网）连接到高性能交换机，实现与无线应用协议网关和通用分组无线业务网关支持节点的互联，用户可以通过无线应用协议和万维网的方式访问门户平台。

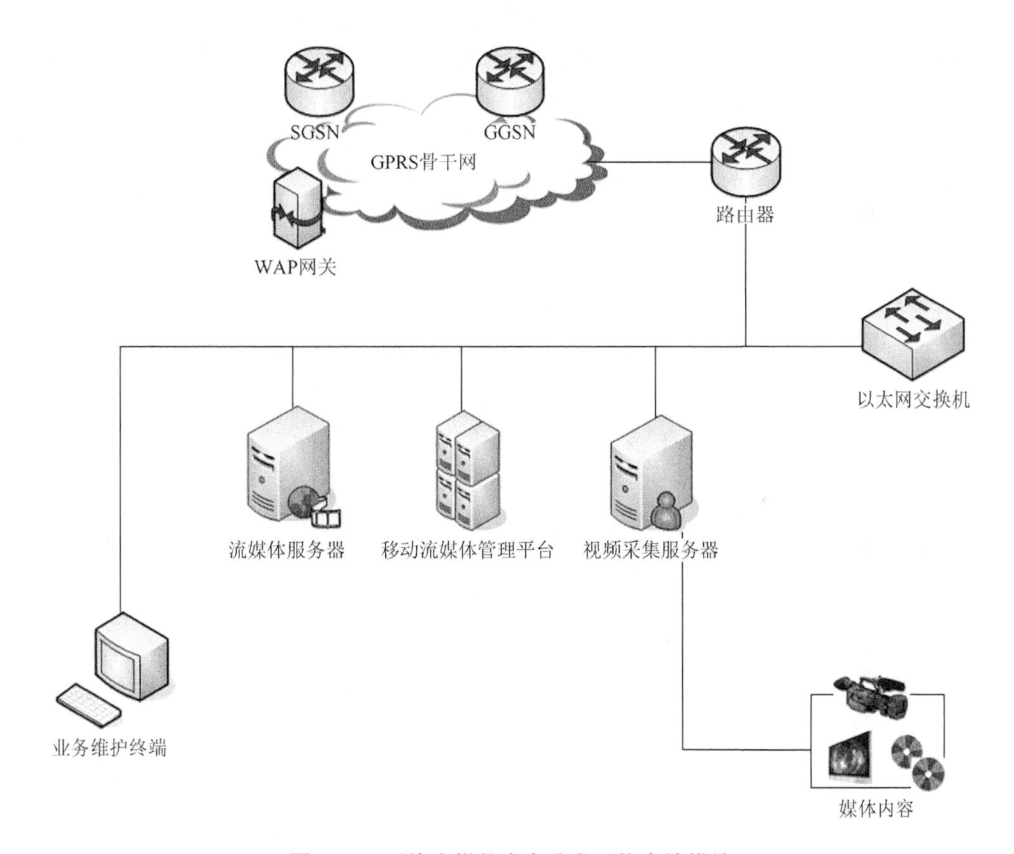

图 1-11　无线多媒体内容分发网络实施措施

移动流媒体内容分发网络设备工作在 IP 协议层面，为了用户取得最快的访问速度，服务者将移动流媒体内容分发网络设备系统直接接入互联网数据中心

（internet data center，IDC）机房的核心交换机上。鉴于系统内有大量面向用户的服务器，一般在中心节点采用高性能四层交换机来实现系统内的负载均衡和冗余容错，该四层交换机采取成对方式配置，实现自身的容错功能。采用四层交换机也是为了未来可能的扩容考虑，采用高性能的四层交换机后，系统类似于积木结构，将来可以方便地增加新的门户平台或者流媒体服务器，而无须对已有的网络进行改动，用户业务也不受扩容的影响。

系统可以进行视频点播、手机视频下载、电视直播、实时监控等多媒体视频流业务。其中电视直播可以按移动要求选择接入机房的有线电视节目，同时根据要求，可以实现文件直播；监控根据当时机房等环境选择被监控点。

基站子系统（base station subsystem，BSS）是移动通信系统中与无线蜂窝网络关系最直接的基本组成部分。在整个移动网络中基站主要起中继作用。基站与基站之间采用无线信道连接，负责无线发送、接收和无线资源管理。而主基站与移动交换中心（mobile switching center，MSC）之间常采用有线信道连接，实现移动用户之间或移动用户与固定用户之间的通信连接。说得更通俗一点，基站之间主要负责手机信号的接收和发送，把收集到的信号简单处理后再传送到移动交换中心，通过交换机等设备的处理，再传送给终端用户，也就实现了无线用户的通信功能。

千兆字节系统网络（gigabyte system network，GSN）是通用分组无线业务（general packet radio service，GPRS）网络中最重要的网络节点。GSN 具有移动路由管理功能，它可以连接各种类型的数据网络，并可以连接到 GPRS 寄存器。GSN 可以完成移动台和各种数据网络之间的数据传送和格式转换。GSN 可以是一种类似于路由器的独立设备，也可以与 GSM 中的 MSC 集成在一起。

GSN 有两种类型，一种为服务 GSN（serving GSN，SGSN），另一种为网关 GSN（gateway GSN，GGSN）。SGSN 的主要作用是记录移动台的当前位置信息，并且在移动台和 GGSN 之间完成移动分组数据的发送和接收。GGSN 主要起网关作用，它可以和多种不同的数据网络连接，如综合业务数字网（integrated services digital network，ISDN）、分组交换公用数据网（packet switched public data network，PSPDN）和局域网（local area network，LAN）等。有的文献中，把 GGSN 称为 GPRS 路由器。GGSN 可以把 GSM 网中的 GPRS 分组数据包进行协议转换，从而可以把这些分组数据包传送到远端的 TCP / IP 或 X.25 网络。

在 3GPP R99 和 R4 版本中，核心网仍延续了传统的树形网络结构，一个无线网络控制器（radio network controller，RNC）只能被一个核心网节点控制（如 MSC-Server），如果核心网节点发生故障，其所管理的 RNC 就无法正常工作。

MSC Pool 技术引入了“池区”（pool area）的概念，多个核心网节点组成一个区域池。与以往 RNC/BSC 与 MSC 一对一的控制关系不同，在 MSC Pool 内的每个 RNC/BSC 都可以受控于池内所有的 MSC 节点，每个 MSC 节点都同等地服务池区内所有 RNC/BSC 覆盖的区域，连接到 RNC/BSC 的终端用户可以注册到池中的任意一个 MSC 节点。通过引入 MSC Pool 技术，提供了一种避免点到多点的连接限制，同时达到网络资源共享的手段。

1.2.3　5G-CDN 关键技术

5G-CDN 打破了传统 CDN 的壁垒，通过智能分发系统实现内容的多层分发技术，更灵活地从各网络层来分发内容，显著地提高了 CDN 内容传递效率。移动运营商可以在 5G 网络外围部署轻量级 CDN 来补充传统的边缘节点，这些轻量级 CDN 具备非常高的缓存效率，借助核心调度层对于网络热点的实时分析，可以快速地从周围任何一层的 CDN 节点中获取内容，从而高效地为用户提供热点内容的缓存服务，显著降低边缘节点的流量[5]。

1. 关键技术一：5G-CDN 边缘云协同[5]

运营商有着丰富的基础网络资源、强大的边缘连接能力和云网融合能力以及储备良好的机房、硬件等设施，随着 5G 时代网络边缘计算能力的部署和增强，考虑到边缘云与 CDN 业务的部署位置匹配度高，为充分发挥资源能力，正在加速移动边缘计算内容分发网络的部署。为充分利用现有的网络资源，发挥 CDN 广覆盖、深下沉、全局调度等优势，结合前期边缘云协同研究成果，中兴通讯正在通过 CDN 升级改造，提供边缘服务能力，落实“5G＋”战略、打造边缘计算核心竞争力。

CDN 与边缘云二者部署位置匹配度高，在初期边缘云与 CDN 共址建设，复用部署 CDN 业务的机房资源；CDN 与边缘云占用资源类型侧重不同，利用 CDN 现网空闲资源，通过边缘云承载多种类业务的基础资源需求模型；CDN 可向边缘云平台开放适用于视频类应用的功能模块/组件，如编解码、内容拼接、转码等；边缘云向 CDN 业务提供更加丰富的开放能力和服务供 CDN 业务调用，例如，QoS、定位等网络开放能力、图像识别能力、画质增强能力、2D 转 3D 能力等，满足 CDN 新型业务需求；面向未来 5G 移动流量大规模增长，服务移动网用户的 CDN 按需下沉，实现边缘云向固移网络融合方向发展。

目前，边缘云与 CDN 资源的布局协同已经开始分阶段进行，逐步推动 CDN 云化并由边缘云基础资源承载，沉淀和丰富 PaaS 能力组件，实现平台能力深度整合和协同共享。

2. 关键技术二：5G-CDN 热点分片[5]

传统 CDN 中的内容通常均匀地分布在设备上，当某个内容为热点时会造成大量用户集中访问一台设备，导致单台设备能力不足，出现通信质量差的情况。5G-CDN 可以实时分析媒体内容访问的热点程度，热点内容达到热度阈值后，从不同层级设备快速拷贝到其他设备上，使得所有设备均衡承担压力，用户服务请求根据设备负载进行灵活调度。

负载实时采集。节点负载均衡网元实时采集设备的流量、负载和业务指标，评估设备运行压力，作为热点拷贝策略的决策依据。

热点内容预测。针对内容的访问情况，计算热点分布，并结合历史趋势实现下一阶段热点内容的变化预测。

热点内容负载均衡。根据设备运行压力，通过热点内容调度算法，生成实时调度策略进行热点转移，通过控制热点内容的分布，实现设备能力的均衡。

5G-CDN 热点分片调度技术使得节点内的内容得到了有效的共享，极大地减少回源流量和回程网络的负载，在某些情况下，可以为运营商节省高达 50%的回源流量。

3. 关键技术三：5G-CDN AI 调度决策[5]

5G-CDN 核心调度层由智能调度决策支撑系统和全局调度系统组成。智能调度决策支撑系统通过收集相关指标数据，引入 AI 技术进行热点决策和负载调度，解决调度服务中的关键问题。

服务用户 IP 段统一分级归类，通过智能优先级调度机制，实现下沉区县、地市、省中心的多级服务架构，提供最优结构的调度服务。

省份跨地市智能调度。智能调度系统根据各地市 CDN 的实时负载情况、剩余能力、最大服务能力、移动互联网的上下行负载能力和最大可调度资源等参数，通过多维动态算法给出用户分组、节点服务优先级和权重的调度决策建议，实现跨地市的流量调度和地市间的相对负载均衡，解决节假日和特殊事件造成的地市不均衡，满足跨地市应急流量支援。

地市内节点间智能调度。智能调度系统根据地市内各节点的实时负载情况、剩余能力、最大服务能力和最大可调度资源等参数，通过多维动态算法给出用户分组、节点服务优先级和权重的调度决策建议，避免出现单节点服务流量不均衡，服务压力过大，进而导致用户服务卡顿，服务质量降低等问题。

用户服务级别协议保障，将高等级用户负载到最优节点上服务，实现用户服务等级的分片。

通过 CDN 运行情况分析，执行智能调度策略，实现地市间和节点间的流量均衡，避免单点高负载，提升 CDN 的整体服务质量。

4. 关键技术四：5G-CDN 低时延[5]

5G-CDN 在对直播视频的支撑方面，采用行业领先的互联网直播低延时技术，在实现直播频道动态组播创建的同时，保障了用户的直播体验，实现了端到端 2.5s 以内的超低时延，满足了赛事直播类对时延非常敏感节目的低时延需求。

直接融入 CDN 直播能力开放体系，采用边缘推流加速技术，直播采集端就近接入 CDN 边缘节点，由 CDN 边缘节点选择最佳路由进行全网直播，同时采用边缘加速推流协同边缘加速服务的技术，让赛事现场观众获得全网最佳低延时的服务效果。

基于流式的视频传输技术，采用视频帧级别的生产、缓存、传输和播放技术，降低整个端到端的直播延时。

兼容 CDN 转码、录制、截图、鉴黄、鉴权、防盗链等全功能，支持 CDN 业务平滑升级。

5. 关键技术五：5G-CDN 网络切片[5]

网络切片的主要目标是在保障资源隔离的基础上，为不同的客户提供差异化的网络能力服务。通过网络虚拟化技术和移动/多接入边缘计算的能力将 CDN 能力通过（边缘）虚拟化应用的方式进一步下沉至运营商网络的边缘，并将 CDN 能力作为 5G 切片能力的一个附加价值。当运营商部署了网络切片系统，并在某个指定切片中提供了边缘计算的服务资源时，CDN 厂商可以将其 CDN 能力打包成一个应用部署在边缘计算平台上，并能够跟随切片的实例化而实质地提供服务。

CDN 业务运维/管理系统和网络切片管理系统的交互，为商业客户提供了基于切片级别的 CDN 资源部署和业务质量的保障。

CDN 业务系统为多个基于不同网络切片的业务提供统一的服务，即识别不同的切片用户，并根据用户的需求尽可能地提供统一的服务能力。

CDN 为不同的切片客户提供独享的业务服务，即 CDN 能力绑定某个切片资源，为本切片内的用户提供独享的服务。服务能力和质量保障为特定客户定制，并与其他的切片客户隔离。

CDN 为同一切片的不同租户提供不同服务。此场景下，对于处于同一个切片中的不同租户，CDN 能够提供差异化的能力服务，不同的租户对于带宽、存储资源的需求也不一样，CDN 管理系统不仅能够感知切片，同时也需要感知切片中不同用户的差异化需求，并在 CDN 资源池中分配不同的资源以供使用。

结合 5G 网络切片所提供的定制化的计算、网络和存储资源，基于 5G-CDN 网络切片能够进一步提升内容分发服务能力，支持未来 5G 场景下的 VR、AR、

MR、XR 等对大带宽、低延时、交互性要求较高的新型多媒体业务，并能够精准地为不同的商业客户提供定制化的能力服务和质量保障。

6. 关键技术六：5G 多媒体系统架构[5]

在 3GPP R16 目前的架构中，5G 网络能够将部分能力开放给多媒体业务系统，使得多媒体业务系统能够进一步提升其业务的运营和部署，并向用户提供基于 5G 特性的多媒体业务产品。在 3GPP SA4 组定义的未来 5G 多媒体系统架构中，5G 核心网络通过标准化的网络接口（NEF-N33 和 PCF-N5）将 5G 网络的能力开放给包括网络运营商以及第三方互联网 OTT 客户所使用。

通过对 5G 网络能力的调用，5G 多媒体应用的提供商，包括 CDN 业务提供商可以利用 5G 核心网提供的更精准的网络质量保障和计费策略，来进一步优化自己的业务系统和 CDN 网络资源的配置和使用。网络运营商则可以通过将网络能力和业务能力的融合，完善和优化核心网络资源和策略的设计，进一步提高其网络流量智能运营的能力，加强其对于网络运营的主导权，降低其管道化风险。5G 多媒体系统架构为包括 CDN 在内的传统多媒体业务向 5G 场景演进提供了基本的技术支撑环境。

5GMS 架构可以同时向运营商客户和非运营商客户提供服务，未来的应用场景可能有如下几种。

第三方业务托管模式，即第三方业务提供商将内容的分发完全托管给网络运营商 CDN 服务，从而尽量减少其开发过程中对于网络侧问题的考虑。

运营商与第三方协作模式，此模式中，网络运营商和第三方业务商分别建有自己的 CDN 管理系统和 CDN 资源系统。网络运营商可以提供 CDN 管理系统或者 CDN 资源系统给第三方客户，并且开放 5G 网络能力接口，第三方自行设计网络需求，并由网络运营商负责实现和执行。

第三方自营服务模式，此模式下，CDN 的管理和运营由第三方掌控，网络运营商只提供网络能力开放服务，负责网络资源和网络传输质量的保障。

可以预见的是，5G 多媒体系统架构可以支持未来几乎大部分的多媒体服务，并且能够统一地为不同的业务类型提供网络能力，从而实现将业务能力融入网络服务的目的。

1.3 移动边缘计算网络技术

1.3.1 移动边缘计算网络的介绍和发展

移动边缘计算（mobile edge computing，MEC）[6]是一种基于移动通信网络的分布式计算方法。云服务环境构建在移动通信网络上。将一些网络服务和网络功能与主干网分离，可以节省成本，减少延迟和路由时间，优化流量，提高物理安全性和缓存效率。基于 MEC，终端用户可以获得更终极的体验，以及更丰富的应用和更安全可靠的使用。移动边缘计算起源于运营商转型需求下的技术和业务实践。它不仅是一种新的技术和部署模式，也是实现电信网络基本开放的途径，从而促进了移动通信网络、互联网和物联网的深度融合[7]。

移动边缘计算概念首次出现在 2013 年。国际商业机器公司和诺基亚西门子推出了一个计算平台，用于在无线基站运行应用程序，为移动用户提供服务。欧洲电信标准化协会于 2014 年正式宣布成立移动边缘计算行业规范工作组，推动移动边缘计算标准化。其基本思想是将云计算平台从移动核心网转移到移动接入网的边缘，实现计算资源和存储资源的灵活利用。这一概念将传统电信蜂窝网络与互联网服务紧密结合，旨在减少移动业务的端到端延迟，探索无线网络的内部能力，提高用户体验，进一步改变电信运营商的运营模式，建立新的产业链和网络生态系统。2016 年，欧洲电信标准化协会将 MEC 概念扩展到多接入边缘计算，并将边缘计算从电信蜂窝网络扩展到其他无线接入网络，如 WiFi。

MEC 运行于网络边缘，逻辑上并不依赖于网络的其他部分，这点对于安全性要求较高的应用来说非常重要。另外，MEC 服务器通常具有较高的计算能力，因此特别适合于分析处理大量数据。同时，由于 MEC 距离用户或信息源在地理上非常邻近，网络响应用户请求的时延显著减小，也降低了传输网和核心网部分发生网络拥塞的可能性。最后，位于网络边缘的 MEC 能够实时获取如基站 ID、可用带宽等网络数据以及与用户位置相关的信息，从而进行链路感知自适应，并且为基于位置的应用提供部署的可能性，可以极大地改善用户的服务质量体验[6]。

从 2014 年 12 月开始，欧洲电信标准化协会开始致力于 MEC 的研究，旨在提供在多租户环境下运行第三方应用的统一规范。经过努力，欧洲电信标准化协会已经公布了关于 MEC 的基本技术需求和参考架构的相关规范。欧洲电信标准化协会对 MEC 的网络框架和参考架构进行了定义。图 1-12 是 MEC 的基本框架，该框架从一个比较宏观的层次出发，对 MEC 下不同的功能实体进行了网络（network）、ME（mobile edge）主机水平（ME host level）和 ME 系统水平（ME system level）这 3 个层次的划分。其中，MEC 主机水平包含 MEC 主机（ME host）和相应的 ME 主机水平管理实体（ME host-level managemententity），ME 主机又可以进一步划分为 ME 平台（ME platform）、ME 应用（ME application）和虚拟化基础设施（virtualization infrastructure）。网络水平主要包含 3GPP 蜂窝网络、本地网络和外部网络等相关的外部实体，该层主要表示 MEC 工作系统与局域网、蜂窝移动网或者外部网络的接入情况。最上层是 ME 系统水平的管理实体，负责对 MEC 系统进行全局掌控[6]。

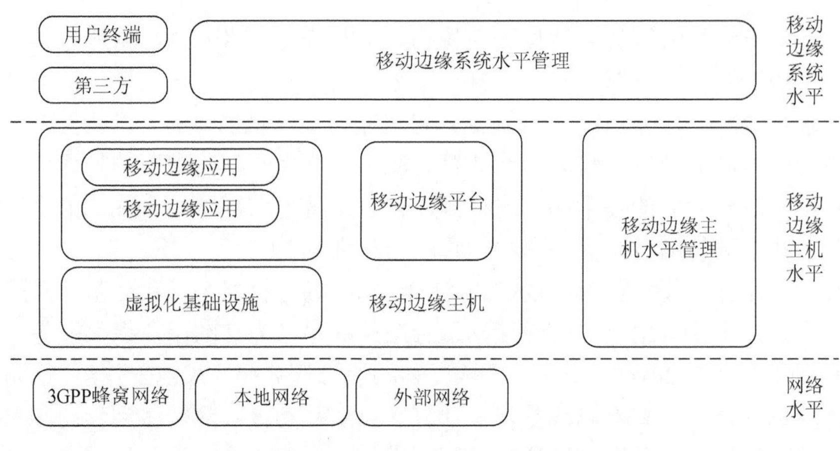

图 1-12 MEC 的基本架构[6]

1.3.2 移动边缘计算的原理技术

MEC 的实现依赖于虚拟化、云技术和软件定义网络（software defined network，SDN）等关键技术的支撑。

1. 虚拟化技术

虚拟化是一种资源管理技术。维基百科将其定义为抽象虚拟化技术，转换和呈现计算机的各种物理资源（处理器、内存、磁盘空间、网络适配器等），并允许它们在一个或多个计算机配置环境中进行分区和组合，从而打破物理结构之间不可分割的障碍，允许用户以比原始配置更好的方式应用这些计算机硬件资源。虚拟化技术利用虚拟机监控程序将应用软件环境与核心硬件资源解耦，使多台虚拟机部署在同一硬件平台上共享硬件资源。通过虚拟交换机实现多台虚拟机之间强健、安全、高效的通信，通过指定的物理接口实现数据业务路由。虚拟化技术与网络的结合催生了网络功能虚拟化（network function virtualization，NFV）技术，它将网络功能集成到服务器、交换机和行业标准存储硬件中，并提供了一个优化的虚拟化数据计划，可由运行在服务器上的软件而不是传统的网络物理设备来管理。NFV 允许在 MEC 平台上部署多个第三方应用程序和功能。实际上，各种应用和服务都是运行在虚拟化基础设施平台上的虚拟机，极大地促进了 MEC 资源的统一管理[6]。

2. 云技术

虚拟化技术促进了云技术的发展。云技术的出现使得按需提供计算和存储资源成为可能，极大地提高了网络和服务部署的灵活性和可扩展性。如今，大多数移动应用程序都是基于云服务设计的。值得注意的是，云技术与移动网络的结合也促进了无线接入网创新应用的出现。无线接入网将基带处理单元等消耗基站计算和存储资源的模块迁移到云端，基本解决了基站容量有限的问题，提高了移动网络系统的能效。MEC 技术为网络边缘提供计算和存储资源。NFV 和云可以帮助 MEC 实现多租户协同建设。MEC 服务器的容量甚至比大型数据中心的容量还要小，因此无法提供大型数据中心的可靠性优势。将云软件体系结构与云技术相结合，按照不同的能力属性，分层解耦部署软件功能，实现可靠性。它在有限的资源条件下具有灵活性和高性能[6]。

3. 软件定义网络技术

软件定义网络（SDN）技术是一种将控制平面和传输平面与网络设备分离，具有软件可编程性的新型网络结构。SDN 技术采用集中式控制方案和分布式交换方案，两者相互分离。控制平面利用控制传输通信接口对传输平面上的网络设备进行集中控制，提供灵活的上行可编程能力，显著提高了网络的灵活性和可扩展性。目前，人们已经对 SDN 技术与移动网络的结合进行了大量的研究。将 SDN 技术与核心蜂窝网络相结合，提出了一种灵活的软蜂窝核心网络结构。同时，SDN 作为一种关键技术在 5G 网络的研究中得到了广泛的应用。在 5G 网络测试平台 Open5G 核心的设计中，引入软件定义网络技术，将 LTEEPC 下的业务网关和 PDN 网关抽象为用户平面网关和控制平面网关，提高了网络的灵活性和可扩展性。MEC 部署在网络边缘，靠近接入侧，意味着核心网络网关功能将分布在网络边缘，这将导致大量接口的配置、对接和测试。采用软件定义网络技术将用户平面和控制平面与核心网络分离，实现网关的灵活部署，简化网络连接。结合 NFV 技术、软件定义网络技术和 MEC 技术，设计了一种新型的软件定义移动边缘计算网络系统。系统在不同接入点部署分布式 MEC 服务器，在本地卸载服务，降低核心网的信令开销，降低远程传输引起网络突发事件的可能性，提高用户的服务质量体验。此外，软件定义移动边缘计算网络还有一个专用控制器来控制系统，降低管理复杂性，并使新服务的部署更加灵活[6]。

1.3.3　融合移动边缘计算的 5G 网络架构

在移动通信网络中，MEC 主要有两种部署方式：一种是将 MEC 功能集成到基站中，使用软件升级或增加板作为基站的增强功能；另一种是 MEC 作为独立的网络单元部署，实现与核心网络的协调统一管理[8]。

另外，MEC 部署位置可以根据性能、成本、现有网络部署和业务延迟要求采取不同级别的网络部署策略。一种策略是可以将 MEC 部署到无线接入点。因为它靠近基站基带单元，所以没有传输延迟。它适用于需要高延迟的服务和应用。但由于 MEC 覆盖率低，只能提供小规模的本地化服务，节点利用率低。另一种策略是在融合点部署 MEC，它可以提供大规模、短距离的服务和云服务支持。然而，由于基站基带处理单元和 MEC 之间的传输延迟，MEC 适用于延迟较低的服务和应用[8]。

应该注意的是，当 MEC 部署到无线接入点时，传统核心网络的整个网络元件会发生变化。网关功能必须与 MEC 一起部署在网络的边缘，这将导致大量的接口配置、信令交互设计等，并将极大地改变现有的网络架构。但是，如果核心网络采用独立于控制平面和用户平面的体系结构，则只需将网络元件网关的模块化功能的一部分，如接入和移动性管理功能、网络开放功能等，与用户平面一起部署到 MEC 上，即可实现 MEC 需求的灵活部署，进而加快业务处理速度，有效缩短时间周期[8]。

未来 5G 网络的体系结构不同于传统的移动通信网络，因此 MEC 在 5G 中的部署是独特的。未来将采用超密集小区技术来提高网络容量，即进一步减小小区覆盖半径，增加小区覆盖面积，进一步提高频谱利用效率。移动通信系统已经从 1G 发展到 5G，采用网络扩展技术，减小半径，增加单元数，目前，这项技术已经使移动通信网络的容量增加了 1000 倍，未来，5G 将继续采用超高密度电池技术来提高网络容量[8]。

在传统的分布式移动通信网络结构中，小区由基站管理，每个基站基本上相互独立。细胞密度对 5G 网络提出了许多挑战。基站需要大量的信号处理和复杂的硬件设备支持，因此需要专门的机房来放置这些设备，并配置冷却设施来冷却机房。因此，小区密度带来了基站选址困难、网络功耗高、维护成本高等问题。此外，传统的蜂窝基站结构在物理上相互独立，难以共享基站的计算机存储资源。5G 网络将采用集中的网络架构来解决这些问题。与传统结构不同的是，集中式网络结构将所有蜂窝基站的天线与信号处理设备分开，将部分天线留在基站现场，信号处理设备集中在控制中心。一方面，与整个蜂窝基站相比，天线定位空间大大缩小，操作方便。另一方面，对所有基站的信号处理设备进行集中管理，有利于降低网络能耗和维护成本，共享所有基站的计算资源，提高资源的统计再利用率[8]。

1.3.4 移动边缘计算网络的优势与问题

1. 移动边缘计算网络的优势

相比传统的网络架构和模式，MEC 具有很多明显的优势，能改善传统网络架构和模式下时延高、效率低等诸多问题，也正是这些优势，使得 MEC 成为未来 5G 的关键技术。本节主要对 MEC 的优势加以概括。

1）保证实时传输

MEC 将计算和存储容量放置到网络边缘。因为它离用户很近，用户不再需要一个长的传输网络就可以到达远程核心网络进行处理。相反，它们通过本地部署的 MEC 服务器卸载部分流量，直接处理和响应用户，显著减少了通信延迟。在视频传输、虚拟现实等对时延敏感的应用中，MEC 具有超低时延的特点。以视频传输为例，每个用户终端首先通过基站访问目标内容，然后通过核心网络连接到目标内容，逐层反馈，最终完成终端与目标内容的交互，而不是使用传统的 MEC 模式。可以想象，这种连接和逐层采集需要很长时间。引入 MEC 解决方案后，将 MEC 服务器部署到靠近 UE 的基站侧，利用 MEC 提供的存储资源将内容隐藏在 MEC 服务器上。用户可以直接从 MEC 服务器获取内容，不再需要通过长的返回链路从相对远程的核心网络获取内容数据。这显著节省了用户请求和响应之间的等待时间，从而提高了用户的服务质量。在 WiFi 和长期演进网络中使用边缘计算平台可以显著地降低交互式和密集应用的延迟。通过在网络边缘卸载微型云，核心云卸载解决方案的响应时间可提高 51%。因此，在未来的 5G 网络中，MEC 对 1ms 的 RTT 时延要求来说非常有价值[6]。

2）降低带宽要求

部署在移动网络边缘的 MEC 服务器可以本地卸载流量数据，显著降低了传输网络和核心网络的带宽要求。以视频传输为例，在并发量较高的视频中，如 NBA 游戏和电子产品会议，它们通常是实时的，非常同步。大量用户同时访问和请求相同的资源，需要极高的带宽和链路状态。通过在网络外围部署一台 MEC 服务器，可以将实时视频内容隐藏在用户附近，并在本地处理用户的请求，从而降低了返回链路带宽的压力，降低了链路拥塞和故障的概率，提高了链路容量。在网络周围部署缓存可以节省近 22%的返回链路资源。对于宽带和计算密集型应用，在移动网络外围部署缓存可以节省 67%的运营成本[6]。

3）减少系统能耗

在移动网络中，网络功耗主要包括任务计算功耗和数据传输功耗。随着未来 5G 的大规模部署，能源效率和网络容量将难以解决。MEC 的引入显著降低了网络的功耗。MEC 本身具有计算和存储资源，可以在本地卸载这些资源。对于需要高计算能力的任务，可以转移到距离更远和处理能力更强的数据中心或云进行处理，从而降低了核心网络的计算功耗。另外，随着 Cache 技术的发展，与带宽资源相关的存储资源成本逐渐降低。MEC 部署也是一种用于交换带宽存储的方法。本地内容存储可以显著减少对远程传输的需求，从而降低传输功耗。目前，对机载计算功耗的研究已经做了大量的工作，可以显著降低 WiFi 和 LTE 网络中不同应用的功耗。边缘计算可以较好地改善系统功耗[6]。

4）提升用户体验

部署在无线接入网中的 MEC 服务器可以获取详细的网络和终端信息，也可以作为资源控制器来调度和分配带宽等资源。以视频应用为例，MEC 服务器可以感知用户终端的绑定信息，提取可用的带宽资源，并将其分配给其他需要它们的用户。一旦用户获得了更多的带宽资源，他们就能以更高的速率观看视频。在用户允许的情况下，MEC 服务器还可以自动切换到用户的高质量视频版本。当链路资源不足时，MEC 服务器可以自动切换到低端版本供用户使用，避免死锁，为用户提供终极查看体验。同时，MEC 服务器还可以提供基于用户位置的服务，如餐饮、娱乐等推送服务，进一步提高用户的服务质量体验[6]。

2. 移动边缘计算网络的挑战

MEC 在移动网络边缘提供计算、存储和网络资源，可以保证实时传输，降低带宽要求，减少系统能耗，提升用户体验。但是，在实现大规模应用前，MEC 以及各种基于 MEC 的解决方案还存在一些问题和挑战，主要包含以下几个方面。

1）系统迁移挑战

移动终端的移动问题主要分为两种情况：一种是移动终端在同一个移动终端服务范围内移动，不涉及移动终端服务的移交；另一种是移动终端从一个源 MEC 服务器移动到另一个目标 MEC 服务器。当用户移动到同一个 MEC 服务器时，MEC 服务器只需保持移动终端与服务器上应用程序之间的正常连接，并跟踪当前连接到用户终端的基站，以确保正确路由下游数据。当用户从一个 MEC 服务器切换到另一个 MEC 服务器时，将很难保持移动终端和应用程序之间的服务连接。对于不需要跟踪单位设备状态信息的 MEC 系统中的状态无关应用程序，将用户移动到另一个 MEC 服务器意味着在目标 MEC 服务器上重新实例化相同的应用程序。对于面向用户的服务，特别是与用户活动相关的应用程序，将用户移动到另一个 MEC 服务器意味着迁移用户相关信息，甚至迁移整个应用程序实例。因此，MEC 系统必须提供服务连续性、应用迁移、用户特定信息迁移等移动性支持。根据具体情况，MEC 还必须支持欧盟在移动边缘系统和外部云之间的迁移。由于 MEC 中的每个应用程序实际上都是运行在虚拟化基础设施上的各种虚拟机，虚拟机的在线迁移可以作为 MEC 移动性研究的参考[6]。

2）计费标准挑战

在目前的网络体系结构中，核心网络负责计费功能。移动边缘计算平台将网络业务功能放置到网络边缘，在那里可以卸载计算，使计费功能难以实现。目前，ETSI 的标准化并不涉及计费功能的实现，因此没有统一的计费标准。不同的企业提供不同的计费标准。在边缘移动计算场景中，移动终端将面临更加复杂的环境，许多原本用于云计算的安全解决方案可能不再适用于边缘移动计算。不同网关级别的网络实体认证也是一个需要考虑的安全问题，因此 MEC 系统必须解决认证、鉴权等安全问题。一方面，必须从 MEC 设计的体系结构上考虑 MEC 安全性和会计问题的解决。另一方面，各种安全解决方案可以与 MEC 有机结合，以模块化的形式为系统提供不同级别的安全保护。最后，由于涉及更多网络元素的计费问题，实施还需要设备供应商、互联网公司和运营商等多方面的共同努力[6]。

3）隐私安全挑战

在基于 MEC 的设备到设备（device-to-device，D2D）通信中，内容共享和计算协作必须考虑用户隐私。此外，在一些私人网络场景中，如个人微云，隐私问题也需要考虑，因此有必要将隐私实体纳入 MEC 网络。许多现有的隐私保护方案都是通过增加可信平台模块来实现的。例如，在典型的雾计算应用场景中，通过智能网格、智能计量数据加密和雾终端汇聚点处理来保证数据的机密性。隐私问题倾向于个性化服务，不同的用户和服务对隐私有不同的要求，因此可以从增加可信平台模块的上述思路中吸取教训[6]。

1.3.5　移动边缘计算网络在多媒体内容分发中的应用

以下列举了移动边缘计算网络在多媒体内容分发中的典型应用场景。

1. 视频加速

研究表明，超过一半的移动流量是视频流量，这一比例逐年增加。从用户的角度来看，视频观看可以分为点播和直播。点播是指所请求的视频已经存在于源服务器上时，用户向视频服务器发送视频观看请求。直播是指用户在创建内容时观察内容。在传统的视频系统中，内容源将生成的数据上传到 Web 服务器，然后 Web 服务器响应用户的视频请求。在这种传统方式中，内容基于 TCP 和 HTTP 下载，或者以流的形式传输给用户。然而，TCP 不能快速适应无线接入网络（wireless access network，WAN）中的变化。信道环境、连接和离开终端等的变化导致连接容量的变化。此外，这种远程视频传输还增加了连接失败的可能性，并导致了较大的延迟，这无法保证用户的服务质量。为了改善上述问题，当前学术界和工业界普遍使用 CDN 分发机制将内容分发到每个 CDN 节点，然后每个 CDN 节点响应相应区域的用户请求。虽然 CDN 分发机制的引入在一定程度上缓解了上述问题，但这种改进对于同时性、实时性和流畅性要求高的直播场景来说仍然很强大。

MEC 技术的引入可以解决上述问题。内容源可以将内容直接上传到网络边缘的 MEC 服务器，然后 MEC 服务器响应用户的视频请求，这可以显著地减少用户观看视频的时间延迟。同时，由于 MEC 具有强大的计算能力，它可以实时感知连接状态，并根据连接状态在线转码视频，以确保视频的顺利运行，实现智能视频加速。此外，MEC 服务器还可以负责向区域内的用户分配和恢复机场资源，提高网络资源的利用率[6]。

2. 车联网

在“车联网”场景中，有大量终端用户，如车辆、道路基础设施、支持车对外界的信息交换服务的智能手机等。其对应于各种服务，例如，基本道路安全服务，一些紧急情况的传输，以及由应用程序开发者和内容提供商提供的一些增值服务，如停车位置、增强现实或其他娱乐服务。MEC 服务器可以沿着道路部署到长期演进（long term evolution，LTE）基站，并且可以使用车辆应用和道路传感器来接收和分析本地信息。它还处理高优先级的紧急情况和服务，需要大量的计算机工作来确保行车安全，避免交通堵塞并改善车载应用程序的用户体验。在此背景下，德国开发了一个数字高速公路测试台，在 LTE 环境下在同一区域发布预警信息[6]。

3. 物联网

在物联网的“万物互联”场景中，各种设备产生大量数据。通常，物联网设备在处理器和存储容量方面受到资源限制。因此，MEC 可以作为物联网的一种汇聚方式来收集和分析终端产生的海量数据。同时，不同的物联网设备使用不同的接入方法，例如，3G、LTE、WiFi 或其他无线接入方法。因此，由于协议不同，这些物联网设备生成的消息通常使用不同的封装方法。MEC 可以处理、分析和分发来自不同协议的数据组。此外，MEC 还可以用作远程控制这些物联网设备并提供实时分析和配置的控制节点[6]。

第2章　基于云架构的内容分发网络技术

2.1　CDN与云架构相结合的意义

随着宽带和移动互联网技术的发展，现在互联网上的应用已经从Web页面访问全面转向以多媒体内容分发为主体的综合性应用，媒体内容作为访问主体的时代已经到来，各种各样的基于内容分发的多媒体资源将占有越来越大的比例，流媒体、社交网络、高清视频等基于内容的应用逐渐占据互联网访问的主体。这些流媒体应用所具有的高服务质量、高访问量和高带宽要求对传统意义上以尽力而为为服务宗旨的互联网服务提出了很大的挑战，如何实现快速的、有服务质量保证的内容分发传递成为新一代以流媒体为核心的内容应用的核心问题。

2.1.1　传统CDN面临的挑战

20世纪90年代末以来，CDN逐渐进入人们的视野，解决了内容承载的问题。1998年，美国麻省理工学院的学者和研究生通过讨论当时互联网的现状，提出了CDN的概念，并且提出了一套能够解决用户就近访问网络资源的方案，最终设计并实现了内容分发网络，在这个基础上，他们在2000年建立了世界首家用于商业CDN服务的科学技术有限公司——Akamai，第一代的内容分发网络应运而生，主要解决了所谓“最后一公里”的问题。CDN在现有的互联网架构上增添了一层特殊的网络层，这层新的架构主要用于通过Internet以较高效率传递各种各样的流媒体内容资源。其核心是通过在Internet的多个边缘逻辑如ISP接入处，部署多个层级的服务器节点用作缓存，通过设计智能化的方案，将位于核心服务器上各种各样的流媒体内容资源分发到这些离用户距离较短、服务质量相对较好的服务器节点，同时通过流媒体应用后台的Service自动将用户访问引导到相应的服务器节点，使得用户可以直观地从距离最近的服务器上取得所需的媒体内容，提高用户对丰富内容资源和流媒体服务访问的响应速度。

CDN技术可以在一定程度上加快流媒体应用资源的内容分发，实现媒体资源下载、直播和点播，与传统核心式内容分发的模式相比有非常大的优势，但是随着IP网上用户规模和流媒体数据的飞速增长，包括大文件下载、较好质量甚至高清的音视频直播和点播等，CDN在分发体系、分发模型、分发机制等各方面还表现出很多缺点，对CDN应用的发展提出了比较大的挑战。

CDN面临的第一个挑战，是其技术本身扩展昂贵、采用静态服务方式、不能弹性动态伸缩。CDN与很多视频网站平台在不断融合，很多视频网站如土豆、优酷都在大力借助CDN节点来加速流媒体内容发送。2010年以前，国内视频行业在互联网所有行业中一直处于起步早，发展慢的状态。从全球来看，美国的视频行业发展最早也最早被投资者关注，2005年2月创办的Youtube在2006年11月被Google以16.5亿美元的天价收购，美国国家广播环球公司（NBCUniversal）和新闻集团在2007年3月共同注册成立的Hulu也以付费视频的模式实现了盈利。国内视频行业由于网络基础设施的限制，一直得不到足够的关注。直到2010年才开始出现明显的转折。2010年12月8日优酷在纽交所上市，2011年8月土豆网在纳斯达克上市。虽然迎来上市热潮，但国内的所有视频网站都处于不盈利的状态，这是由多个原因造成的，其中一个主要原因是视频网站的成本过高，视频网站的成本组成主要是带宽费用、版权费用、市场推广费用和人力成本费用。在带宽费用方面，VOD、P2P等视频网站使用CDN带宽资源时，CDN只能静态提供固定带宽和固定数量的缓存服务器，在低负载时造成租用昂贵的CDN资源浪费，而在出现Flash Crowd突发流量和高负载时又不能动态扩展CDN资源，CDN资源的供给无法根据应用负载进行动态伸缩。

CDN面临的第二个挑战，是其服务紧耦合，视频服务提供商很难与多家CDN提供商进行平滑集成。传统的内容流媒体视频提供商需要投资维护专用的流媒体服务器，或者租用固定带宽的CDN服务器，造成硬件维护成本或者较大的CDN租用投资。过去的十几年一直是大型视频网站租用多家CDN的内容分发服务，例如，视频网站Hulu在自身构建一个较小规模数据中心之外一直租用3家CDN——Akamai、Limelight和Level3的部分资源。但传统的CDN一直依赖于传统的Internet数据中心（IDC）技术的支撑。但是传统的IDC硬件设施固定，不能动态扩展，存在服务紧耦合，视频服务提供商很难与多家CDN提供商进行平滑集成。

2.1.2 CDN和云架构结合的优势

除了这些大型的云数据中心的发展，虚拟化技术的发展使得越来越多的互联网服务供应商（internet service provider，ISP）在网络的边缘部署了很多微型数据中心。这些微型数据中心在ISP网络部署了小规模的虚拟化计算和存储节点，但可以根据用户需求灵活扩展虚拟计算和存储资源，而且ISP大多数处于接近终端用户的网络边缘，数量庞大，它们与内容分发架构具有天然的一致整合的特性。

和云架构结合的 CDN 系统，可以通过跨越多个地区的数据中心的虚拟缓存资源和存储提供内容分发服务，包括大型云数据中心，也包括众多 ISP 提供的微型虚拟化数据中心。视频服务提供商如新浪视频、PPlive、优酷、土豆等，可能同时利用传统内容分发服务器和外部公有的内容分发云架构的资源为用户提供内容服务。当内容服务提供商向传统的 CDN 网络租用资源时，传统的内容分发网络资源通常不能做到根据应用负载的动态自适应分配，一般只是提供固定带宽或固定服务器数量的缓存资源。而视频服务提供商需要利用多个分布式的内容分发云架构资源进行联合服务，一个大的内容分发云提供商通常跨越多个数据中心，而众多 ISP 则供应多个微型虚拟化数据中心。多云架构的特点则是多数据中心资源的按需提供和动态自动伸缩。而典型的对视频内容分发服务的访问通常是多地域分布，负载随时间动态变化的。当视频服务提供商向多个 ISP 微型云数据中心构架或者一个大型内容分发云架构的多个数据中心申请或租用资源时，视频服务提供商可以根据访问用户的分布和需求变化以最小代价请求相应的虚拟缓存资源，并保证对终端用户的服务质量。和云架构结合的 CDN 系统，可以通过优化的自动伸缩的虚拟缓存和存储资源申请与使用模型，达到内容分发云架构资源的按需提供与满足用户服务级别协议（services-level agreement，SLA）的双重目标。

云架构下的 CDN 系统，具备很好的性价比。在视频内容服务提供商和传统 CDN 提供商的内容分发服务平台的建设和扩容过程中，涉及在多个内容分发云架构运营商的多个数据中心租用多个虚拟缓存资源，包括主机资源、网络带宽资源和存储资源，而每个云架构提供商都对自身的资源有不同的定价模型。因此，经过合理规划和建设的云架构 CDN 系统，既能满足用户需求，又实现较高性价比和不造成资源浪费。通过对内容分发云上视频应用及它们的访问特征和资源需求特征分析，可以建立终端用户访问规模和质量与内容分发云架构的单位成本和资源供给能力之间的关系模型（workload-utilization model)，并对不同的内容分发云架构建立投入产出效用经济模型，拟综合考虑应用特征（包括用户的访问模式、应用要求、QoS 保证等）和资源特征，最终得到全局优化的、跨多云、多数据中心的内容分发云架构动态资源配置与容量经济规划方案。

云架构下的 CDN 系统，可以按照实时预测模型灵活调整资源配置。内容分发云架构的特点是按需提供服务，因为流媒体视频运营商可以根据用户访问规模的变化动态按需申请外部的云端资源，而如果在用户规模已经发生变化的情况下再去实时申请资源来满足变化将带来延迟问题。在基于云架构的 CDN 系统当中，流媒体视频运营商在大多数情况下能够事先预测用户访问规模的变化，根据预测结果提前申请外部云端资源。系统通过负载数据，在长时间级别上对负载可能出现的情况进行预测（粗粒度），并根据预测的结果动态地为应用在外部云提前请求和启动相应量的缓存资源，解决实时启动慢的问题。

2.2　云计算技术与多云架构的发展

云计算（cloud computing）[9]是一种基于 Internet 的计算方式，通过这种方式，云端共享的软硬件计算存储资源和数据可以按照需求多少提供给本地集群和其他的设备。云计算思想的核心是，将众多通过网络相连的计算存储资源通过统一分配和管理，共同构成一个计算资源池向客户提供按需的服务。提供丰富计算存储资源的网络架构被称为“云”。狭义上的云计算是指 IT 基础设施的交付和使用方式，指通过 Internet 按照易扩展、按需的方式提供所需的各类资源；广义上的云计算指的是服务的交付和使用方式，指通过 Internet 按照易扩展、按需的方式提供所需的各类服务。这种服务可以同 IT、软件和互联网相关，也可以是其他方面的服务。云计算是网格计算（grid computing）、分布式计算（distributed computing）、并行计算（parallel computing）、效用计算（utility computing）、网络存储（network storage）、虚拟化（virtualization）、负载均衡（load balance）等传统意义上的计算机和互联网技术发展融合的产物[10]。

2.2.1　云计算技术服务层次

云计算以虚拟化技术为基础[11]，虚拟化技术提供了从弹性资源池中分配 IT 服务和各类资源的功能。虚拟化技术可以实现将一个物理主机分区抽象为很多个虚拟机，其中每一个虚拟机都可以与其他本地或者网络设备、各类应用程序和大量数据独立交互，看起来它是独立的物理意义上的主机一样。虚拟机可以搭建不同的操作系统版本，部署各种各样的应用程序，与此同时共享上述物理计算机上的计算和存储资源。虚拟化技术使得虚拟机之间相互隔离，当某一个虚拟机宕机时，其他虚拟机不会受到影响。虚拟化技术除了可以做到将一个物理层面上的计算机分区搭建多个虚拟机外，还可以将众多的物理资源合并抽象为逻辑上单个的虚拟资源。

按照服务层次，云计算可分为 3 类。第一类是软件即服务（SaaS）类型。用户可以通过互联网访问云端软件应用程序。用户不需要购买，在自己本地的服务器或者其他设备上安装并管理这些软硬件资源，而通过 Internet 访问并使用各类互联网应用程序。SaaS 提供商在计算云中为用户管理维护软件、计算资源和存储资源。大多数 SaaS 解决方案在公有云中运行，并以付费或免费服务的形式提供服务。第二类是平台即服务（PaaS）类型，系统提供在集成式云环境中开发、测试、运行和管理 SaaS 应用程序所需的基础架构和计算资源。拥有网络连接的任何人都可以参与开发基于云计算的解决方案，而不必购买、部署和管理硬件、操作系统、中间件、数据库以及其他软件。大多数 PaaS 服务供应商都可以提供比传统编程工具更易于使用的 JavaScript、Adobe Flex 和 Flash 等各类工具。用户不需要取得开发环境所有权或控制权，但却能真正地控制它们并在 PaaS 层中开发和部署应用程序。一些知名度较高的 PaaS 层提供商包括 Google App Engine、Windows Azure 和 Salesforce。第三类是基础架构即服务（IaaS）类型。基础架构即服务提供托管 IT 的基础架构，为用户提供调配计算能力、存储资源、网络带宽资源和其他基础资源。IaaS 提供商运行此基础架构并管理，而用户可以在基础架构上运行各类操作系统和应用程序。IaaS 提供商包括 Amazon Elastic Compute Cloud（EC2）、Verizon Terremark 和 Google Compute Engine。

2.2.2　云计算部署模型

按照云计算部署模型，如图 2-1 所示，云计算可分为 3 种基本的类型。第一种是公有云（public cloud）。公有云由一些企业提供服务并运营，这些企业开发公有云，并以合理的价格为其他组织或个人提供对计算和存储资源的快速访问服务。通过使用公有云，用户无须购买软硬件和其他资源，以上资源都由公有云服务提供商拥有并管理。第二种类型的云计算是私有云（private cloud），私有云由企业内部部署并运营，企业控制各个业务线和各部门自定义私有云，以及提供各类虚拟化资源。私有云充分利用云计算的效率优势，同时提供更多的计算和存储资源，用以明确控制并掌握多用户信息。第三类云计算部署模型是混合云(hybrid cloud)。混合云以私有云作为基础架构，同时在战略层面结合了公有云服务。在实际情况中，私有云不能独立于企业其他的 IT 资源和公有云而独立存在。很多使用私有云的企业都成长为同时管理数据中心、私有云和公有云的集群架构，因此混合云的概念应运而生。

而多云架构（multi cloud）是在单一的云计算结构基础上，使用多个云计算服务的架构，并将这些计算云或者存储云逻辑上结合起来。例如，企业可以同时使用不同的云服务供应商基础设施（IaaS）和软件（SaaS）的服务，或者使用多个基础设施（IaaS）供应商。在后一种情况下，企业可以为不同的工作负载使用不同的基础设施供应商，在不同的供应商之间负载均衡，或者在一个供应商的云上部署工作负载，并在另一个云上做备份。

部署多云架构的原因有很多，包括减少对任何单一供应商的依赖，通过选择策略增加灵活性，提高容灾率等。多云架构不同于混合云，它指的是多种云服务，而不是多种部署模式。

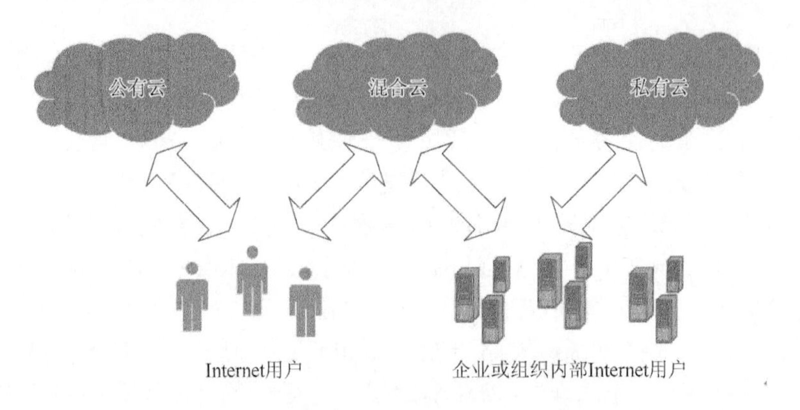

图 2-1　云计算部署模型分类

2.3　多云环境下的 CDN 资源部署机制探究

本节将对三种通用情况下的 CDN 资源优化配置调度机制进行详细设计，即流媒体应用选择多数据中心初部署（多云选择）、资源在可预测和不可预测的情形下进行数据中心扩展部署（多云扩展）、突发状况下切换现有无法正常提供服务的数据中心至状态良好的数据中心（多云切换）。

在多云选择阶段，本节主要目标在于解决基于计费模型，以最小化的开销和最优带宽访问性能完成流媒体应用初部署的问题；在多云扩展部分，主要设计了当访问请求或带宽增加时，可预测与不可预测情形的多云扩展资源优化配置方案；在多云切换部分，本章解决了在不可预测的数据中心宕掉或服务质量相当不佳时，多数据中心之间需要切换，来为流媒体应用用户提供更好的服务的问题。

2.3.1　多云选择初部署机制设计

在流媒体应用初次选择数据中心并部署时，需要考虑到所部署的云站点距离用户的远近、租赁成本、带宽访问质量等多种因素。本系统根据需要部署的区域，区域到达各云站点的距离，以及 2.4 节中分析的公有云服务资源提供商的计费策略，提出了一种云选择初部署启发式算法。

本算法最终实现的目标是将置于源云站点的流媒体内容资源通过启发式初部署算法，逐一分发至其他逻辑上的云站点的虚拟机中，从而完善各个区域用户的访问体验。将区域内的各用户抽象为逻辑上的节点，本算法通过对各个路径开销的计算，最终找到了一个开销最小且性能较高的路径拓扑，最终的拓扑结构使得区域内的所有用户都同源节点直接或间接地建立连接，并且从源站点到每个用户节点只有一条路径的最小连通图。

在本节设计的算法中，各个云服务提供商对于各个节点都有不同的数据传输和数据存储的代价开销，在起始状态，只有源站点的 C_0 存有流媒体内容数据，而其他的云站点上的虚拟机在初始化部署和内容资源传输过程中会产生初部署代价。使用 O_j 代表云站点虚拟机的部署开销，W_{ij} 表示两个云站点虚拟机（从 i 到 j）之间的数据传输开销，那么当云站点上已完成流媒体应用部署和内容资源存放时，$O_j = 0$，否则 $O_j = W_{ij}$。首先，本算法计算各节点同时建立的部署开销，计算比较出最小的开销建立连接，过程中有一个前提是不能超出这个节点的连接最大带宽限制。然后在每个节点连接的过程中需要考虑到有重复路径的情况，也就是保证从源站点到用户节点路径的唯一性。如果不能满足这种唯一性就会产生额外冗余的开销。

算法 2-1 是多云选择初部署启发式算法的具体实现。

算法 2-1：多云选择初部署启发式算法

输入：云站点集合 C，区域集合 A，距离集合 L，分发代价 D 和 O
输出：分发拓扑 G
1. BEGIN
2. 对每个区域 A_m，计算到各个云站点的平均距离 L'_m
3. 将区域按 L'_m 升序关系排序，得到集合 A^O
4. FOREACH A_m in A^O DO
5. 将区域 A_m 中的所有请求，分配到距离最小 L_{mj} 的云站点 C_j
6. 记录该关系到分发拓扑 G 中
7. FOREACH C_i in C_m^l DO
8. 计算 C_i 和当前云站点 C_j 的总代价 $W_{ij} = D_j + O_i$
9. 连接距离最小 W_{ij} 的云站点 C_i 和 C_j，并记录至拓扑 G 中
10. END FOREACH
11. END FOREACH
12. END

在算法 2-1 中，分配与分发同时进行。本书从流媒体应用服务提供商的角度出发，寻找部署开销最小、性能较优的云站点，并启动虚拟机部署流媒体应用，之后针对每一个云站点，找到其上游的最优云站点，并拷贝流媒体内容资源，通过两层的优化，来尽量减少部署的开销。本算法以距离顺序来逐步解决问题，数学符号描述如下：L_{mj} 是用户区域 A_m 到云节点 C_j 的距离；C_m^l 是用户站点 A_m 相对于流媒体 l 的可建立连接的云站点；D_j 是 C_m 中的节点 C_j 的下载代价；A_l^m 是用户区域 A_m 对流媒体 l 的请求；O_i 是打开云节点 C_i 的代价；C_i^j 是节点 C_i 可以向上连接的云节点的集合。

2.3.2　可预测的多云扩展方案

当监控模块和预测模块通过历史数据和预测模型可以预见在不久的将来可能

出现流量显著增加，或者在不可预测的情形下，由于某种原因（如突发事件）流媒体应用请求数和带宽激增，现有数据中心所能提供的带宽和流媒体内容资源无法提供正常服务时，需要扩展数据中心的规模，将现有流媒体应用部署在请求数多的地区的数据中心或较近的公有云上。

当系统预测模块根据历史监控日志和数据分析预测出在未来一段时间内，流媒体应用的请求数和带宽有可能突破现有数据中心所能提供的资源上限时，需要扩展现有数据中心规模，将内容资源和流媒体应用部署在备用数据中心的更多机器中去，从而提供更快的访问速度，带来更好的用户体验。

本章对此提供了一种基于预测模型的多云扩展方案。首先监控模块根据历史监控数据分析，并通过 ARIMA 预测方案预测出未来一段时间内，现有的数据中心资源不足以提供足够的带宽访问，此时综合考虑备选数据中心的计费策略 C 及机房地理位置 P 分布，类似多云选择初部署的过程，选择扩展的数据中心并采用分配与分发同时进行的策略，将流媒体应用的 Web Service 和内容资源拷贝部署到新的云数据中心。当某些监控项（如 CPU 空闲时间、内存使用量、disk I/O、http 请求数和网络带宽使用量等）数值超过设定的阈值或现有数据中心可以提供的最大访问量时，将备用数据中心激活，完成多云扩展的过程。

算法的目标是，在现有数据中心资源提供量 R 达到阈值时，把放置在源节点 C_0 的流媒体信息分发到其他访问量过多的地区或现有地区以满足各个区域用户的访问需求。本算法的核心有以下两点：首先预测模块通过历史监控信息预测出超过资源设定阈值的时间 t 和额外需要提供的网络带宽资源 R'；其次通过在特定的区域集合 A 中对于新申请的云数据中心 Cloud B_m 可以视为一个多云选择初部署的过程。最后，当监控模块报警现有数据中心的资源无法提供正常的服务时，激活已经部署好的 Cloud B_m，从而以看似透明的过程完成可预测的多云扩展。

算法 2-2 是可预测的多云扩展算法的具体实现。

算法 2-2：预测多云扩展算法

输入：监控数据 M，云站点集合 C，区域集合 A，距离集合 L，分发代价 D 和 O
输出：分发拓扑 G
1. BEGIN
2. 预测模块由监控数据 M 计算超过资源设定阈值的时间 t 和所需云资源规模 R'
3. 对每个区域 A_m，计算其到各云站点的距离均值 L'_m
4. 将区域按 L'_m 升序关系排序，得到集合 A^O
5. FOREACH A_m in A^O DO
6. 将区域 A_m 中的所有请求，分配到距离最小 L_{mj} 的云站点 C_j

续表

7. 记录该关系到分发拓扑 G 中
8. FOREACH C_i in C_m^l DO
9. 计算 C_i 和当前云站点 C_j 的总代价 $W_{ij} = D_j + O_i$
10. 连接距离最小 W_{ij} 的云站点 C_i 和 C_j，并记录至拓扑 G 中
11. END FOREACH
12. END FOREACH
13. 按照拓扑 G 和所需云资源规模 R' 申请数据中心 Cloud B_m 并部署 App 和内容资源
14. 监控模块报警，激活 Cloud B_m
15. END

在算法 2-2 中，从流媒体应用服务提供商的角度出发，基于时间序列预测分析方法 ARIMA 预测模型，通过对历史监控数据分析并将其作为输入，在判定为有效预测值的基础上，完成对未来资源需求量以及需切换时间点的预测分析（行 1）；并通过算法 2-1 中提供的多云选择初部署启发式算法，使得分配与分发同时进行，在得到部署拓扑 G 后，完成流媒体应用本身需提供的 Web Service 及流媒体内容的部署与拷贝（行 12）；当监控模块报警，即已有数据中心无法为用户的访问提供正常服务时，将已部署好的新数据中心激活并投入使用。所涉及的数学符号描述如下：M_i 表示过去第 i 天的历史监控数据；R' 表示通过预测模块的 ARIMA 预测模型分析后，得到的额外需要提供的网络带宽等资源；其余符号同算法 2-1。

2.3.3　云爆发架构下的多云扩展方案

云爆发架构（cloud bursting），是一种应用部署模式，其应用运行在私有云（private cloud）或者数据中心（data center）中，当已有数据中心的计算或者存储能力的需求达到顶峰时，会动态地向云服务器请求一定的计算或存储能力。通常来讲，云爆发是具有内部私有云的数据中心的理想选择，因为它们已经建立了集中式的管理平台。在识别公有云站点并且建立连接后，云爆发过程通常会在公有云中拷贝新的应用实例，以应对增加的访问需求。当访问需求恢复为正常运行水平时，公有云中的应用会停止工作或者自动或手动返回其原始状态。

本系统采用云爆发模式的最大优点是可以节省成本，在日常的企业运作过程中，云爆发只需要企业为服务器集群的日常运维所需的资源支付成本，而无须进行超常准备以应对访问请求高峰时段，这使得企业可以更加有效地利用现有资源，同时也可以降低总成本支出；云爆发也具有更高的灵活性，使得系统可以迅速适应意料之外的高峰需求，在需求发生变化时进行调整。

虽然目前云爆发架构有诸多好处，然而现有的解决方案通常无法满足本章所需求的流媒体应用大量的内容资源迁移所能等待的时间，事实上，这个过程通常需要 2～10 天的时间才能将已有的流媒体内容资源完全从私有云迁移至公有云，这对于突发状况下用户访问流媒体应用请求或流量激增的情况是无法达到相应的 QoS 标准的。这种长时间的延迟主要原因是在私有云和公有云之间有限的带宽连接环境下，大量的流媒体内容资源传输，以及流媒体应用本身虚拟机迁移需要拷贝的磁盘镜像所产生的较长时间延迟。

本章针对上述问题提出了一种基于预拷贝（pre-copying）机制的云爆发多云扩展方案。

算法 2-3：云爆发多云扩展方案

输入：监控数据 M ，内容资源 R_0 和 R' ，云站点集合 C ，区域集合 A ，距离集合 L ，分发代价 D 和 O

1. BEGIN
2. 监控模块通过监控数据 M 进行判断，若超过设定阈值，向系统报警
3. 查看拓扑 G ，找出 MIN(Cost) 的 IDC 为 A^O
4. FOREACH H_m in A^O DO
5. 将源云站点的流媒体 Web Service 的虚拟镜像拷贝到 H_m 中
6. 启动 Web Service，提供服务
7. 采用 Hash 算法和预拷贝机制，将源云站点的内容资源 R_0 拷贝到 H_m 中
8. END FOREACH
9. 拷贝剩余的内容资源 R' 至新的 IDC
10. END

算法 2-3 中，在云爆发的架构下，监控模块通过实时监控数据 M 检测到超过设定的阈值时，向系统发出警报，现有资源可能无法为用户提供正常速度的访问服务，系统即做出在云爆发架构下多云扩展的决策。此时通过查看在算法 2-1 和算法 2-2 中的拓扑 G ，选择出最小存储租赁开销以及带宽优质的 IDC 为 A^O ，并在所选的新的 IDC 中启动一定配额的虚拟机集群。之后对于集群中的每台机器，采用预拷贝机制将常用的内容资源 R_0 拷贝至虚拟存储中，在这个过程中本算法采用合适的冲突度小的 Hash 算法，将内容资源散列至不同的虚拟存储中。之后系统将源云站点中各虚拟机上提供流媒体应用访问的 Web Service 虚拟镜像拷贝至新的 IDC 的每一台虚拟机 H_m 上，并在所有的新的虚拟机中启动访问服务。当资源优化调整后的服务器集群可以良好稳定地提供流媒体访问服务时，将剩余的内容资源 R' 逐步拷贝至新的 IDC 中。

由于云爆发架构下多云扩展方案的不可预测性，为了维持良好的访问服务，需要尽量降低应用扩展和内容拷贝的时延（copy-delay），本系统采用了预拷贝的方案，将最常被访问的内容资源优先拷贝至多云扩展申请的新的 IDC，同时完成 Web Service 的迁移，系统通过监控模块检测到所有的监控项（monitoring metrics）

在一段时间内处于正常的状态后，将剩余的内容资源在不影响现有的访问服务的前提下，逐步拷贝至扩展的云数据中心。

2.3.4　多云切换机制设计

当某个或某些数据中心由于某些原因宕机或无法提供正常服务时，例如，机房突然停电或网络带宽受限，导致当前数据中心无法正常处理用户请求。此时需要暂停现有的出现问题的流媒体应用，并申请新的可用的云计算服务，将现有的流媒体访问服务和内容资源快速迁移到新的数据中心，尽量减少这个过程中产生的延迟，从而以最小的影响来继续为用户提供良好的流媒体访问服务。

在现有云服务出现问题报警时，系统捕捉报警信号并做出多云切换的决策。多云切换的流程如图 2-2 所示。

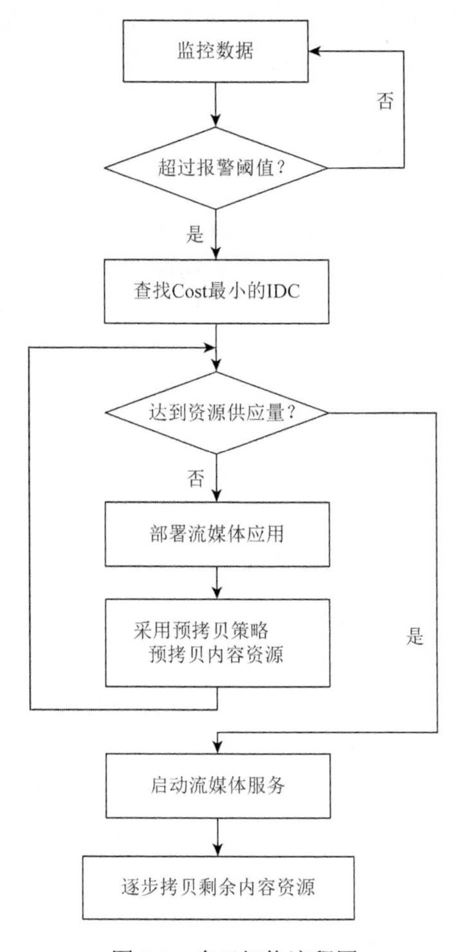

图 2-2　多云切换流程图

在多云切换流程中，系统首先将监控数据作为输入，当带宽资源、用户访问量或整个集群全部宕机时，系统的决策模块迅速做出多云切换的决策，通过查看部署拓扑，选择开销最小并且性能较佳的某个或者某些数据中心作为新集群部署。在此过程中，同多云选择初部署不同，设计者必须尽量减少由于数据中心大规模故障，流媒体应用受影响的时间。所以，本章采用预拷贝的策略进行内容资源初次拷贝，之后在虚拟机流媒体应用服务启动好后，迅速向外提供访问服务，并且在服务稳定后逐步将剩余的内容资源拷贝至新的数据中心。

2.4 多云环境下的 CDN 资源调度系统

本节将对多云环境下的内容分发资源调度的各个模型进行详细分析。站在流媒体应用服务提供商的角度，全面分析当前多数据中心环境下，对于内容扩展和多云切换所需要考虑的各种限制因素。并且在最小化成本的目标下，构建各种系统需要使用的数学模型。利用公有云服务应用提供商计费模型，为成本最小化提供计费基础和参考；利用资源服务监控模型，实时感知系统的各项资源的使用情况和服务稳定状况；利用流媒体应用负载预测模型，预知用户的请求和资源分配方案；使用内容预拷贝模型，在请求激增或者某个数据中心由于某种原因宕掉的情况下，及时扩展或迁移到其他数据中心或公有云，并尽量减少流媒体内容迁移所带来的延迟；利用流媒体访问所特有的持续访问模型，对比传统意义上的网络服务，合理分配各个数据中心的各个服务器的计算和存储资源。

2.4.1 系统总体设计

基于上述对于系统的各个模块的建模分析，本节将针对整个系统的各个模块建立模型，将上述的公有云服务资源提供商计费模型、资源监控模型、流媒体应用负载预测模型、系统决策模型、内容预拷贝模型同流媒体业务模型整合，给出系统的架构模型。系统的总体设计图如图 2-3 所示。

如图 2-3 所示，系统以 Amazon EC2、Openstack 等 IaaS 层提供的云计算虚拟机为基础，底层通过 Amazon S3 或阿里云 CDN 等公有云存储服务提供内容资源的存储。将基于各个公有云服务资源提供商的云计费模型作为公有云租赁的选择依据，在上层使用资源监控模型，对系统的实时状态进行各个监控项的监控，保证可以观测到系统的健康状态，并在资源不够使用或者系统宕机时做出报警。顶

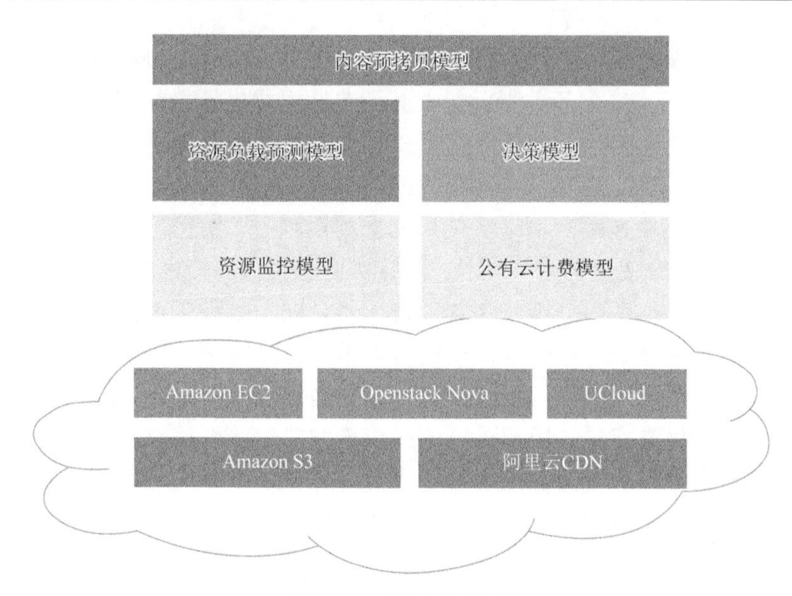

图 2-3　系统架构模型

层通过流媒体应用的 ARIMA 负载预测模型将历史监控数据作为输入，并同步预测分析系统负载在下一时刻的运行状态，将预测结果实时地反馈给系统决策模块。若决策模块做出多云扩展或者多云切换的调整策略，内容预拷贝模型将被触发，按照预拷贝策略将访问量相对较高的那些内容资源提前拷贝至新的公有云中，并启动实例，对外提供流媒体访问服务。

当预测模块发出反馈在未来的一段时间内可能产生访问和流量激增时，决策模块将进行多云扩展的操作，根据上层预拷贝模块生成的内容资源拷贝列表，在扩展的云平台上申请并启动虚拟机实例，并将流媒体应用的 Web Service 和丰富的内容资源逐步拷贝至新的云数据中心。当监控模块监控出在某个时间段，系统由于云主机宕机或突发事件的发生从而产生不可预测的极高流量时，决策模块将进行多云切换的操作，通过申请并启动新的虚拟机实例，同时调用预拷贝模块，采用预拷贝的策略，将丰富的内容资源以尽量小的延迟拷贝至新的数据中心。

2.4.2　公有云资源介绍

当前，公有云服务的商业化主要侧重于提供 IaaS 层的服务，也就是由云服务提供商基于虚拟化技术，建立云基础设施，通过互联网向企业用户和公众用户提供面向计算资源、网络资源、存储资源等的收费服务。本章建立的内容分发资源优化配置调度模型是以租用成本为考虑因素的，因此需要了解各大公有云服务提供商的租用计费模型，这方面的典型厂商如国外的 Amazon、Microsoft 以及国内的阿里云、UCloud、盛大云、青云等。其计费的模式也不尽相同，总体上来说，大多数的云服务供应商都提供按需付费和时长套餐两种形式。例如，Amazon EC2 就有按需实例（on-demand instance）、预定实例（reserved instance）和现场实例（spot instance）三种，其中按需实例适合使用需求周期较短、实例运行环境需求多变的用户；预定实例适合使用需求周期长，并且实例对运行环境性能要求稳定的用户，用户需要与 Amazon 签订 1 年或 3 年的使用“合同”；现场实例适用于没有即时性要求，任务不繁重的工作任务，计费特点是单位时间费率变动，根据实例的需求情况以拍卖的方式决定。国内的公有云服务提供商如阿里云、盛大云等，也陆续推出了相似的计费方式，用户可以选择按需付费的单价，也可以选择包月或者包年的套餐。由于本章研究的是多云环境下内容分发资源优化调度的问题，所以套餐的形式并不在本书的讨论范围内，下面主要针对不同云平台的存储按需计费的策略进行说明。

2.4.3　资源监控模型

为了保证系统稳定正常地运行，需要对系统的整体情况和各个资源指标进行掌握。因此，本系统使用了监控工具对于系统层面和应用层面的各个指标进行监控，该工具会周期性地获取并保存这些监控信息，并在某个指标超过设定的报警阈值时报警。

本系统的监控模块采用 Zabbix 监控工具提供的监控服务，主要是因为 Zabbix 的监控方案支持分布式部署，并且对整个集群保持稳定的监控，符合本系统所需的多数据中心分布式的集群规模。监控模块的架构图如图 2-4 所示，在每一个集

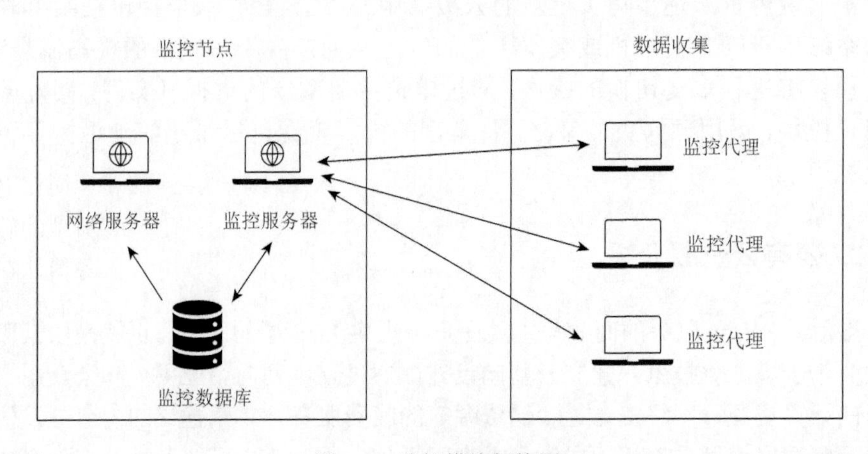

图 2-4　监控模块架构图

群上采用一个 Server 和若干个可选的 Agent，在 Server 端通过 SNMP、Ping、端口监控等方法提供对远程 Agent 的集群的状态监控和数据收集，以上组件分别部署在集群的每一台服务器上。Agent 端部署在所有需要被监控的目标服务器上，主要完成对于硬件信息以及操作系统有关的 CPU、内存、Disk I/O 和网络带宽及吞吐量等信息的收集。

在部署完成后，监控模型将实时地把监控信息投射到系统的 Web 界面上，并通过调用 Zabbix 的 API 完成监控信息的管理。监控模块同时提供了报警功能，当某一监控指标的数值超过设定的阈值时，系统采用及时的报警机制，通过邮件等方式发送报警通知。在后端系统采用 MySQL 数据库保存一段时间（7 天）内的监控数据，方便其他模块的查看调用及分析。

在本系统中，将网络带宽和用户请求数作为每个数据中心负载变化的依据，同时本系统设置监控周期为 30s，也就是让监控模块每分钟获取 2 次相应的监控数据，并进行一些格式化处理。

资源负载预测模块分析下层的资源监控模块提供的日常历史监控数据，通过给定的历史监控时间序列，利用 ARIMA 预测方法，可以计算出未来一段时间内资源的负载变化情况。这样就可以提前估算出未来一段时间所需的资源序列，从而为系统的决策模块提供依据，来决定是否保持现状，或者进行多云扩展或切换。为了减少频繁的计算所带来的额外开销，预测时间的间隔不能设置太短，在本章的案例中，设置使用过去的 5h 的资源监控数据时间序列，来预测未来 1h 的资源使用量，包括各个监控项的负载情况，以及带宽的使用状况。这样只需每小时更新一次预测结果，不会给整个系统增加过多的额外开销和负担。

2.4.4 资源负载预测模型

在本系统中，模型和算法能够正常工作有一个前提，那就是系统必须提前感知用户的请求。为了更好地使流媒体应用提供良好的服务体验，预测数据中心中各个虚拟机的工作负载、流量情况和用户请求数是至关重要的。本节引入一个基于差分自回归移动平均（autoregressive integrated moving average model，ARIMA）模型的资源流量预测算法，用来预测流媒体应用已有数据中心的使用负载情况和用户请求流量情况。每台虚拟机的带宽使用和访问请求数作为模型的输入，从而预测未来数据中心的情况。

ARIMA 模型[12]是时间序列预测分析方法之一。ARIMA(p, d, q)中，AR 为自回归；p 为自回归项数；MA 为移动平均；q 为移动平均项数；d 为使之成为平稳序列所做的差分次数（阶数）。

ARIMA(p, d, q)模型可以表示为

$$\left(1-\sum_{i=1}^{p}\varphi_i L^i\right)(1-L)^d X_t=\left(1+\sum_{i=1}^{q}\theta_i L^i\right)\varepsilon_t \tag{2-1}$$

其中，L是滞后算子（lag operator）；$d\in\mathbb{Z}$，$d>0$，其中，$\mathbb{Z}$表示所有整数组成的集合。

ARIMA 模型[12]采用了广泛的非平稳的时间序列进行预测，是 ARMA 模型的推广，所以这个过程可以简化为 ARMA 预测过程。ARIMA 模型将数据进行初步的处理，产生可以适用到 ARMA 过程的序列，然后进行预测。其中，ARMA(p, q)模型的一般表达式为

$$X_t=\varphi_1 X_{t-1}+\cdots+\varphi_p X_{t-p}+\varepsilon_t+\theta_1\varepsilon_{t-1}+\cdots+\theta_q\varepsilon_{t-q},\quad t\in\mathbb{Z} \tag{2-2}$$

其中，前半部分为自回归部分，非负整数p为自回归阶数，$\varphi_1,\cdots,\varphi_p$为自回归系数，后半部分为移动平均部分，非负整数$q$为移动平均阶数，$\theta_1,\cdots,\theta_q$为移动平均系数；$X_t$为预测对象的观测值（本章为流媒体应用带宽使用情况和用户请求数）；ε_t为独立同分布的随机变量序列。

基于以上分析，ARIMA 模型需要大量计算来获取最佳的参数，虽然它比其他线性预测方法更加复杂，但是如文献[13]中所介绍的，ARIMA 模型的性能很好，可以作为预测的基本模型。

本系统设计采用的 ARIMA 模型计算预测未来资源需求共有以下六个步骤，如图 2-5 描述的预测模型所示。

（1）判断所输入的数据序列是否具有平稳性。如果有，算法进入下一步；否则，使用差分的方式将序列平滑化，并重新检查，直到将所处理的数据序列变为稳定的序列为止。

（2）针对预处理后的稳定序列，计算自相关函数（ACF）和偏自相关函数（PACF），从而选择采用 AR、MA 还是 ARMA 模型。

（3）根据上一步选择的预测模型，采用 AIC、BIC 准则进行模型定阶，即选择参数p、q的值。

（4）在确定模型参数后，采用模型检查稳定性和可逆性来确保预测精度。

（5）如果检查结果满足所有标准，则可以开始下一步预测；否则，回到参数选择步骤，并采取更加细粒度的方式找到更加合适的参数。

（6）当所有数据都适合所预测的模型后，可以开始对未来资源数据进行预测。

在本系统中，将过去 5h 的负载和带宽监控数据作为输入，通过上述预测模型的步骤预测出未来 1h 系统可能的运行状况，并当带宽或用户请求数达到设定的阈值时，采用多云扩展或多云切换的策略。

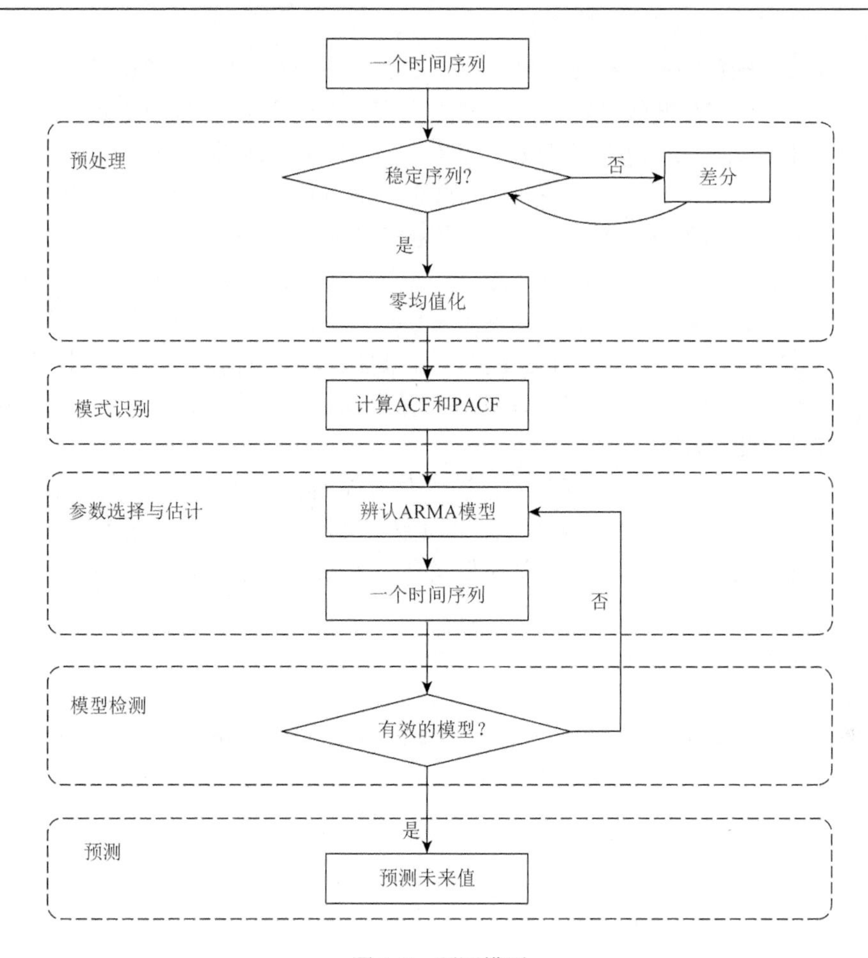

图 2-5　预测模型

2.4.5　内容预拷贝模型

基于 2.4.4 节对于流量的预测，发现可预见的未来时间内有可能发生流量激增时，系统将采取多云扩展的策略。考虑到流媒体应用的特性，由于应用是基于大量流媒体内容存储并提供服务的，区别于传统的 Web Service，在进行多云扩展的过程中不仅仅是将应用本身提供的服务迁移至其他数据中心，同时参与迁移的还有大量的流媒体资源，纯粹的按需迁移会需要大量的时间来拷贝这些流媒体资源数据，时间少则 2 天，甚至长达 10 天，这对于用户对流媒体应用的访问所期待的带宽和速度体验是无法达到标准的。本章提出了一种基于多云环境下，流媒体资源预拷贝的策略。

在多云扩展的过程中，当现有数据中心（Cloud A）无法提供预期服务时，系统需要决策哪些资源应该被拷贝到需要扩展而申请的数据中心（Cloud B）。一个朴素的方案是简单地将过载流媒体应用的所有流媒体资源按序从 Cloud A 拷贝到 Cloud B。然而这种方案的缺点是对于那些访问量较小的流媒体资源，现有数据中心已经完全有能力提供访问服务，将这些资源简单地拷贝到 Cloud B，会造成存储资源的浪费，产生额外不必要的资源和租赁成本的开销。

本章提出的选择迁移资源列表的核心是拷贝那些最常访问的流媒体资源，本质上将服务器访问流量的大部分分摊到 Cloud B，从而减少流媒体应用某个数据中心整体的负载。本章提出的优化算法可以抽象为一个整数线性规划（integer linear program，ILP）[14]的问题，通过这个优化算法，可以找出需要移动的流媒体资源，并计算出移动的最小开销。

本章提出的 ILP 算法定义流媒体应用共有 N 种流媒体资源，每个资源 i 分布在 M_i 个机器上。定义 L 为不同云的地理位置，假设 $L=1$ 时为流媒体应用服务提供商的企业私有数据中心（最简单的架构是一个私有云数据中心，一个公有云数据中心，此时 $L=2$；本章提出的算法也支持多个云服务提供商）。定义 H_l 为在 l 处的服务器数量。系统所关注的各服务器的计算资源包括 CPU 使用量、内存需求量、磁盘和网络带宽的需求量，分别表示为 P_{ikl}、R_{ikl}、D_{ikl}、B_{ikl}，代表第 i 个流媒体资源在第 l 个地点的第 k 个服务器。定义 Cost_{ikl} 为将第 i 个流媒体资源移动到第 l 个地点的第 k 个服务器所花费的成本开销。

定义 α_{ikl} 和 β_{ikl} 为二进制变量，形式化表达如下：

$$\alpha_{ikl}=\begin{cases}1, & \text{如果第}i\text{个流媒体资源在}l\text{个地点的第}k\text{个服务器上}\\ 0, & \text{其他}\end{cases} \tag{2-3}$$

同时，β_{ikl} 的形式化表达如下：

$$\beta_{il}=\begin{cases}1, & \text{如果第}i\text{个流媒体资源在}l\text{个地点的第}k\text{个服务器上}\\ 0, & \text{其他}\end{cases} \tag{2-4}$$

c 为流媒体资源拷贝的开销：

$$c=\sum_{i=1}^{N}\sum_{l=1}^{L}\sum_{k=1}^{H_l}\alpha_{ikl}\text{Cost}_{ikl} \tag{2-5}$$

本章提出的 ILP 算法使得 c 最小化，并确保：

$$\sum_{l=1}^{L}\sum_{k=1}^{H_l}\alpha_{ikl}=1,\quad \forall i=1,\cdots,N \tag{2-6}$$

$$\sum_{i=1}^{N}\sum_{j=1}^{M_i}\alpha_{ikl}p_{ikl}\leqslant P_{lk},\quad \forall k=1,\cdots,H_l;\ \forall l=1,\cdots,L \tag{2-7}$$

$$\sum_{i=1}^{N}\sum_{j=1}^{M_i}\alpha_{ikl}r_{ikl} \leqslant R_{lk}, \quad \forall k=1,\cdots,H_l; \ \forall l=1,\cdots,L \tag{2-8}$$

$$\sum_{i=1}^{N}\sum_{j=1}^{M_i}\alpha_{ikl}d_{ikl} \leqslant D_{lk}, \quad \forall k=1,\cdots,H_l; \ \forall l=1,\cdots,L \tag{2-9}$$

$$\sum_{i=1}^{N}\sum_{j=1}^{M_i}\alpha_{ikl}b_{ikl} \leqslant B_{lk}, \quad \forall k=1,\cdots,H_l; \ \forall l=1,\cdots,L \tag{2-10}$$

$$\sum_{j=1}^{M_i}\sum_{l=1}^{L}\sum_{k=1}^{H_l}\alpha_{ikl} = M_i, \quad \forall i=1,\cdots,N \tag{2-11}$$

$$\frac{1}{H_l}\sum_{k=1}^{H_l}\alpha_{ikl}p_{ikl} \leqslant \beta_{il}, \quad \forall i=1,\cdots,N; \ \forall l=1,\cdots,L \tag{2-12}$$

$$\sum_{l=1}^{L}\beta_{il} = 1, \quad \forall i=1,\cdots,N \tag{2-13}$$

如上所示，式（2-6）确保每种资源在一个单独的服务器节点上，式（2-7）～式（2-10）确保流媒体内容资源所占的 CPU、内存、磁盘和网络带宽资源不超过宿主机的资源总和，式（2-12）和式（2-13）确保所有的内容资源在同一地理位置（location）。

考虑最简单的架构情形，即只有一个公有云和一个私有云。因此，定义多云间流媒体资源拷贝的开销主要由以下三部分构成：

（1）将内存状态和存储资源从私有云拷贝到公有云；

（2）存储流媒体内容资源数据；

（3）在公有云运行流媒体应用并关联内容资源。

定义τ为预测的过载时间长度，则有

$$\text{Cost}_{ikl} = T_{ikl} + (R_{ikl} \times \tau) + (S_{ikl} \times \text{months}(\tau)) \tag{2-14}$$

其中

$$T_{ikl} = \text{TS}_{ikl} + \text{TM}_{ikl} \tag{2-15}$$

T_{ikl}表示所有流媒体内容资源拷贝的网络传输成本，具体表现为私有云上虚拟机的存储量（如TS_{ikl}）和内存页状态（如TM_{ikl}）；R_{ikl}表示在公有云上运行虚拟机实例的每小时成本；S_{ikl}表示在公有云上使用存储服务存储流媒体内容资源数据的存储成本，通常按月支付。

基于以上预拷贝算法，系统选取两个参数作为输入——需要预拷贝的内容资源和预拷贝的截止时间 deadline，前者表示所期望的内容资源在新的数据中心需求量，而后者表示将本地私有云的内容资源拷贝到公有云数据中心的截止时间。预拷贝算法产生两个输出——需要拷贝的内容资源列表（resourceSet），以及预拷

贝过程的进度安排（precopying schedule），后者规定了在指定时间间隔预拷贝内容资源的顺序。

在本章的案例中，当系统做出多云扩展或多云切换的决策时，调用系统的预拷贝模块，从而采用上述的预拷贝策略，以尽量小的延迟将内容资源迁移到新的云中。

2.4.6 系统决策模型

为了构建整个系统的控制调度中心，完成在各个情境下对于内容分发以及资源优化的配置和调度，构建了决策模型。决策模型作为整个系统的控制中心，当接收到预测模型或监控模型反馈的信号或者报警信息时，主要在以下三个方面起调度作用。

（1）在多云选择初部署阶段，系统调用决策模型进行多云选择初部署过程，接下来初部署的逻辑会根据计费模型计算并选择适当的云拓扑，在最小化总开销的前提下，选择出当前符合配额的虚拟机位置和数量，并且启动虚拟机，之后完成丰富的内容资源拷贝，系统开启流媒体服务，并对外提供访问服务。

（2）在多云扩展的情况下，由于扩展的前提是基于可预测的扩展和不可预测的扩展两种情形，本书分别来讨论。当多云扩展是可预测的，决策模型接收到预测模型反馈的信号，并做出多云扩展的策略，此时系统计算云拓扑结构，并选择合理配额的虚拟机，在启动虚拟机后，完成内容资源的拷贝以及应用服务的开启；在不可预测时，也就是“云爆发”的情形下，决策模型接收到监控模型的报警信号，在已有拓扑的前提下，迅速做出扩展云的决策，并且申请虚拟机，此时首先开启应用服务，并在前面讨论过的内容预拷贝模型的基础上，逐渐将已有的内容资源拷贝至新的数据中心。在此过程中，虚拟机一直对外提供服务，并逐渐增加内容资源的拷贝。

（3）在多云切换的情景下，系统的决策模型接收到监控模型的报警信号（此时应为某个数据中心发生故障等不可预测的情形），迅速计算云拓扑并选择总开销较小的虚拟机，之后首先启动虚拟机并快速部署好流媒体应用服务，对外提供应用访问服务，同时，采用预拷贝模型逐渐将内容资源拷贝至新的数据中心。

系统的决策模型在以上三种情境中均起着控制中心的作用，虽然内部逻辑并不复杂，调用其他封装好的模块，但对于决策模型的敏感性和实时性一般有很高的要求，在整个系统中处于核心的地位，如图 2-6 所示为决策模型的工作流程图。

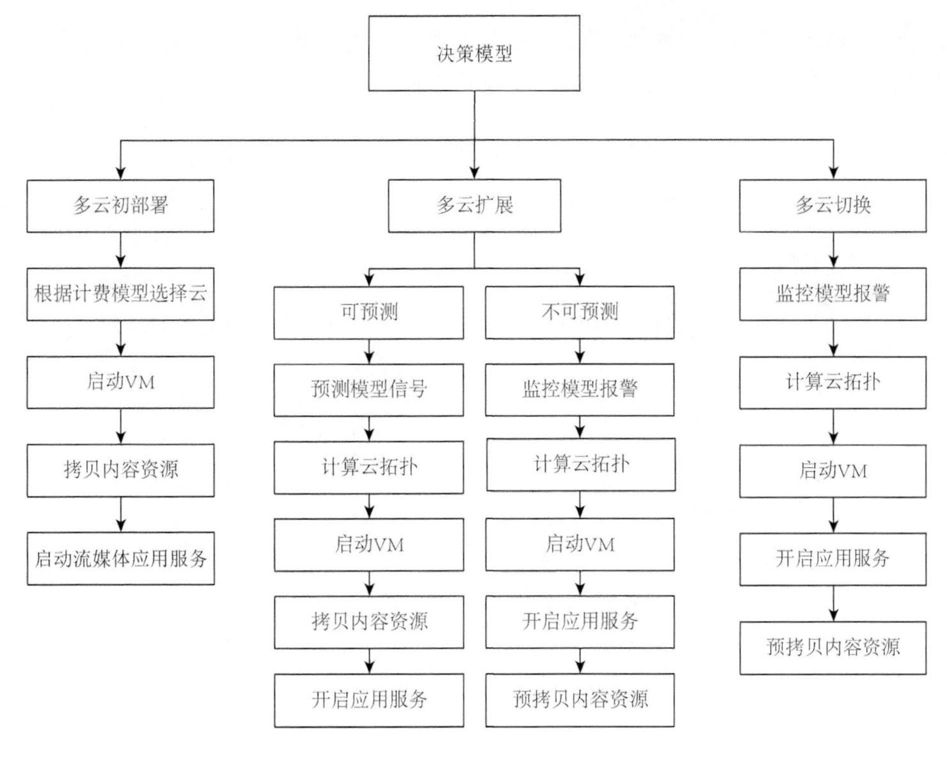

图 2-6　决策模型流程图

2.5　基于云架构的 CDN 技术的应用

本节主要介绍研究过程中所做的一些案例，包括案例的环境搭建、案例过程的说明以及案例结果的总结和分析。

2.5.1　具体应用环境

本章中所提出的资源优化配置调度模型与算法和具体的流媒体应用无关。并且在理论上，本章所设定的多云环境架构中，公有云和私有云均可以为任意多，并没有任何限制。然而从另一方面讲，因为案例环境限制，本章所做案例不宜太过复杂。因此，本章在案例部分私有云选择 OpenStack，公有云选择 AWS 的 EC2 和 S3 存储。

本章案例在本地搭建了两个基于虚拟化技术的数据中心，安装 OpenStack 作为私有云。同时在 AWS 上申请了账号，租赁 EC2 服务并申请 AWS 虚拟机，作为公有云。在每个云上启动 5 台虚拟机作为流媒体服务器，所有的虚拟机上均安装

Linux CentOS7 系统。为了不占用过多的网络带宽资源，将带宽最大值设定为10Mbit/s。如图 2-7 所示为本章案例环境的整体架构图。

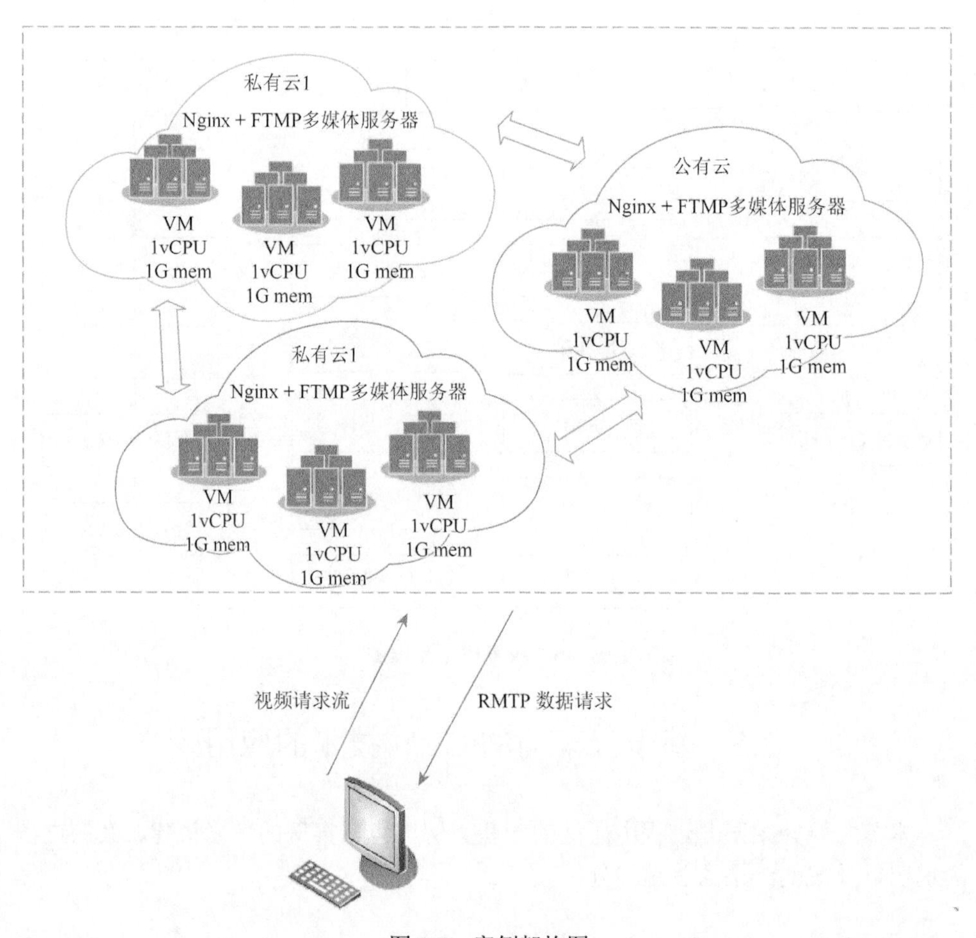

图 2-7　案例架构图

在流媒体服务器性能评估和压力测试的案例中，使用 Flazr 流媒体测试工具，Flazr 可以对 RTMP 服务器创建很多连接，并且可以持续地接收视频数据，但不会真正地播放视频，所以 Flazr 不会产生 CPU 的计算负载。同时在所有的机器上搭建 Zabbix 监控工具，以方便对于整个集群的相关指标进行监控和数据整理。

2.5.2　预测场景的应用

本章针对预测模型进行了一组验证案例，将一段时间内监控到用户请求数的历史数据作为预测模型的输入，使用 ARIMA 模型计算获得预测记录，从而验证本系统预测模块的准确性。

图 2-8 显示了用户请求数的预测以及实际中用户请求数的情况。横坐标以时间为单位，纵坐标表示用户请求数量。本章统计了上海骞云信息科技有限公司在 13 天内的用户访问数据，从结果上看，用户的请求变化具有一定的周期性，一般在凌晨 1～2 点达到最低点，从中午 12 点开始增加。系统采用的预测模型在绝大多数的情况下预测都是准确的，误差不超过 10%。但是在一些突发情况下表现较差，因此，本章提出并设计了云爆发以及多云切换的机制。

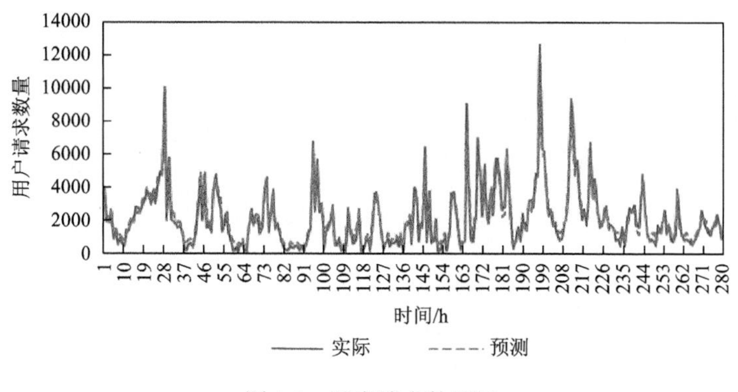

图 2-8　用户请求数预测

2.5.3　多云初部署场景的应用

在流媒体应用初部署的案例中，本节实现了 3 种选择算法。第一种是最优性能算法，此算法在选择虚拟机时只考虑虚拟机的性能，每次租用性能最优的虚拟机而不考虑价格。第二种是本章中设计的多云选择初部署启发式算法，在一定的性能限制下，最小化租赁开销。第三种是贪心算法，此算法在选择虚拟机时只考虑租赁价格，每次都租用价格最低的虚拟机来部署流媒体服务，而完全不考虑性能。在本案例中，采用租赁虚拟机的总开销和视频流访问的命中率作为多云初部署的主要评估指标。

图 2-9 显示了 3 种部署方式在租赁虚拟机总开销上的对比，横轴表示部署流媒体内容大小，纵轴表示租赁总开销。

从图 2-9 中可以清晰地看出，租赁费用曲线几乎是呈线性递增，通过比较这三种部署方式可知，启发式初部署算法的租赁费用几乎比最优性能算法低 30%，这一点比较容易理解，因为最优性能算法完全没有考虑租赁价格的问题。贪心算法的租赁价格最低，但启发式初部署算法仅高出少许。

如图 2-10 所示，贪心算法的总租赁开销虽然最低，但贪心算法的性能相当差，只有 73.6%的用户可以流利地完成对视频的访问。相比之下最优性能算法的性能几乎是 100%，表示几乎所有用户都可以完整地看完整部视频。而启发式初部署算法虽然存在对视频访问失败的情况，但总体来讲同最优性能算法相差不大。

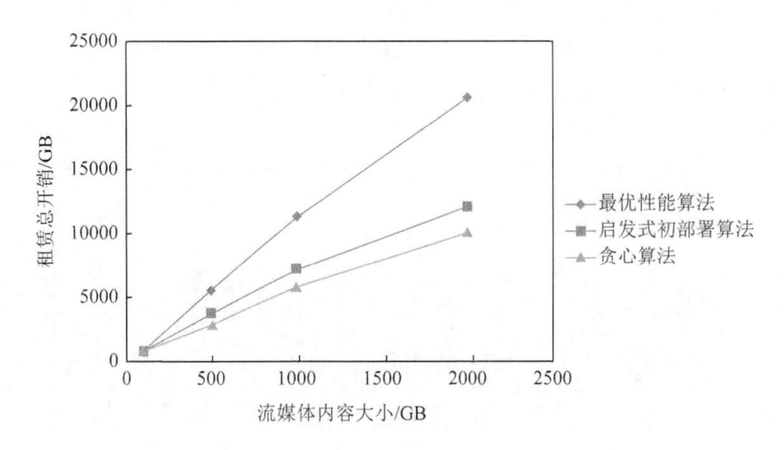

图 2-9　租赁费用对比

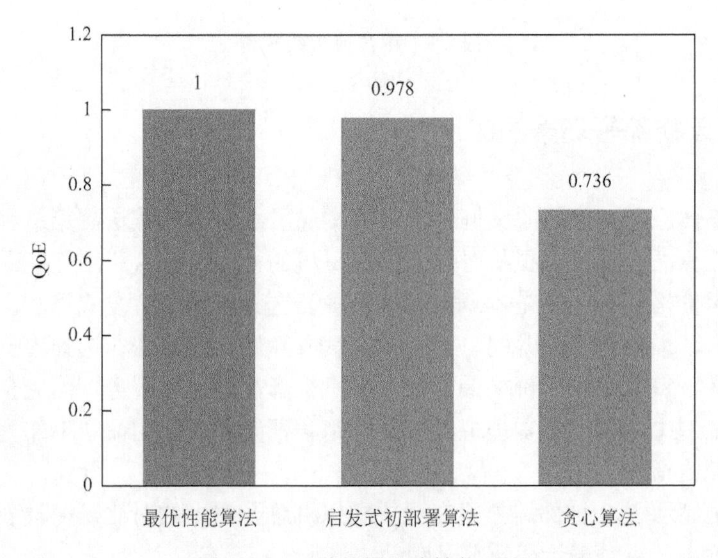

图 2-10　三种部署方式性能对比

因此，本案例得出以下结论：启发式初部署算法的成本同贪心算法接近，而用户体验度同最优性能算法接近，表示启发式初部署算法在尽量降低部署成本的同时，保证一定的用户体验和视频质量。

2.5.4　多云扩展切换场景的应用

本节进行多云架构下的集群扩展案例，并对于多云扩展过程中的各项评估指标以及案例数据进行详细的记录和分析。案例基于 2 个私有云和 1 个公有云的多云架构完成，并通过流媒体访问模拟工具 Flazr 完成模拟视频访问请求。

图 2-11 展示了实验环境中随着集群数的扩展，最大并发流数的变化情况。

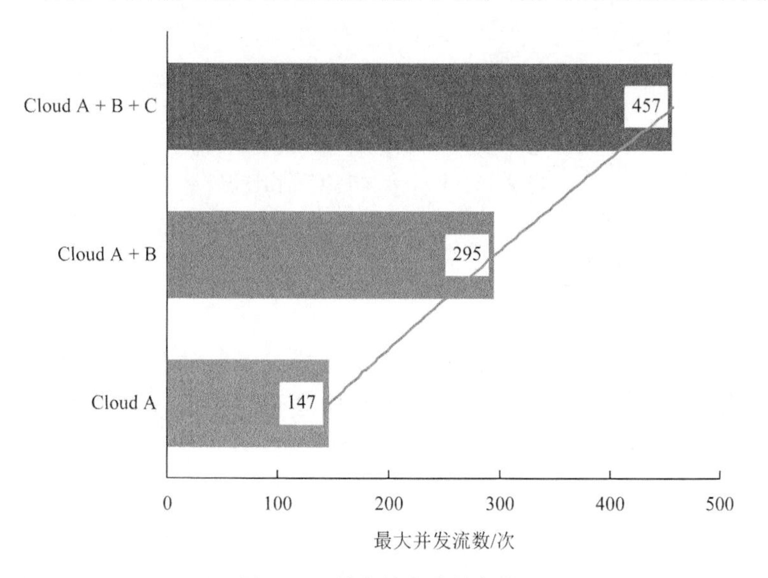

图 2-11　最大并发流数变化

图 2-11 中符号 Cloud A 和 Cloud B 分别代表案例环境的两个私有云，Cloud C 表示在 Amazon AWS 中申请的公有云集群。当只有 1 个私有云时，最大并发流数可以达到 147 个，之后扩展到 2 个私有云，最大并发流数增加到 295，最后将流媒体应用扩展至公有云，最大并发数增加到了 457 个。从图中可以直观地看出，通过增加并发流数模拟用户请求数，当采用多云扩展策略后，最大的并发流数基本是呈倍数增长，这也基本符合扩展同等规模的多云环境的规律。图 2-12 所示为在一个私有云的环境下，系统处理请求时的丢包率随着请求并发量的变化趋势。

如图 2-12 所示，当并发量较小时，服务器集群可以完整地处理视频请求，当并发量达到 30 时，开始出现少量的丢包现象。随着请求并发量增多，丢包率急剧上升，当并发量达到 60～65 时，丢包率最大接近 50%。此后继续增加并发量，流媒体服务器会因为不能很好地处理所有请求，将一部分连接关闭，从而为已有连接提供更好的服务，所以直观上看起来丢包率逐渐下降，并趋向稳定。丢包率影响了观看视频的图像质量和清晰度，少量的丢包率并不会影响观看的体验。

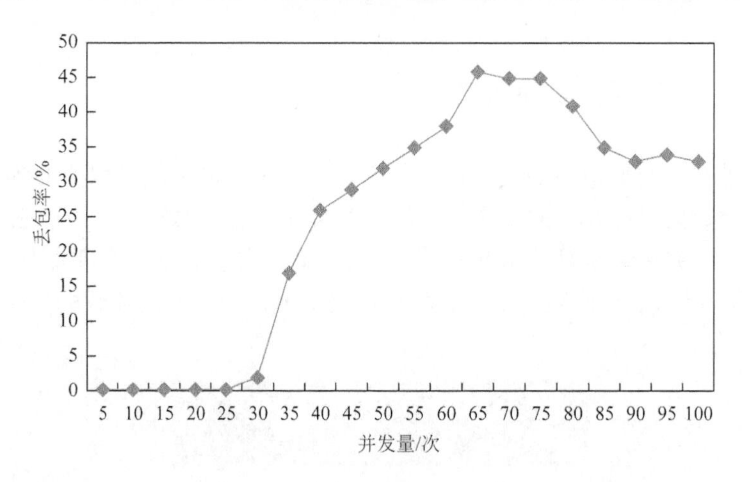

图 2-12　单个云丢包率变化情况

2.5.5　预拷贝场景的应用

本节基于上述案例环境设计并完成了预拷贝策略的验证，主要途径是逐渐增加并发量，并在多云扩展的预拷贝过程中观察用户请求丢包率的变化趋势。首先在一个云（Cloud A）上逐渐增加并发量，在并发量小于 30 时，单个集群处理用户请求保持在很高的水平，系统的丢包率基本低于 5%。当逐渐增加并发量时，单个集群逐渐有了较大的丢包率，并且当并发量达到 55 的时候，丢包率高达 35%，此时单个集群的系统很难去处理如此高的并发量访问请求。此时采用多云扩展的策略，并且将 Cloud A 上的内容资源通过预拷贝的方式拷贝到 Cloud B 中，并继续增加并发量。可以看出，随着预拷贝的逐渐进行，系统丢包率在逐渐下降，由于内容资源的丰富和空间大的特点，系统的丢包率不会立刻恢复到很低的水平，大概一段时间后，丢包率恢复到了 5%以下。此后重复上述过程，逐渐增加请求的并发量，并在丢包率接近 30%时继续扩展 Cloud C，从图 2-13 中可以看到，在采用预拷贝的策略后，系统的丢包率在逐渐下降。

接下来是一组对比实验，其中一组采用预拷贝策略，另外一组将内容资源直接拷贝至新的云。结果如图 2-14 所示，当系统在多云扩展过程中采用预拷贝策略对内容资源进行拷贝时，可以在较短的时间内完成较多的内容资源拷贝，从而迅速降低系统的丢包率，提升系统处理请求的能力；而使用直接拷贝时，由于存在大量的内容资源，系统无法及时地将大量的多媒体内容资源拷贝到新的集群，采用直接拷贝的方式迁移内容资源对于扩展的丢包率降低效果并没有预拷贝的效果显著。

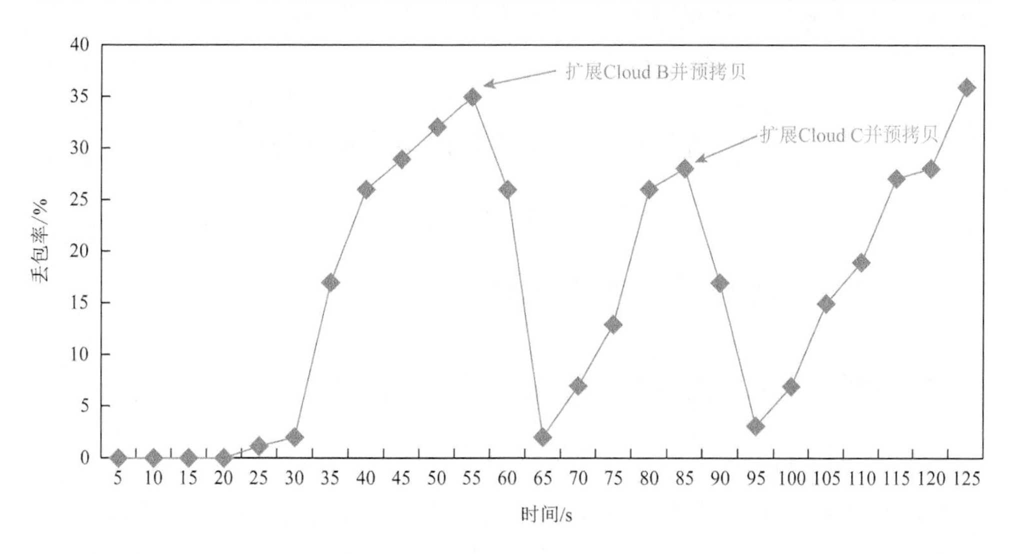

图 2-13　预拷贝过程中丢包率变化情况

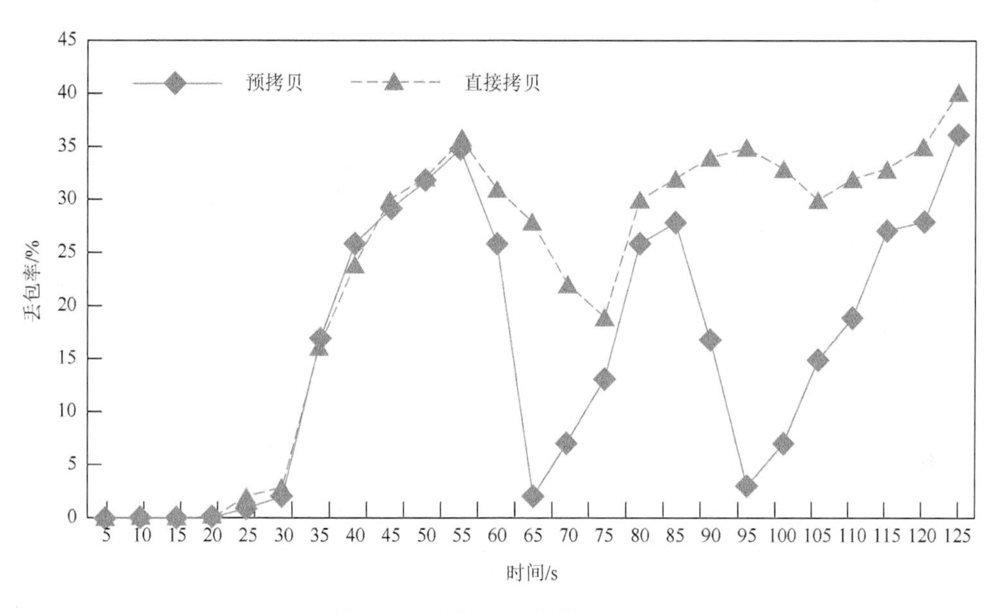

图 2-14　预拷贝和直接拷贝对比

第3章　学术研究案例分析

3.1　边缘计算网络中车辆资源和任务的卸载方案

3.1.1　边缘计算架构在车联网中应用的知识背景

随着计算需求的不断增长，车辆与边缘计算的有机结合逐渐成为一种提高车辆环境计算能力的更合适的解决方案，即车载边缘计算（vehicular edge computing，VEC）[15,16]。VEC将云计算服务带来的好处进一步扩展到网络边缘，通过在边缘网络中部署计算服务器，使数据的处理和分析发生在靠近车辆终端的地方[17]，从而减少了数据的大量传输，使用户获得更快速的响应。此外，边缘服务器的分布式部署特性也能有效缓解集中式计算中网络拥塞的问题，提高网络通信质量。

在VEC场景中，边缘计算节点通常由路边单元（roadside unit，RSU）组成，尽管RSU拥有强大的资源优势，但由于成本原因和一些技术难点，RSU并没有实现全域部署。在某些地区，车辆无法抢占到有限的RSU资源甚至根本就不在RSU的覆盖范围内。例如，在车辆拥堵的地段，边缘服务器会面临资源紧缺的情况；又或是在偏远地区，RSU并没有得到普及。因此，完全依赖RSU来解决车辆的计算问题是不切实际的。

随着车载设备的不断升级，智能车辆逐步被研究人员视为更具潜力的边缘计算节点[18-20]，并利用车对车（vehicle to vehicle，V2V）的通信方式为相邻的车辆任务生成器提供服务。车辆实现了从客户到服务端的转换。将车辆作为资源服务器，一方面能直接将现有的闲置资源转化为可用资源，节约资源投入成本；另一方面，车辆节点的分布式特性能为计算任务提供并行执行的条件，缩短任务完成时延。尽管单一的车载计算和存储能力并不强大，但当网络内众多的车辆资源汇聚在一起时，所表现的计算能力也是不容小觑的。相关研究表明[21]，利用车辆之间的卸载可以显著减轻RSU服务器的负载，尤其是在道路交通高峰时段。与没有水平卸载的场景相比，车辆之间的卸载对服务器资源的峰值需求减少了53%。

在这样的大背景下，如何将计算任务卸载到不同的车辆上成为当前亟待解决的问题。进行卸载时，任务通常会面临大量异构车辆计算节点的选择。一方面，由于车辆性能上的差异，不同车辆往往具有不同的计算能力和通信能力，这会造成任务在传输时间与计算时间上的不同；另一方面，车辆在位置、速度等移动特性上的差异也会造成车辆在可通信范围内停留时间的不同，车辆计算节点的过早离开会导致任务无法返回。因此，在动态变化的 VEC 环境中，为计算任务分配合适的车辆节点进行卸载，既能满足任务的时延需求，又能确保车辆资源的合理利用，具有深刻的意义。

具体来说，VEC 中的计算卸载技术是指当车辆无法在有限的时间内使用自身的资源完成计算任务时，可以将任务迁移到本地计算环境之外的其他服务器（如云端、RSU、基站或其他车辆）上执行计算，并在任务结束时将结果返回给原始车辆。完整的计算卸载过程一般需要考虑卸载什么、在哪里卸载、如何卸载等问题。按照“任务分区”、“通信场景”、“优化目标”和“卸载算法”对其进行分类，图 3-1 显示了关于车辆环境下计算卸载研究的分类图。

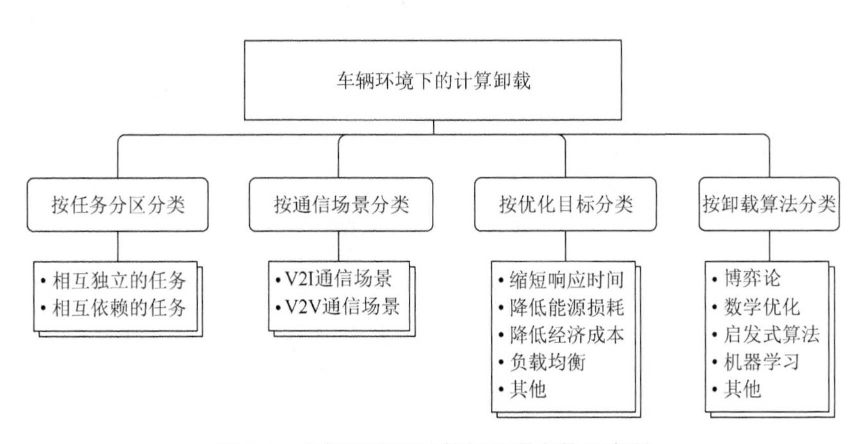

图 3-1　车辆环境下计算卸载研究的分类图

3.1.2　案例的功能架构介绍

在传统的 VEC 中，依据任务类型的不同，任务可被卸载到云层、边缘层和车辆层。

（1）云层由具有强大计算能力的服务器组成。由于距离车辆太远，在数据传输上需要花费很长的时间，因此，云层用于处理对时延要求不高的娱乐型任务，如在线游戏、语音识别、虚拟现实等。

（2）边缘层由靠近车辆的 RSU 组成。尽管在时延上表现出色，但 RSU 需承担其范围内所有车辆的请求，若超负荷运作则无法保障服务质量。因此，RSU 用于处理对车辆重要但不影响车辆安全的指导型任务，如实时路径规划、路况提醒等。

（3）车辆层由智能车辆组成。所有车辆都必须预留充足的计算资源提供给自己所必需搭载的应用，如事故预防、车辆控制等。

然而，RSU 时常面临资源不足的问题，因此我们设计了 V2V-OI 系统，作为在 RSU 资源不可用时的补充方案。V2V-OI 系统的核心在车辆层，其架构如图 3-2 所示。

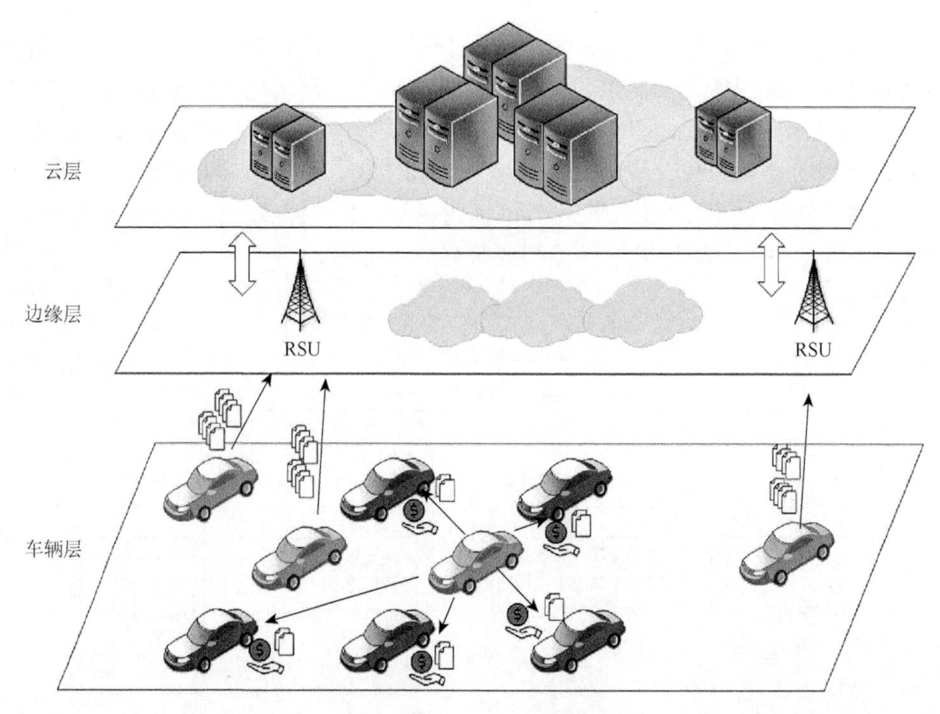

图 3-2　V2V-OI 系统架构图

在 V2V-OI 系统中，有两种不同的车辆，分别是任务车辆和服务车辆。任务车辆是指有卸载需求，需在其他计算节点的帮助下完成任务的车辆。服务车辆是指无卸载需求，可为其他车辆提供卸载服务的车辆。由于服务车辆是自私的，系统需向提供卸载服务的车辆支付一定的报酬作为激励，才能保障系统中有足够多的服务车辆愿意参与共享资源。值得注意的是，车辆在不同时期的身份可以发生变化，例如，上一时期的任务车辆在完成所有任务后可以作为服务车辆参与到后续的活动，而上一时期的服务车辆也可能因突然产生了新的任务而变为任务车辆。

一般情况下，任务车辆会优先选择向 RSU 进行卸载，然后等待返回结果。但当 RSU 资源紧缺时，RSU 不再接收任务车辆的卸载请求，任务车辆则向服务车辆进行卸载。图 3-2 展示了两种不同的车辆卸载场景。其中，右侧的 RSU 处于空闲状态，车辆层最右边的任务车辆可直接向 RSU 进行卸载。左侧的 RSU 由于接收了过多的车辆请求而呈现了超负荷的状态，无法继续提供卸载服务。此时任务车辆在无法向 RSU 卸载任务的情况下，将任务分给附近的服务车辆。对于任务车辆来说，它的任务计算需求得到了满足，而对于服务车辆来说，它们也可以通过向任务车辆提供帮助来赚取酬劳。

本章所设计的 V2V-OI 系统是一种以 V2V 卸载为主，集成了车辆间计算卸载和车辆激励功能的综合系统。该系统的逻辑功能模块如图 3-3 所示。

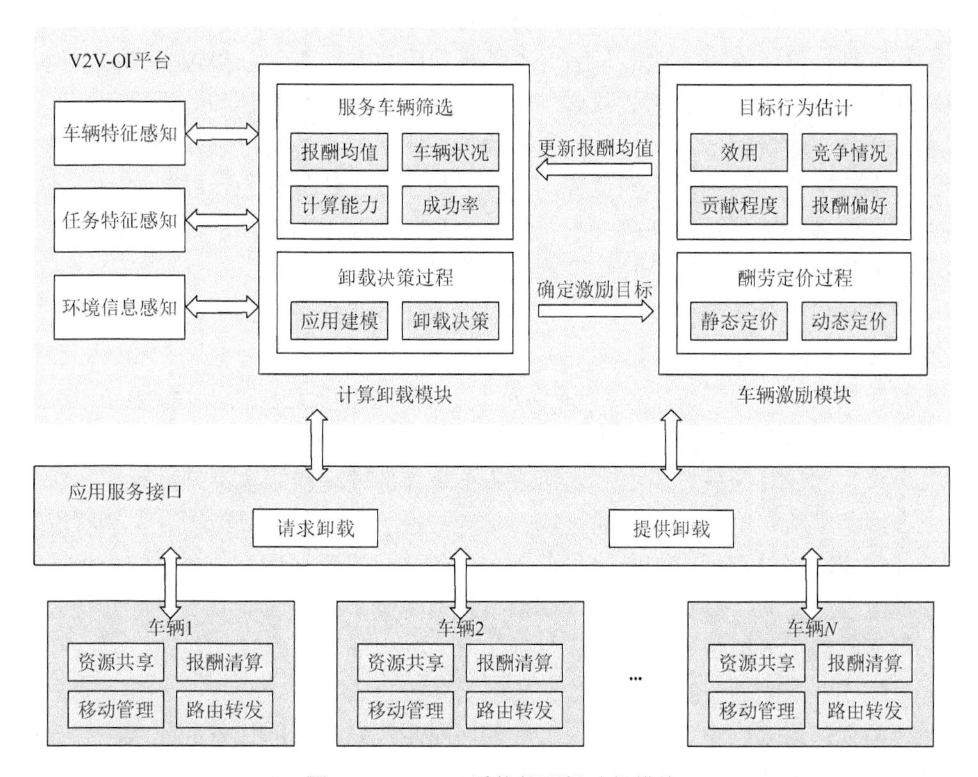

图 3-3　V2V-OI 系统的逻辑功能模块

1）车辆相关技术支持

为了支持 V2V-OI 系统的各项功能，车辆需要支持资源共享、报酬清算、移动管理、路由转发等技术。报酬清算技术用于在任务完成后为服务车辆结算其应得的报酬。路由转发技术用于当任务需要被卸载到较远车辆上时，帮助任务实现车辆间的转发。

2）应用服务接口

V2V-OI 系统对所有的车辆（含任务车辆和服务车辆）提供标准化的应用服务接口，为车辆开放“请求卸载”和“提供卸载”功能。任务车辆可以利用请求卸载功能寻找到合适的车辆并向它们卸载任务，服务车辆可以利用提供卸载功能向任务车辆贡献资源并赚取报酬。标准化的接口提供了出色的可扩展性和高效的系统管理，简化了整个系统的使用、维护和扩展。

3）V2V-OI 平台

当多数车辆安装了 V2V-OI 系统后，车辆与车辆之间就可以实现高效的卸载，同时系统也能自动地实现对车辆激励成本的控制。V2V-OI 平台是 V2V-OI 架构的核心，保障了协作任务处理、资源分配、车辆激励和统一管理的有效运行。该平台主要由计算卸载模块和车辆激励模块共同组成。

在运行计算卸载模块前，车辆首先需要利用 GPS、雷达、摄像头等传感设备获取卸载决策过程需要的相关数据。然后对这些数据进行整合和分析，获取有关车辆、任务、环境的信息，将其称为车辆特征感知、任务特征感知和环境信息感知。车辆特征感知包括对车辆位置、速度、加速度、计算能力、通信能力等特征的采集，任务特征包括对任务大小、类型、复杂情况、执行顺序等特征的采集，环境特征包括路况、天气、时间等特征的采集。

计算卸载模块：主要用于在计算卸载中为任务匹配最优的车辆。由于车辆的高移动性，在以往的卸载研究中常常直接考虑由 RSU 进行计算任务的分配，而在本计算卸载模块中则强调了 V2V 通信背景下候选车辆筛选的重要性。候选车辆筛选环节的引入规避了传统研究中因车辆脱离通信范围等因素造成结果返回失败的潜在风险。在计算卸载模块中，包括服务车辆筛选过程和卸载决策过程。

在服务车辆筛选过程中，通过观察车辆的报酬均值、计算能力、车辆状况、历史卸载成功率等指标，判断服务车辆与任务之间的适配程度。本系统为上述指标和适配程度建立了联系。通过该模型系统地观察了范围内所有车辆的任务匹配度，进而筛选出既能保障任务完成时延又对激励报酬要求合理的候选车辆，在保障了后续任务分配的成功率的同时也控制了系统的成本。

在卸载决策过程中，主要需要解决的问题是找到最优的任务分配策略。在以往关于任务分配的研究中，动态规划是一种十分有效的手段，但这些算法往往存在耗时较长、分配效率有限等不足。因此，本研究在完成服务车辆筛选的基础上，还对计算任务分配的算法提出了进一步的改进。我们提出了一种启发式的任务分配算法——混合遗传模拟退火算法（hybrid genetic/simulated annealing algorithm，HGSA），该算法能够在较快的时间内获得可靠的卸载策略，所有任务所匹配的车辆能在离开任务车辆通信范围前就完成任务并返回。利用该算法不仅可以为每个任务确定最合适的车辆，实现总任务完成时延最小化的目的，还尽可能平衡了不同车辆的计算能力利用率。

车辆激励模块：主要用于在计算卸载中激励更多的车辆参与卸载过程。激励研究通常采用博弈论的方法来实现博弈双方的利益最优化，在本任务激励模块中博弈双方可细化为系统和服务车辆。系统期望以最低的成本吸引更多的服务车辆参与其发布任务的计算，从而享受到优质的服务质量；服务车辆作为任务的完成者，有权对任务进行取舍，当对任务价格不满意时，可拒绝完成任务，从而有更多的机会匹配到自己满意的任务。在车辆激励模块中，包括目标行为估计和动态报酬定价过程。

在目标行为估计过程中，系统对服务车辆用户的行为进行估计，通过建立服务车辆的效用与报酬价格之间的关系，得出在报酬价格变化时用户可能做出的反应，例如，是否愿意贡献资源或资源贡献的程度，从而可以总结出各服务车辆所偏好的报酬水平。

计算卸载模块与车辆激励模块之间的协作：计算卸载模块和车辆激励模块并不是两个独立的模块。它们通过确定激励目标和更新车辆报酬紧密地耦合在一起。

一方面，计算卸载模块得出的卸载决策所涉及的任务车辆会被作为输入直接成为车辆激励模块的激励目标，包括最优的卸载策略和几个次优的卸载策略。这是因为若仅对最优卸载策略中涉及的服务车辆进行激励，服务车辆可能会因缺少竞争而提出很高的报酬要求，系统将面临成本超支的风险。因此，我们选择与最优的卸载策略性能相差不大的多个次优策略一起作为可选的卸载方案，然后将这些方案中涉及的服务车辆一同作为激励目标进行激励。任务在最大容忍时间范围内适当地降低时延并不会对用户体验造成显著的影响，但更多车辆的激励会对系统的成本带来可观的改善。因此，以牺牲少量的任务完成时延为代价以在成本控制上获得更多的回报是值得的。

另一方面，车辆激励模块所得出的报酬最终定价会反向地影响计算卸载模块。系统会为所有车辆记录它们每次进入激励模块时对不同报酬定价的反应，从而掌握不同车辆愿意提供卸载服务时所偏爱的报酬水平。每当服务车辆在完成计算任务后，系统都会按照实际的车辆激励策略，为它们更新接受卸载的报酬均值。

3.1.3　车辆资源和任务的卸载方案探究

为了保障和控制系统整体的服务质量和运行成本，该前沿案例从保障卸载方案可靠性的角度出发，设计了一个在线预过滤的计算卸载系统——OPTOS，为任务车辆提供低延时、高可靠的 V2V 计算卸载方案。OPTOS 主要由两个阶段组成，分别是候选车辆筛选和车辆资源分配，具体的流程如图 3-4 所示。

候选车辆筛选是为任务车辆筛选可靠的服务车辆。通过去除在卸载实施过程中有可能对任务执行产生负面影响的服务车辆，来避免这部分车辆在后续成为任务的卸载对象。

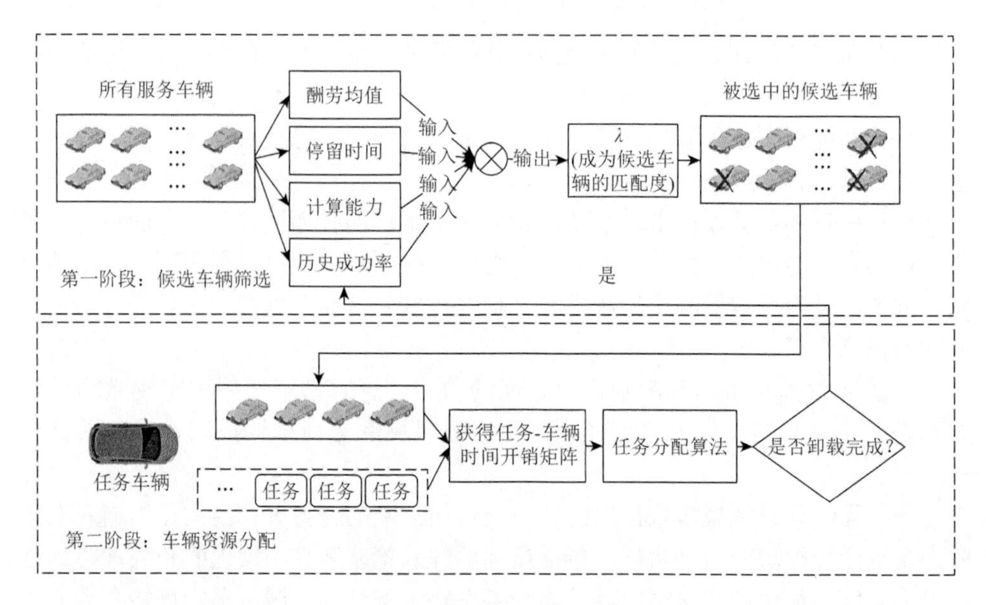

图 3-4　OPTOS 的流程图

计算任务分配是从过滤后的服务车辆中为任务选择最合适的分配方案。我们为这部分车辆和所有任务建立了任务-车辆时间开销矩阵，将该矩阵作为任务分配算法的输入，然后运用任务分配算法在有限的时间内获得最佳的分配策略。

最后，每当任务被成功完成或被确认失败时，都会更新对应服务车辆的相关参数，如报酬均值、任务成功率等。这些参数都将直接影响车辆在后续筛选阶段中被选为候选车辆的可能性。双向反馈可以提高卸载决策的有效性并减少总完成时延。

在这个过程中，为服务车辆筛选候选车辆至关重要，因为它有利于任务卸载，避免因早退现象引起的额外时延，从而减轻车辆移动性对时延性能的影响。图 3-5 显示了一个示例场景，它说明了候选车辆筛选对整体任务完成时延的影响，证明了筛选步骤的必要性。

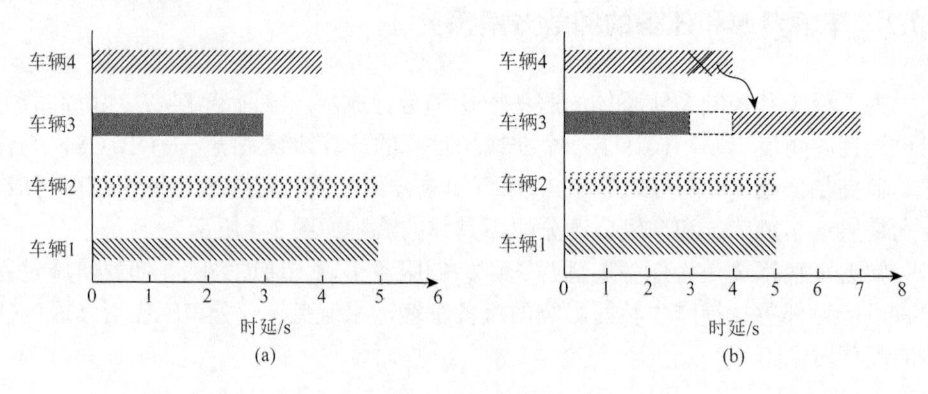

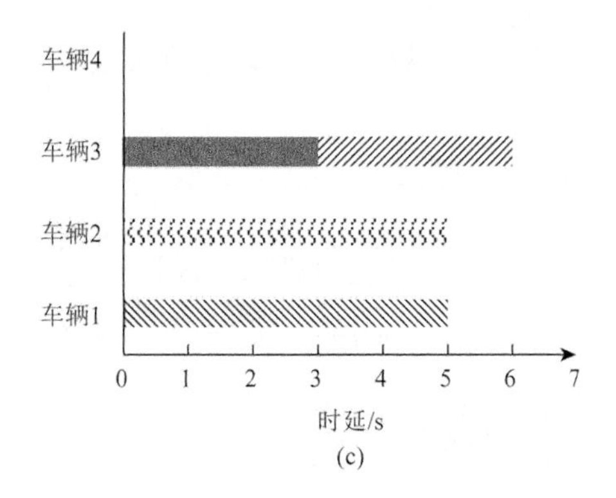

(c)

图 3-5　候选车辆筛选对整体任务完成时延的影响

假设有四个大小相同的任务和四个计算能力不同的车辆。单个任务在车辆 1、车辆 2、车辆 3、车辆 4 上的完成时延分别为 5、5、3、4。图 3-5（a）给出了没有候选筛选的任务分配最优情况，即每辆车上各有一个任务，总完成时延为 5。图 3-5（b）显示了车辆 4 在时刻 4 离开了任务车辆的通信范围，但此时它还未完成任务。此时分配给车辆 4 的任务必须重新分配给车辆 3 并开始执行。由于车辆 4 提前离开，引入了额外时延，四个任务的总完成时延现在变为 7。图 3-5（c）给出了带有候选车辆选择的任务卸载。由于车辆 4 的停留时间小于任务完成时间，因此车辆 4 从候选车辆集中删除。然后将两个任务分配给车辆 3，以实现比图 3-5（b）所示情况更短的完成时延。

概括来说，OPTOS 包含两个关键组件——候选车辆筛选和车辆资源分配。候选车辆筛选用于保护任务在卸载期间不被中断，从而避免被中断任务的重新分配和重新执行引起的额外时延。再采用任务分配算法为每个任务确定合适的车辆，以最小化总任务完成时延。

3.1.4　车辆资源和任务的卸载方案应用

车辆资源和任务的卸载方案应用流程主要包括以下环节，如图 3-6 所示。

（1）任务车辆正执行某车载应用，该应用通过传感器收集了大量原始数据，这些数据需要被整合处理。此时，任务车辆生成了一部分计算任务。

（2）任务车辆自身资源无法完成这些计算任务，但当前 RSU 资源不可用（RSU 此时负载严重），于是发起向车辆卸载的请求。

（3）V2V-OI 系统接收到任务车辆想要通过 V2V 进行任务卸载的请求后，运行计算模块获得相应的计算卸载策略，包含最优策略和次优策略。

（4）V2V-OI 系统将计算模块获得相应的计算卸载策略所涉及的服务车辆作为

卸载目标输入到车辆激励模块，然后运行车辆激励模块，获得车辆激励策略。

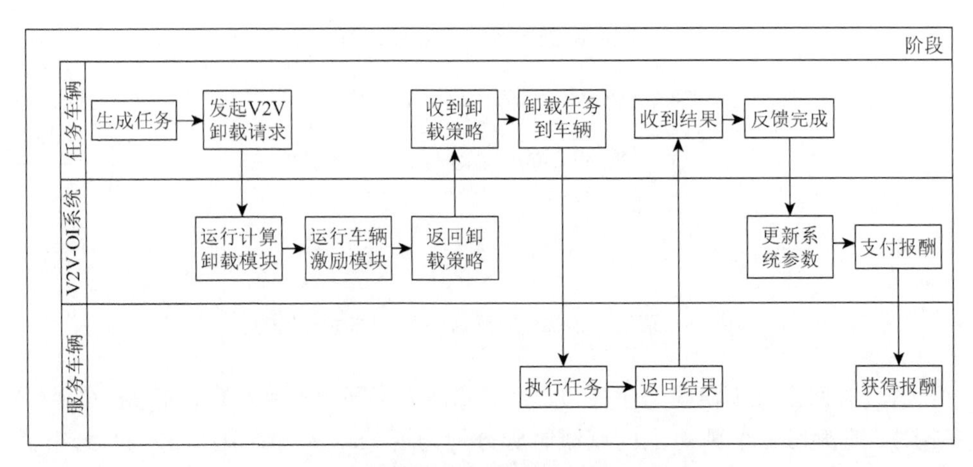

图 3-6　车辆资源和任务的卸载方案应用流程

（5）V2V-OI 系统在完成车辆激励后，将与选中的车辆对应的卸载策略发送给任务车辆。

（6）任务车辆收到来自 V2V-OI 系统的卸载策略。

（7）任务车辆按照卸载策略将任务卸载给对应的服务车辆。

（8）服务车辆收到来自任务车辆的计算任务，利用自身资源进行计算。

（9）服务车辆完成全部的计算任务后，将计算结果返回给任务车辆。值得注意的是，由于车辆具有移动性和不确定性，服务车辆可能还未完成任务就脱离了任务车辆的通信范围，那么这部分未完成的任务需要由任务车辆下一次重新分配给其他的车辆。

（10）任务车辆成功收到计算结果。

（11）任务车辆向平台反馈已完成的任务。

（12）V2V-OI 系统收到来自任务车辆的反馈，然后更新所有参与本轮激励的任务车辆的系统参数。其中，接受当前定价的车辆更新报酬均值，拒绝当前定价的车辆更新报酬偏好。

（13）V2V-OI 系统向实际参与卸载并成功返回结果的服务车辆支付此前约定好的报酬。

（14）实际参与卸载并成功返回结果的服务车辆获得来自 V2V-OI 系统的报酬。

从网络运营商的视角出发，本方案应用可以用于在保证系统服务质量的同时实现最大限度的盈利。网络运营商通过向车辆用户提供任务卸载服务获取收益。一般情况下，网络运营商支持车辆用户向 RSU 进行卸载，但当 RSU 资源不足时，可使用该应用系统继续盈利。运营商可为其提供的 V2V 卸载服务制定相应价格，通过向用户收取服务费而取得收益。但运营商也需要持续向服务车辆支付报酬，付出一定的激励成本，这与 RSU 的一次性建设成本是不同的。因此，在保障系统运行服务质量和稳定的同时，运营商也需要尽可能降低系统运行成本，以实现系统效益的最大化。

从车辆用户的视角出发，本系统可以帮助车辆用户在资源不足的时候完成计算任务，以及在资源充裕的时候赚取报酬。车辆用户主要分为任务车辆和服务车辆。

（1）任务车辆。

对于任务车辆来说，最大的期望是希望获得可靠的计算卸载服务。这种诉求不仅要求我们的系统能够提供优质的卸载策略，还要求系统在任何情况下都能保障卸载策略实行的可行性。因此，我们的应用系统需要充分发挥计算卸载和车辆激励功能，以最低成本实现尽可能优质的服务质量。

（2）服务车辆。

对于服务车辆来说，最大的期望是通过提供计算资源收获更多的报酬收益。为了避免服务车辆提出过高的报酬要求而造成系统的激励成本不可控，该应用系统需要通过促进车辆间的竞争来降低整体的激励成本。

3.2　边缘计算架构中物联网设备管理系统的设计方案

本节以物联网设备管理系统为主要场景，分别从云边协同在物联网设备管理中应用的知识背景、系统功能架构、系统设计和方案实现四个方面介绍了边缘计算架构在其中的应用。

3.2.1　云边协同在物联网设备管理中应用的知识背景

物联网平台作为平台即服务（PaaS）层的一员，在物联网产业生态链中也充当着“中间件”的角色。向下，物联网平台的网络层承担着物联网设备接入。向上，物联网平台的平台层和应用层在实现设备状态和配置管理的同时，也为支撑特定场景化应用在物联网平台的落地提供应用程序接口（application program interface，API）和物联网数据[22]。

随着物联网和云计算技术的发展，各种机器和传感器、智能家居、车辆、便携式设备和工业设备等越来越多的设备接入物联网，每年产生大量数据。传统的物联网设备管理效率已经不能适应大规模设备和数据的爆炸性增长。例如，对于庞大边缘设备场景，如果网关关闭，则连接到网关的边缘设备的数据将丢失。此外，如果需要更新和升级网关，则不能在短时间内大规模升级。另外，传统物联网场景下分布式设备控制指令的执行过程也比较复杂。例如，在设备认证过程中，基于云的细粒度设备控制会导致复杂的数据处理，降低数据处理效率。为了提高物联网的数据处理速度，目前约有一半的物联网数据在边缘节点进行处理。作为云的扩展，边缘可以提供访问物联网设备接入和获取数据的能力。

具体来看，云边协同下的物联网设备管理系统应当实现如下功能。

（1）通信协议适配器管理。将通信协议的实现封装为容器镜像并部署到云边计算架构的 Kubernetes（K8s）集群中，通过该方式实现通信协议的扩展。该功能应当包括对通信协议适配器的创建、删除、修改、查找以及克隆等操作，同时，在执行通信协议添加操作时，需要指明通信协议激活的位置，也就是通信协议适配器的容器镜像所部署的节点位置，部署在指定节点后，该节点就支持接入使用该通信协议的物联网设备。

（2）设备及设备状态管理。指对已完成注册设备的增、删、改、查操作，这些操作最终将通过自定义资源对象控制器转换成对 K8s ETCD 数据库的操作。除此之外，应当有已注册设备的完整列表，展示设备的状态信息。同时，为了满足不同类型设备的快速接入需求，也需要提供设备模板功能。

（3）设备数据分发。系统需要为用户提供数据分发服务，来应对不同的物联网数据消费需求，基于 MQTT 消息服务器（MQTT Broker）将通过其他通信协议采集到的设备数据转换为 MQTT 消息分发给订阅方。MQTT Broker 的相关配置包括 MQTT 服务器地址、MQTT 版本、自定义话题以及消息分发速率等参数。

（4）系统设置。包含系统的相关设置，如时间格式、语言显示、UI 配色以及用户相关的配置等，属个性化设置。

同时，系统能否稳定、高效、持续地运行以及提供良好的用户体验需要有非功能性的需求作为保障。针对不同的使用场景和业务流程，在系统是否能够稳定运行、用户使用是否方便、系统是否可以部署在不同的硬件架构上以及系统性能等方面，本章实现的物联网设备管理系统，应当满足如下需求。

（1）扩展性：包括系统的扩展性和物联网通信协议支持的扩展性。要求系统在不改变架构的前提下能动态扩展集群规模，提升设备接入容量上限，满足大规模接入的需求。同时，为了满足物联网设备快速上线的需求，也应当能快速扩展新的通信协议。

（2）可用性：系统应当能持续稳定地运行，在满足用户核心业务需求的基础上提升用户的使用体验，降低系统操作复杂度，保证用户能快速熟悉产品流程及功能。同时，应当在首页提供系统运行状态及物联网设备的汇总统计信息。

（3）可靠性：系统需要考虑在生产车间以及生产线等恶劣环境中的稳定运行需求，为了避免单点故障所带来的系统中断风险，系统应当具备一定的容错能力。例如，针对系统的核心控制组件应当采用集群的方式进行部署，针对设备接入节点故障场景，应当通过设备接入位置的动态更新机制，实现设备再连接。

（4）兼容性：在工业物联网场景中，从环保、节能的角度出发，通常会选用ARM或其他低功耗硬件平台作为硬件底座来支撑上层应用系统的部署。系统应当能适配不同硬件平台，并且满足与x86平台同等的可用性要求。

3.2.2 案例的技术功能架构介绍

K8s是容器集群管理系统，是一个开源的平台，可以实现容器集群的自动化部署、自动扩缩容、维护等功能。基于K8s的物联网设备管理系统，结合通用物联网平台的系统架构并在开源社区标准K8s上进行扩展，其技术架构如图3-7所示，从上至下包括展示层、网关层、平台层、接入层、数据层和支撑层6个层次。

（1）展示层为前端UI，通过UI可进行设备管理、适配器管理、数据分发、设备状态查看等操作，同时UI中提供全局概览页面，用来呈现系统的运行状态以及物联网设备的汇总统计信息，如设备在线个数、离线个数等。

（2）网关层是连接展示层与平台层的桥梁，其作用是将UI的可视化操作转化为对平台层实体的操作，网关层借鉴K8s api-server 架构扩展实现。

（3）平台层是整个系统的控制逻辑核心所在，包括大脑（brain）、肢体（limb）、适配器（adaptor）和吸盘（suctioncup）四个组件。其中brain负责处理相对集中的信息，例如，验证节点是否存在、设备模型是否存在，而limb则需要部署在可以连接设备的边缘节点上，通过通信协议adaptor与设备通信，并维护适配器和设备状态。

（4）接入层是物联网设备连接协议的容器化表现，可以将主流的工业蓝牙协议、ModBus协议、OPC-UA协议以及MQTT协议按照adaptor的注册逻辑封装并基于系统扩展，实现在不改变架构的前提下快速扩展新的通信协议，是通信协议扩展方式标准化的体现。

（5）数据层用来存储自定义资源对象的元数据和状态信息，默认使用K8s内置数据库ETCD实现，系统中所有CRUD操作的实质是对ETCD的操作。

（6）支撑层是支撑物联网设备管理系统运行的基石，基于GO语言开发，依托于开源社区标准K8s构建，运行于异构的硬件上。

此外，在技术架构中，调谐控制器（自定义资源对象控制器）并非为一具体组件，而是分散在具体的业务逻辑中。以设备接入流程为例，从设备描述文件的定义到设备成功接入系统，需要用到设备、设备模型、连接节点等多个资源对象，每个资源对象都有对应的协调器（reconciler）负责推动自定义资源对象朝着期望状态演进。同时，还要记录并抛出资源对象的状态，用以实现设备状态的收集。

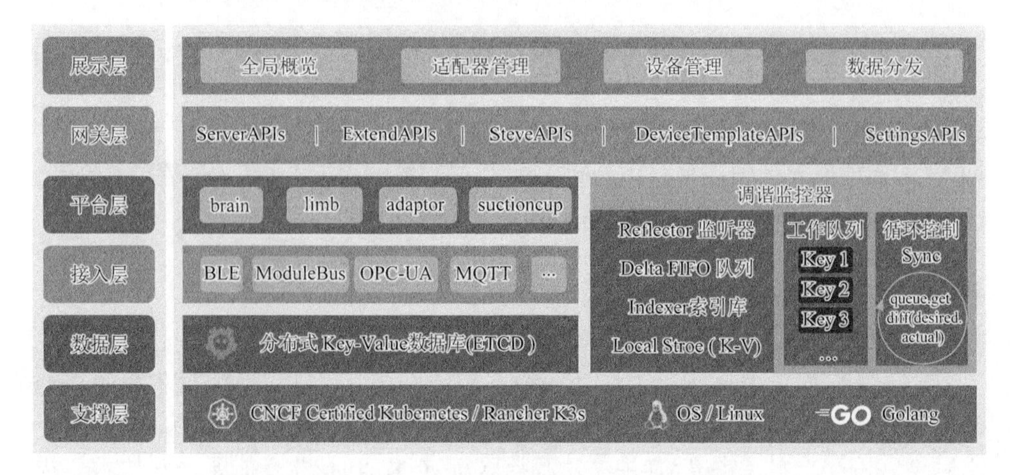

图 3-7　基于 K8s 的物联网设备管理系统的技术架构

在实际物联网落地应用场景中，往往需要物联网平台能够承接大规模的设备接入，同时还要保证系统的稳定性和整体性不受影响，因此需要将系统的压力分散于各个组件。类比章鱼的形态结构，从系统服务的角度，平台层被设计为由大脑（brain）、肢体（limb）、适配器（adaptor）和吸盘（suctioncup）四个服务模块构成，称为“八爪鱼架构”。如图 3-8 所示，如同章鱼的大脑一样，brain 是整个架构的控制面所在。而 limb 如同章鱼的多个触手，分散在各个节点，承担 adaptor 的注册以及通过 adaptor 与设备连接。suctioncup 可类比于章鱼触手上的吸盘，负责连接外界实体，在实际架构中，suctioncup 借助事件队列控制器中转 adaptor 与 limb 交互信息。而 adaptor 则是外界实体，也是系统与设备交互的第一道介质。另外，需要特别指出的是“八爪鱼架构”不同于传统意义上的分布式架构，其核心能力在于在保证多个分支可以完成一个共同目标的前提下，赋予分支一定的自治能力。

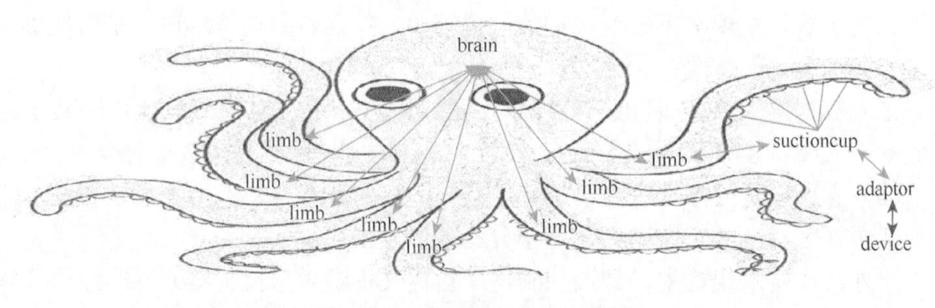

图 3-8　“八爪鱼架构”示意图

系统的服务模块架构如图 3-9 所示，平台层由 brain 和 limb 组成，大脑只需部署一个领导者，或在提高系统高可用性的需求下部署多个大脑，并自动在其之间选择一个领导者。brain 是该架构的控制面所在，负责处理相对集中的信息并参与设备状态信息的维护，如验证设备接入的节点是否存在以及设备模型是否存在，其具体控制逻辑的实质是调用调谐控制器根据事件触发来更新自定义资源对象的状态。limb 是系统控制能力下沉的体现，需要部署在可以连接设备的各个边缘节点上，接收 adaptor 的注册请求、维护适配器的状态，并通过适配器与设备通信。adaptor 是通信协议在 K8s 中的抽象表现，其实质为 K8s 自定义资源对象，用以接收设备的连接请求，并直接与设备进行通信，每部署一个适配器，就支持一种新的通信协议。同时，为了实现通信协议扩展的标准化，adaptor 中还实现了一套完整的适配器扩展标准，包括通信协议的封装、adaptor 的注册流程、控制消息的传输等。suctioncup 是 adaptor 和 limb 交互的中转站，考虑到超大规模场景下系统的压力和扩展上限，adaptor 被设计为不直接与 limb 通信，而是借助 suctioncup 完成适配器与 limb 的交互，suctioncup 中包含了 adaptor 的注册逻辑、设备的状态信息维护逻辑以及完整的事件队列逻辑。

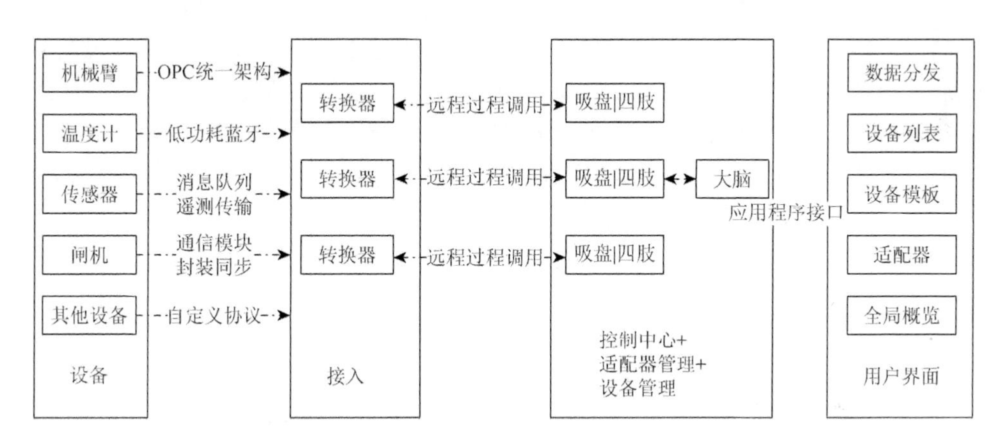

图 3-9　基于云边计算架构的物联网设备管理系统的服务模块架构

从系统部署的角度出发，如图 3-10 所示，各个服务模块运行于开源社区标准 K8s 集群之上，使用 deployment 资源对象以多副本形式部署 brain，并启用 brain 高可用选举机制。使用 daemonset 资源对象将 limb 部署于集群的每个节点上，用于接收 adaptor 的注册。最后，将 adaptor 按照接入需求部署于相应节点，则此节点就支持使用该通信协议的设备连接。

系统遵循 K8s 自定义资源对象的开发逻辑，将不同的功能模块抽象为 K8s 自定义资源对象，并通过自定义控制器来维护各个功能模块的调谐逻辑。如图 3-11 所示，根据用户的使用流程和使用场景，将系统划分为设备管理、适配器管理、数据分发、系统设置以及全局概览五个功能模块，具体如下所述。

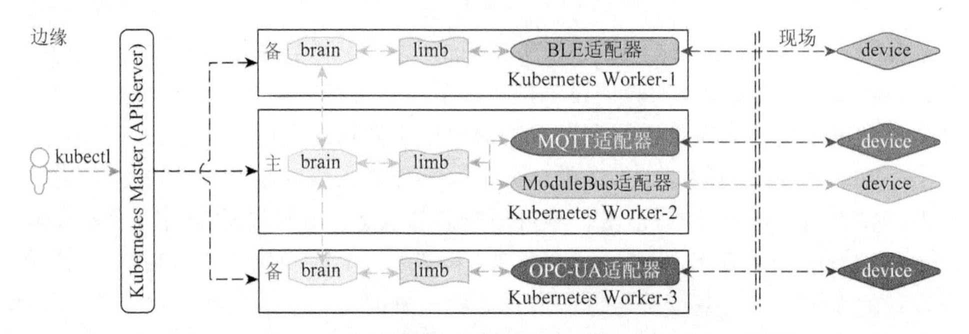

图 3-10 基于云边计算架构的物联网设备管理系统的部署架构

device 表示设备

（1）设备管理，系统的核心功能之一。包含设备列表、设备模板以及设备状态信息三个子模块。设备模板是实际设备类型在 K8s 中的抽象描述，设备列表和设备状态信息展示了当前接入设备的列表信息和状态信息。

（2）适配器管理，实现了适配器注册流程的控制和适配器状态维护以及适配器的生命周期管理，适配器通过监听指定主机路径上的 UNIX socket 来实现基于 grpc 的注册，包含适配器列表和添加/扩展新适配器两个子模块。

（3）数据分发，基于 MQTT broker 扩展，它能与各个适配器集成，使用 MQTT 代理将通过不同通信协议采集的物联网数据转换成特定的 TOPIC 模板分发给订阅方。

（4）系统设置，属系统相关的配置，包括平台用户管理和个性化设置。

（5）全局概览，dashboard，汇总展示系统和设备的状态信息。

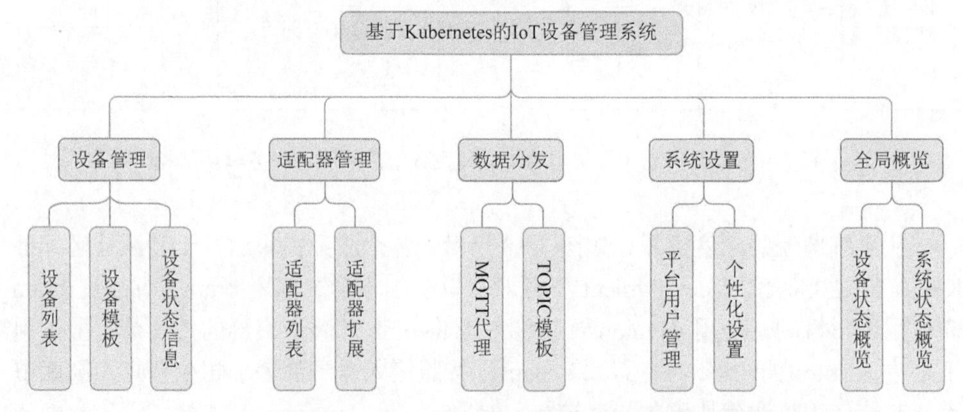

图 3-11 基于云边计算架构的物联网设备管理系统的功能结构

3.2.3 基于 KubeEdge 的云边协同物联网设备管理系统设计

KubeEdge 是一个开放式边缘计算平台，用于进行边缘计算环境下容器化应用的编排管理，实现云中心节点和边缘节点之间的命令下发、状态更新和数据同步等功能。为了适配边缘环境下边缘服务器和边端设备的异构性，KubeEdge 支持 ARM 架构和 MQTT 协议，允许边端自定义边缘设备。

如今，容器编排领域的事实标准是 Google 公司基于内部 Borg 系统于 2014 年开源的容器编排引擎 Kubernetes。但由于其针对的主要是云数据中心场景，如果要在边缘计算场景下直接应用 Kubernetes 相关功能，不可避免会产生各种各样的问题，主要包括如下。

（1）物联网/Edge 领域设备应用大部分具有低功耗的要求，使用 ARM 架构，而 Kubernetes 对外发行版普遍仅支持 x86 架构。

（2）Kubernetes 部署需要较多资源，物联网/Edge 设备资源有限，尤其 CPU 处理能力相对较弱，无法完整部署。

（3）边缘环境下物联网/Edge 设备大多处于弱网环境，经常出现离线状态，此时需要边缘节点拥有自治能力，可以在离线情况下继续运行。而 Kubernetes 进行自动化运维的 list-watch 机制不支持弱网环境。

（4）物联网/Edge 设备接入协议类型多，往往不是 TCP/IP 协议，需要进行特殊的网络协议适配。

KubeEdge 则基于 Kubernetes 进行了容器编排管理能力向边缘端的扩展，克服了 Kubernetes 本身的诸多缺点。其基于原生 Kubernetes 进行开发，支持以下特性。

（1）支持 Kubernetes API 原语，如 pod、node、deployment 等。

（2）支持边缘节点离线自治。

（3）支持边缘大量高级应用服务部署，充分优化利用边缘节点资源。

（4）支持物联网/Edge 设备的异构性，包括硬件异构和协议异构。

作为第一个提供云边协同能力的开放式平台，KubeEdge 内部主要依赖三个模块管理云边协同和边边协同，分别是 EdgeController、CloudHub 和 EdgeMesh。

（1）EdgeController 模块，主要负责边缘节点和 Kubernetes API 的连接，实现边缘节点与云中心之间的信息同步。

（2）CloudHub 模块，支持基于网络套接字的连接，主要进行云中心向边缘节点的指令下发。

（3）EdgeMesh 模块，主要负责边缘侧服务的互访。

如图 3-12 所示，KubeEdge 采用分层架构，由云端、边缘层和设备层三层组成。KubeEdge 云端部分由如下 3 个模块组成。

（1）CloudHub：支持基于网络套接字的连接，主要进行云中心向边缘节点的指令下发，执行服务部署或者中心对边缘节点的任务管控操作。

（2）DeviceController：管理设备层设备。主要负责边缘设备和 Kubernetes API 的连接，管理设备层设备状态信息，实现设备与云中心的信息同步。

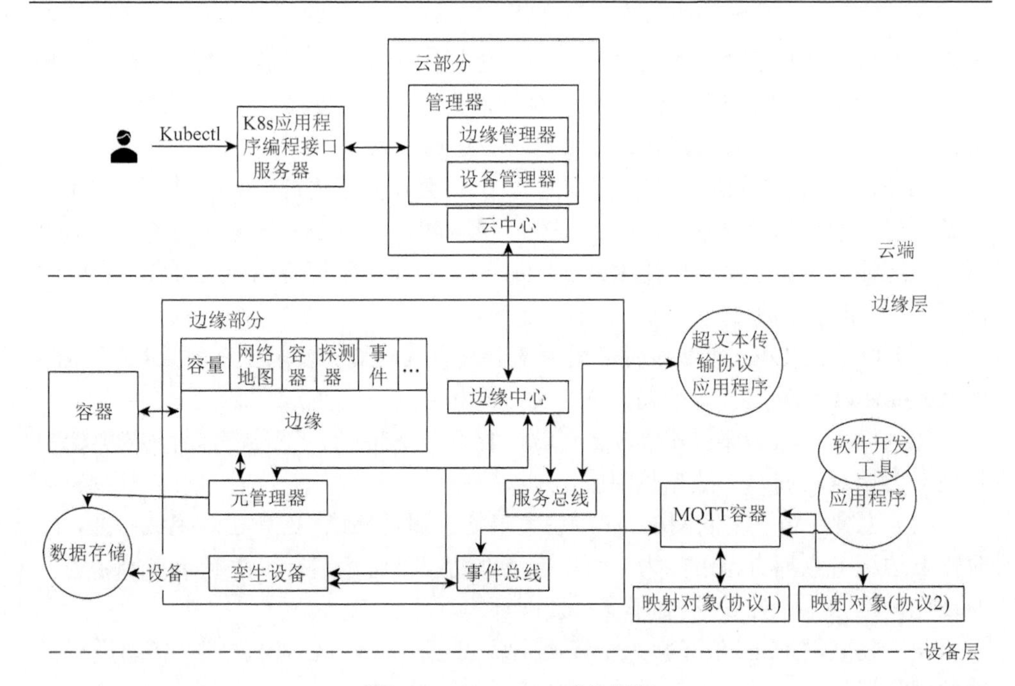

图 3-12　KubeEdge 系统框架

（3）EdgeController：维护边缘节点。主要负责边缘节点和 Kubernetes API 的连接，实现边缘节点与云中心之间的信息同步。

KubeEdge 边缘层部分由如下 6 个模块组成。

（1）Edged：云中心 kubelet 在边缘节点上的扩展，负责维护边缘节点上相关资源对象的生命周期。

（2）MetaManager：Edged 和 EdgeHub 之间指令语义转换和元数据存储的中间件。

（3）EdgeHub：边缘层节点与云端信息同步的中间件，其本质是一个 Web 客户端，负责接收云端下发的指令和同步边缘端节点和资源对象的最新状态变化。

（4）DeviceTwin：边端设备状态管理和汇报的中间件，主要负责存储设备的状态信息和向云端同步设备的状态变化。

（5）EventBus：KubeEdge 部署在边缘节点上的 MQTT 客户端，负责与外部的 MQTT 服务器进行通信，收发消息。

（6）ServiceBus：KubeEdge 部署在边缘节点上的 HTTP 客户端，用于实现云边协同。其主要接收云中心的 HTTP 服务请求，然后与部署在边缘节点上的 HTTP 服务器通信，实现云中心的服务利用 HTTP 协议访问边缘节点的能力。

Kubernetes 的 Master 节点主要运行部署在云端，边缘计算场景下，用户可以在云端使用 Kubectl 等命令进行边缘节点、边缘端设备以及边缘端应用的操作管理。相比 Kubernetes，其具有以下优势。

（1）支持边缘计算：实现在边缘端运行部署业务服务，使用本地数据，数据不进入核心网，能保护数据安全。这不仅可以有效地降低用户访问时延，同时可以保护客户的数据隐私。

（2）Kubernetes 边缘端支持：将 Kubernetes 编排调度容器的能力完全扩展到了边缘。用户可以方便地在边缘节点上部署应用、管理应用、监控应用。

KubeEdge 基于 Kubernetes 进行边缘端扩展，方便实现对物联网设备的管控。KubeEdge 的使用，可以实现在云端 Master 节点上对边端节点资源的监控和边缘 pod 服务的管理和运维。然而 KubeEdge 基于 Kubernetes 进行扩展的过程中，只是使用 EdgeCore 和 CloudCore 将边缘节点信息进行封装。在 Kubernetes Master 来看，边缘节点和云中心 slave 节点处于同等地位。KubeEdge 完全复用了 Kubernetes 的云中心组件，如 kube-scheduler。所以 KubeEdge 进行服务 pod 部署调度的过程与原生云中心调度过程一样。由于边缘计算场景不同于云计算场景，边缘计算场景下，边缘节点异构性明显，仍采用和云计算一样的调度策略和模式，显然是不合适的。

在进行服务部署时，云中心 Master 节点下发命令，边缘节点执行并创建对应的 pod 对外提供服务。云中心下发的命令决定了服务部署的位置和服务实例的个数。当前云边协同框架 KubeEdge 并没有考虑服务部署的自适应决策，而是将服务部署的决策交由管理员实现。这并不能很好地适应云边协同系统。因为在边缘计算中，边缘节点的地理位置分散，资源大小千差万别，所有的决策交由人为运维管理是不可靠的。没有加入边缘节点位置信息以及不同区域用户访问偏好等边缘环境特性，导致原生的 KubeEdge 框架并不能很好地适应云边协同中服务自适应部署和任务协同调度的场景，需要对 KubeEdge 进行进一步开发设计。

基于以上分析，本书云中心组件增加了 Dispatcher 模块和 Scheduler 模块，同时重新设计了数据表信息，如图 3-13 所示。KubeEdge 可以记录和收集边缘节点位置信息，为云中心 Scheduler 组件提供数据信息。基于边缘节点的信息，本书设计并实现了适应于边缘计算场景下的服务部署策略，重写了原生 kube-scheduler 组件的调度算法。同时设计了 Dispatcher 模块，利用请求的位置信息、边缘节点信息、服务实例部署信息进行最优的任务路由。

Dispatcher 模块的主要作用分为两部分，第一部分，调度边缘设备产生的任务请求，寻找最优的边缘节点进行任务处理；第二部分，当所需服务缺失或无法满足用户 QoS 保障时，调用 Scheduler 组件，选择合适的边缘节点进行服务部署。如图 3-13 所示，当边缘节点 Edge2 附近设备生成对服务 app3 的请求时，边缘端接收任务请求元数据信息转发到云端 Dispatcher 进行处理，Dispatcher 对任务请求进行调度，调度结果返回 Edge2，Edge2 执行任务转发（转发至 Edge1 进行任务计算）；当边缘节点

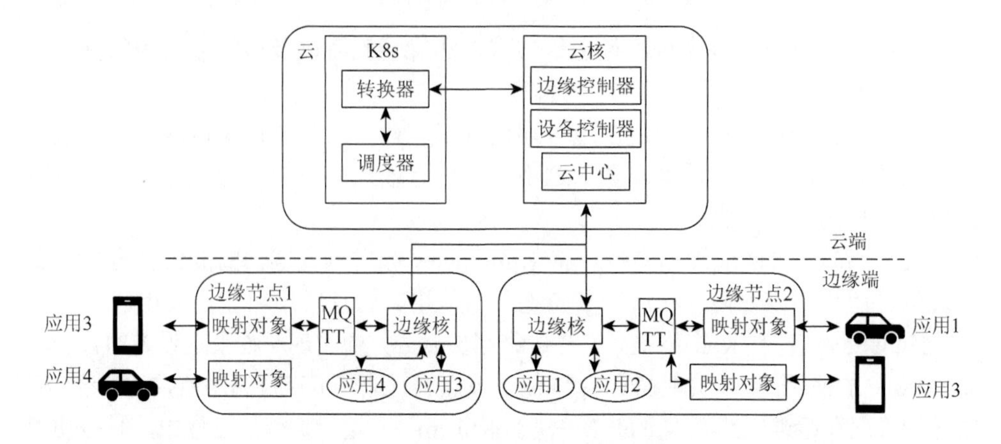

图 3-13　基于 KubeEdge 的云边协同架构

Edge1 附近设备生成对服务 app4 的请求时，边缘端接收任务请求元数据信息转发到云端 Dispatcher 进行处理，Dispatcher 调度任务失败，通知 Scheduler 组件进行服务部署。

EdgeMesh 是 EdgeCore 的一个独立组件，用来进行边缘侧流量转发，它支持跨节点的流量转发，可以实现边边通信。用户请求的特定流量会被导入 EdgeMesh 中，由 Listener 负责监听，交由 Resolver 进行域名解析。Resolver 里面实现了一个边缘端的 DNS server。RuleMgr 通过 MetaManager 从数据库中获取相关服务的 endpoint、service、pod 等信息，交给 Resolver 进行域名解析处理。域名解析完成之后，由 EdgeMesh 中的 Dispatcher 转发流量。在本设计中，共有五种工作流，分别是控制流、数据流、元数据流、边边通信流和云边通信流。控制流主要是 KubeEdge 和 Kubernetes 内部控制命令的传递。元数据流是用户产生请求的元数据信息，首先会访问云中的 Dispatcher 模块进行任务路由，然后得到路由结果，即服务域名信息。数据流是用户产生的计算数据，传输到边缘节点进行响应处理。边边通信是 EdgeMesh 实现的用于边端之间数据传输的通道。云边通信是 KubeEdge 实现的 EdgeCore 和 CloudCore 进行信息交互的通道，包括云端下发具体命令，边端向云端汇报边端最新状态信息。

用户的流量元数据信息会首先转发到云端的 Dispatcher 模块，云端的 Dispatcher 作为所有请求访问的接入点，负责请求的任务路由计算。云端 Dispatcher 模块确认好任务路由目标节点后，返回用户请求服务域名信息，然后用户访问指定域名。用户计算数据流量进而被导入 EdgeMesh 进行服务访问。云端 Dispatcher 模块会不断地与 Kubernetes Master 进行交互，获取最新的云边协同系统信息，包括边缘节点的资源使用情况、位置信息、服务实例部署个数、配置、生命周期等信息。基于这些信息，Dispatcher 实现了云边协同环境下的任务路由算法，根据用户请求的服务类型和用户位置选择最合适的边缘节点为用户提供服务，降低用户的服务访问时延。当云端 Dispatcher 模块无法找到合适的边缘节点实现任务路由的时候，可以根据当前相关请求的数量决定是否进行服务部署。服务部署过程由 Dispatcher 模块调用 K8s restful API 执行相关服务实例的部署。云边协同系统下的服务部署算法由 Scheduler 模块实现。

3.2.4　云边协同架构中物联网设备管理系统的设计方案应用

以下给出了系统应用的具体范例，其功能模块的实际呈现效果可以良好地匹配功能设计细节和最初设计目标。

范例环境的搭建标准结合了系统的定位和实际的业务场景，因此，在底层操作系统、K8s 版本、KubeEdge 版本以及测试工具的选择上都以主流版本为主，测试环境的配置信息如表 3-1 所示。

表 3-1　测试环境配置信息表

配置项	规格信息（版本/型号）
操作系统/内核	Ubuntu 18.04.1 Kernel 5.4.0-1045
CPU	AMD EPYC 7R32 2C 3300.510MHz
内存	DDR4
kubernetes	1.18.20
kubeedge	1.8.0
prometheus	2.18.2
grafana	7.1.5
apache jmeter	5.4.1

系统被设计为以工作负载形式部署于 K8s 上，理论上可以兼容 1.16.x 及以上任何 K8s 版本（目前开源社区 K8s 最新版本为 1.22.0），本次测试中使用的 K8s 集群信息如表 3-2 所示。

表 3-2　K8s 集群信息表

角色	规格	数量/台	功能
Master	2C4G	3	K8s 控制面，物联网设备管理系统控制面也运行于此
Worker	2C4G	≥3	limb、adaptor 运行于此，设备通过 Worker 节点接入系统
Worker	4C8G	1	为避免影响测试结果，prometheus 部署在单独的 Worker 节点

K8s Master 节点默认不能调度运行任何 pod，因此，为了满足高可用测试需

求，需要调整 brain 组件的 yaml 配置，为其添加 toleration，并通过 label 指定调度至 Master 节点。同时，此次测试中的基础数据，如 CPU、内存等均来自 prometheus，并通过 grafana 呈现，而系统性能数据通过 Jmeter 测得，整体的测试环境架构如图 3-14 所示。

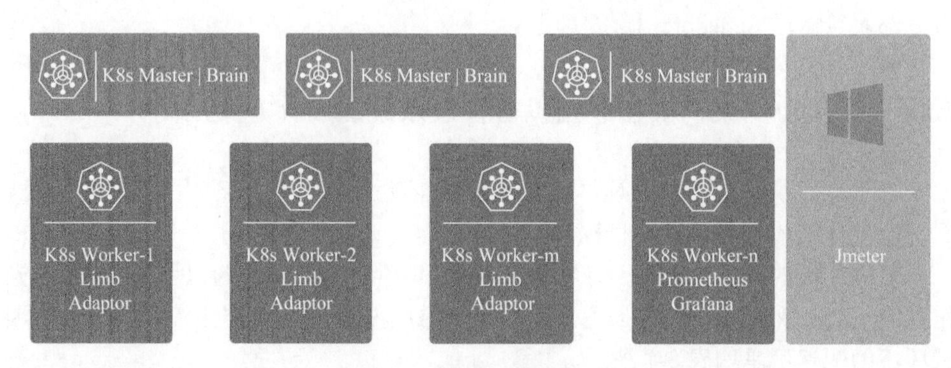

图 3-14　测试环境逻辑架构

（1）设备管理。图 3-15 所示为设备管理功能的展示，该功能包含设备列表和设备模板两个子功能。其中，设备列表中展示了当前接入的设备信息，包括设备的名称、状态、在线时长、连接位置以及使用的通信协议等信息。可在设备列表页面完成对设备的编辑、删除以及表单输入形式的添加等操作，还可直接通过导入 YAML 的形式完成设备的添加。设备模板的目的是简化设备的添加步骤，可将已连接的设备另存为设备模板，也可从零开始自定义设备模板。

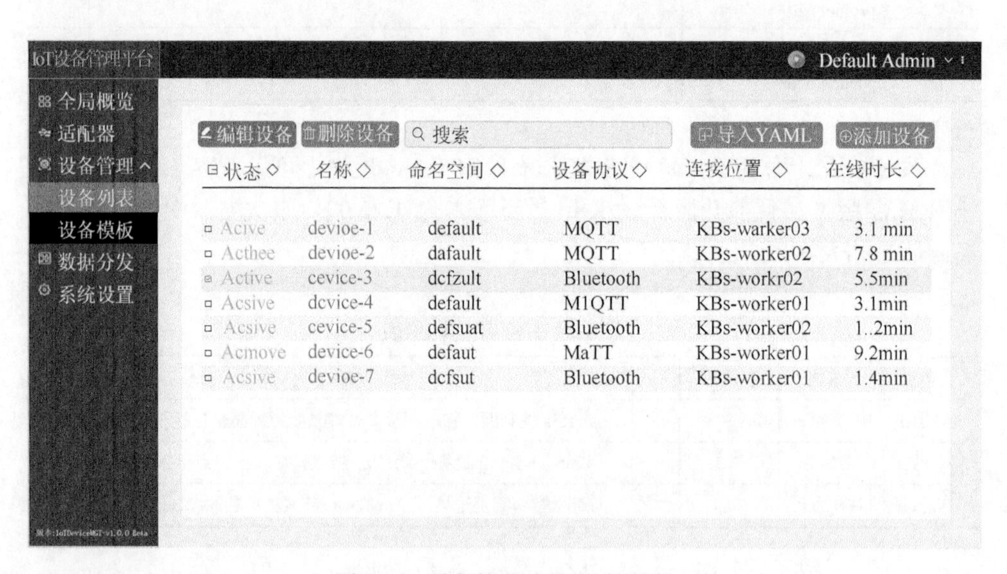

图 3-15　设备管理功能-设备列表

（2）设备状态管理。在设计初期，物联网设备接入系统的过程被划分为五个阶段，每个阶段均有各自的状态，即设备的状态。如图 3-16 所示，概览信息显示了设备在连接系统过程中此时所处的阶段以及该阶段的状态，详细信息则展示了状态正常阶段的详细信息和某阶段状态不正常的具体原因。同时，多阶段之间具有严格的承接性，即仅当上一阶段状态正常时，才会执行下一阶段状态的判别。

此外，如图 3-16 所示，在前端 UI 中，当鼠标悬浮在设备名称时，会显示当前设备所处状态的详细信息，涵盖接入节点和设备模型以及通信协议是否存在、设备是否创建成功、设备是否连接成功五种状态信息。

图 3-16　设备管理功能-设备状态

（3）适配器管理。适配器是物联网通信协议在 K8s 中的抽象表现，因此其实质是对物联网通信协议的管理。依照系统规定的物联网协议扩展标准，一个适配器包括工作负载、角色、权限、自定义资源四个 K8s 资源对象。如图 3-17 所示，该功能提供适配器的编辑、删除、添加等操作，同添加设备一样，适配器的添加也支持表单输入和 YAML 导入两种方式。

（4）物联网数据分发。如图 3-18 所示，数据分发实质是其他物联网通信协议与 MQTT 的集成。集成后，可显示设备状态、赋予设备使用 MQTT 的能力或扩展设备的使用场景，如设备交互和设备监视。配置层面需要指明 MQTT 服务器地址、版本、TOPIC 以及数据源，即通过其他物联网通信协议连接的设备。在高级设置中还提供 MQTT 遗嘱配置，包括遗嘱消息的主题和内容。

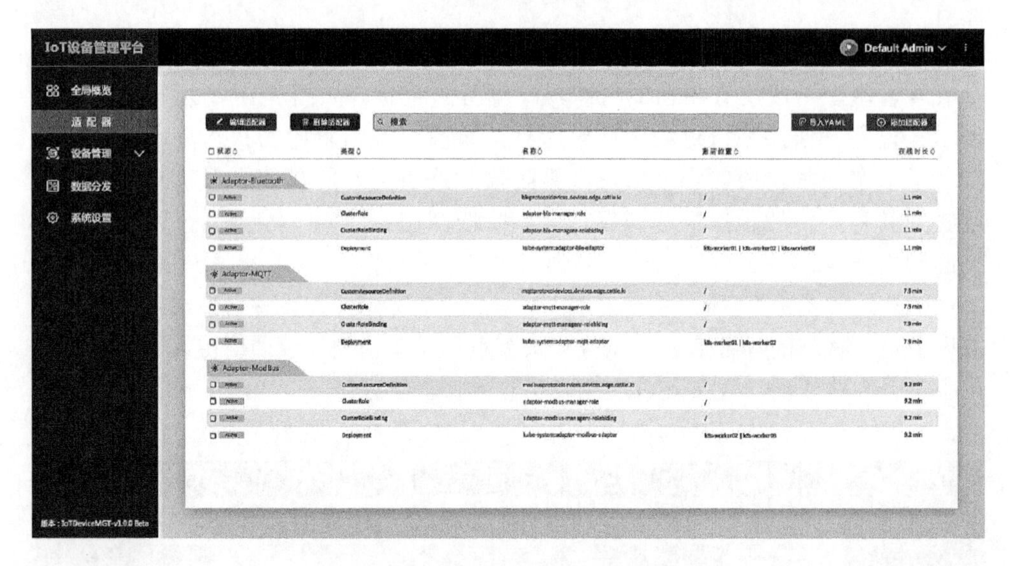

图 3-17　物联网通信协议管理功能

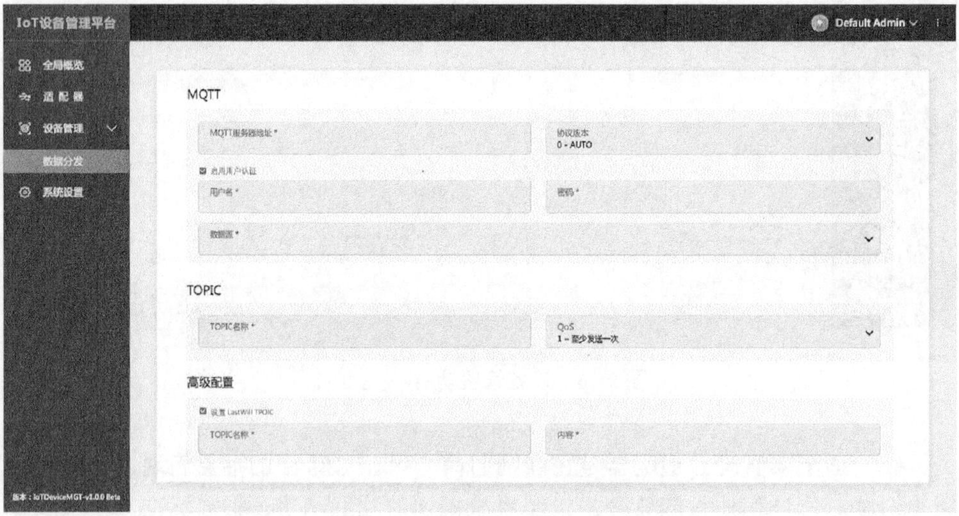

图 3-18　物联网数据分发功能

第4章 工业应用案例分析

4.1 申通快递 IOT 云边端一体化

4.1.1 案例应用背景

快递行业是典型的实体行业，提供点对点的包裹运输服务，其服务包含揽收、中转、派送等环节，覆盖距离长，设备数量多。随着社会整体经济的发展，快递行业的业务量也在不断增长。申通快递日均流通 3000 万～5000 万个包裹，日均物流轨迹约 5 亿条，大促期间近 10 亿条。自动分拣每天发出十几亿条数据（几百 GB），有近 10 万支扫描枪（Lemo/PDA），数万个 Windows 扫描客户端，数百套交叉带，产生的数据总量预计每年增长 20%以上。而在这些系统交互的背后，本质上是服务于包裹运营的，包裹运营是围绕人、货、机、车四个维度进行的。在整体数量持续增长的前提下，不同的实用维度面临不同的挑战，对时延、稳定性、高可用和可扩展性有不同的要求。

在传统云到端的架构下，中转环节作为最核心的路由和实操职能，有极强的边端特性。承载中转环节（包裹经过转运中心/网点流转环节）的核心节点是网点和转运中心，涉及不同的业务域对分布在全国 100 + 转运中心，3000 + 网点各场地内的十几种异构设备/系统的边缘业务下沉。不同场地的基础设施条件参差不齐，业务系统对资源需求不同，同时健壮性也无法保证，在单量持续增长的基础上，已经出现严重的边端业务发展瓶颈，出现资源短缺/竞争、时延高、稳定性差、可用性缺失、CI/CD 困难等一系列瓶颈问题。且在持续不断地引入各种 IoT 异构设备/系统（Lemo、PDA、交叉带、DWS 等设备及配套系统）的压力下，传统的云到端架构现状无法满足实际的边缘端场景需求，需要一套高可用、高稳定、可扩展的云边缘端一体化混合云架构，用于海量设备的接入。

在 2019 年申通快递全面数字化时期，基于 Kubernetes 建设了申通云原生 PaaS 平台，满足了云上应用的诉求，充分享受到了云原生带来的便利，但是在 IoT 及边端技术快速发展和应用的背景下，单纯云上 Paas 平台难以满足边端的高响应、低时延、大连接的强诉求，于是申通采用 OpenYurt 平台作为申通快递 IoT 云边端架构的核心一环，承载了边缘侧资源托管、应用管理、云管边端的云边协同的职责，利用 OpenYurt 的能力，将云原生的能力扩展到了边缘侧，继承了云平台的众多优势和便利，打造了面向边缘计算场景的云边端架构[23]。

4.1.2 ACK@Edge/OpenYurt 架构介绍

OpenYurt 是阿里基于“云边一体化”理念设计的开源边缘计算平台，提供边缘自治、云端运维通道、单元化部署等能力，对边缘异构资源进行统一管理，针对边缘计算场景中的网络环境复杂、大规模应用交付、运维困难等痛点，便于海量边缘资源上的大规模应用交付、运维、管控。

项目依托原生 Kubernetes，实现完整的边缘计算基础设施架构。从架构上看，OpenYurt 最大限度地保证对原生 Kubernetes 无侵入，提供一键式转换原生 Kubernetes 为 OpenYurt 的功能，让原生 Kubernetes 集群快速具备边缘集群管理能力。

OpenYurt 的整体架构如图 4-1 所示，其中深色框为原生 Kubernetes 组件，浅色框中为 OpenYurt 组件，其核心能力分为云边端协同能力、边缘业务自愈能力、边缘业务编排能力和云原生的设备管理能力[25]。

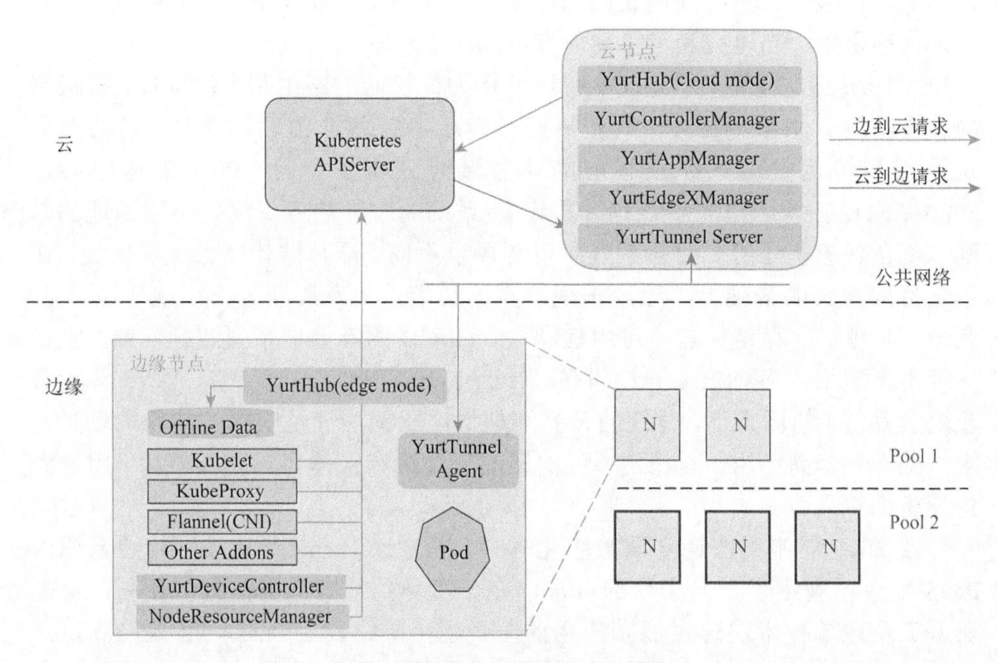

图 4-1　OpenYurt 的整体架构[24]

首先，OpenYurt 利用云原生能力，在云边缘实现了一体化的协作架构，可以有效地管理边缘的资源和应用。整个架构分为三个部分[25]：在云端，提供统一的控制接口；在边缘，将分散的边缘资源连接到云端进行统一控制和调度，并保持适度自治能力；在端侧，终端设备就近连接到边缘节点，云端实现对终端设备的控制。通过云-边缘-端一体化架构，将海量的边缘资源、服务和设备进行统一调度和管理，使分布在边缘的资源和应用成为云原生系统的一部分，极大地提高了边缘侧应用的运维能力。同时，OpenYurt 可以将云上现有的能力下沉到边缘，使边缘应用可以轻松使用云上现有的 PaaS 能力。

其次，边缘场景下，边缘节点和云端管控之间网络连接类型多样（如 5G、WiFi 等），网络抖动或者节点离线会导致节点心跳无法实时上报云端，从而触发边缘业务的驱逐和重建。同时云边网络连接异常状态下，边缘节点重启时由于无法从云端获取工作负载数据，节点上边缘业务将无法自动恢复，从而导致边缘业务的服务中断。OpenYurt 通过在云端增强工作负载的驱逐管控能力，以及在边缘引入本地缓存和心跳探测机制，为边缘业务提供强大的自愈能力，确保边缘业务持续可靠地运行。同时当边缘节点网络恢复后，边缘业务的状态将与云端管控同步并保持数据的一致性。

在边缘业务编排能力上，针对边缘场景，OpenYurt 开创性地提出了单元化的概念，可以做到将资源、应用、服务流量在本单元内形成闭环。在资源层面，抽象出节点池的能力，边缘站点资源可以根据地域分布进行分类划分，在应用管理层面，设计了一整套应用部署模型，例如，单元化部署、单元化 DaemonSet、边缘 Ingress 等模型，在流量服务层面，可以做到流量在本节点池内闭环访问。

对于设备管理，OpenYurt 从云原生视角对边缘终端设备的基本特征（是什么）、主要能力（能做什么）、产生的数据（能够传递什么信息）进行了抽象与定义。凭借良好的生态兼容性集成了业界 IoT 设备管理解决方案。最终通过云原生声明式 API，向开发者提供设备数据采集处理与管理控制的能力。

ACK@Edge 是阿里云容器服务深度挖掘边缘计算 + 云原生落地实施诉求后推出的云边一体化协同托管方案，提供边缘自治、边缘单元、边缘流量管理、原生运维 API 支持等能力[23]。它以 OpenYurt 为核心框架，秉持“云端标准管控，边缘适度自治”的服务理念，采用非侵入方式增强。架构上，“云边端”三层结构清晰，具体架构如图 4-2 所示。

阿里云提供的边缘托管 Kubernetes 集群可以全面管理容器应用和资源的生命周期，支持创建、扩容、升级、日志、监控等运维操作，还具备资源混合调度的能力，能够适应异构资源的场景。此外，边缘 Kubernetes 集群还支持节点自治和网络自治能力，以及反向运维网络通道能力，以满足边缘计算的弱网络连接需求。最后，该平台还提供了边缘单元管理、单元化部署、单元流量管理等功能，以进一步提升边缘计算的效率和可靠性。

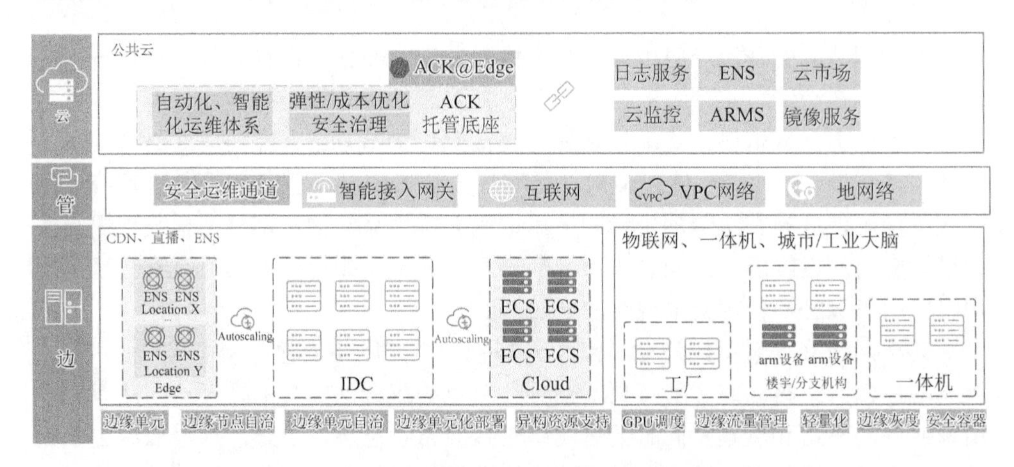

图 4-2　阿里云边缘容器服务 ACK@Edge 架构[26]

4.1.3　申通 IOT 具体应用

物流行业是典型的物联网应用场景，需要处理人、货、机、车四个维度的信息，同时还需要大量的自动化和人机辅助系统。传统的云到端架构难以应对实际的边缘场景需求，需要一套高可用、稳定、可扩展的云边端集成架构，用于处理大量设备接入的数据。

申通快递的整体云边缘端架构[27]如图 4-3 和图 4-4 所示，边缘 PaaS 平台基于 ACK@Edge，能够解决物理资源分散、云管理边缘端、边缘自主、云边缘协同等边缘资源控制问题。申通快递物联网云边缘端架构是快递行业中首个在边缘端实现云原生架构的解决方案，通过云边缘协同的能力，实现快递运营核心扫描验证业务在边缘端完成，支持业务拦截件、预售等快递业务，提高了快递运营扫描用户体验，满足了海量数据和促销活动的需求。

申通快递物联网云端架构的云端协同能力有两层：负责边缘资源运维控制的边缘 PaaS 平台的云边协同能力，以及边缘网关服务的云边协同能力。重点介绍边缘 PaaS 平台的云边协同。其主要职责是利用 OpenYurt 提供容器化的隔离环境，将 Master 集群统一部署在公有云上，将 Node 节点下沉到边缘端，即分布在全国各地的中转中心，重写 Node 节点的心跳检测机制和自治逻辑，通过反向代理设计使边缘容器在相对稳定的本地网络环境下自运行。该核心集成了 Devops、单元化发布、生产日常环境隔离、资源监控等模块。这使得申通快递的边缘开发与云上的研发体系完全一致，在发布边缘应用时一键生成边缘容器，并由 PaaS 平台提供统一部署、日志监控等云控制能力。

申通快递自研边缘 PaaS 平台的边缘 DevOps 模块底层使用 gitlab-runner 作为持续集成引擎，引擎层面拉取 gitlab 代码，用 Docker 做 maven 打包，构建镜像并上传。

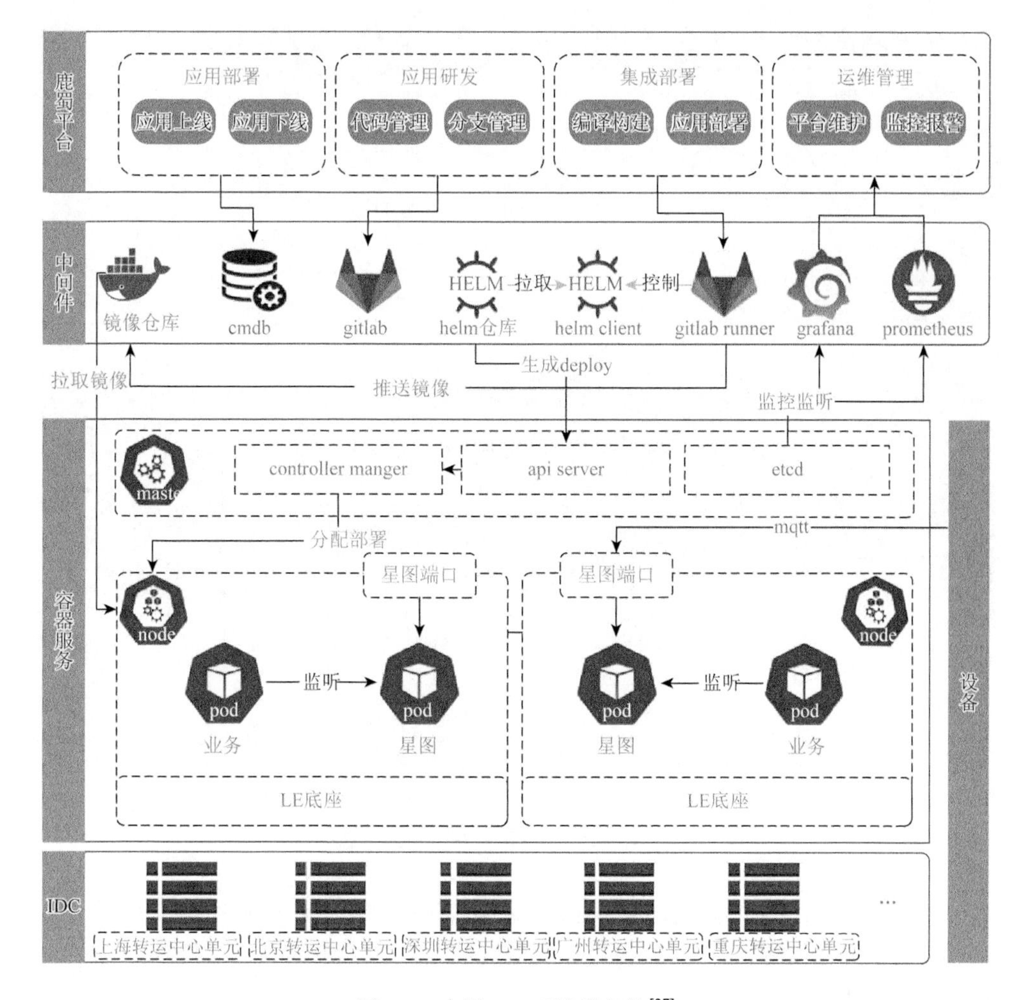

图 4-3　申通 IoT 云边端架构[27]

持续交付方面，DevOps 模块引入开发人员提前写好的 helm charts，使用 helm 同时操作多单元的、多可用区的多个 OpenYurt 集群来进行容器化发布，使用 OpenYurt 本身的资源调度能力，完成最合理的资源调度与规划。

在边缘资源管控层面，申通快递根据中心与网点的分布情况与实时的响应时间统计，划分了四大可用区进行部署，分别为华东、西南、华北、华南可用区，每个可用区配备一套 OpenYurt 集群，每套集群用来管理本区域分散的物理资源。4 套集群统一通过上层的边缘 PaaS 平台统一控制。对申通快递来说，边缘容器化将边缘物理资源充分利用，在此基础上基于基础镜像，产出了边缘简单日志服务（simple log service，SLS）、边缘 sunfire 业务监控等。同时，开发人员可配置告警、进行秒级业务监控，实现快速的故障发现与处理。

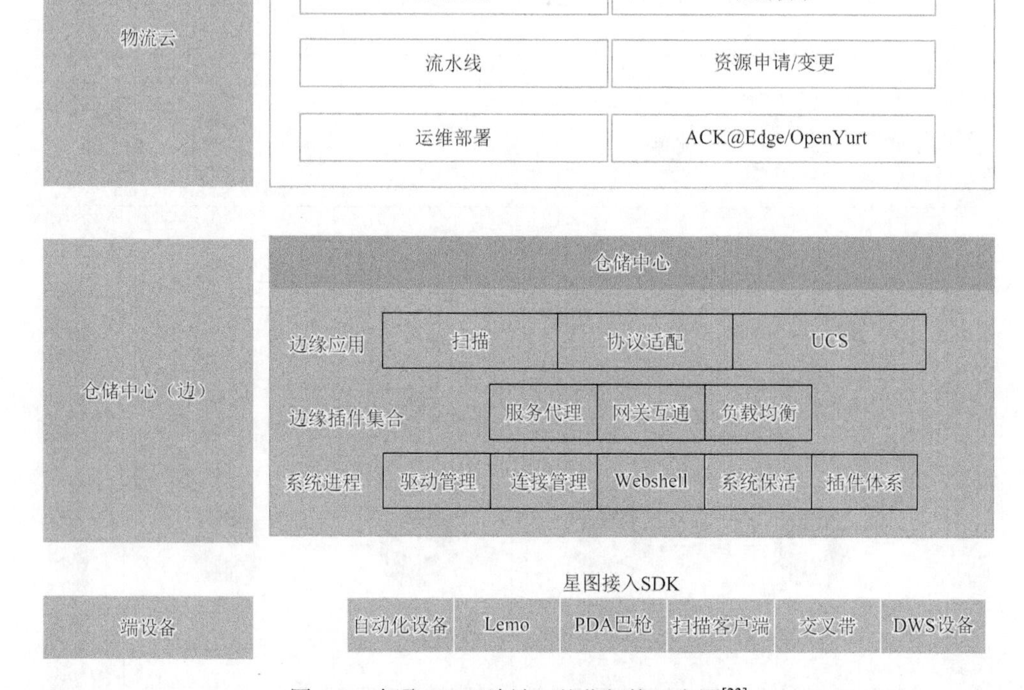

图 4-4　申通 IoT 云边端一体化架构示意图[23]

申通快递基于 ACK@Edge 的边缘端容器化也是快递行业截至目前首例边缘端演进云原生技术落地实践，为业界打造云边协同技术理念在物联网行业落地应用的标杆。

4.1.4　案例业务价值

申通快递 IoT 云边端架构是快递行业在边缘侧演进云原生架构的首例落地方案。它提供同云上研发体系完全一致的研发模型，以 OpenYurt 为技术底座，为实现云上和云下资源的统一管理，打下坚实的混合云基础，提供了许多关键的业务价值[27]。

1. 区域容灾

申通快递根据中心与网点的分布情况与实时的响应时间统计，同时为了减少爆炸半径，将集群拆分为 4 大区域进行部署，即 4 套 OpenYurt 集群。4 套集群统一通过边缘 PaaS 平台统一控制，实现 runtime 最小化。四套集群分别为华东（上海）、西南（成都）、华北（北京）、华南（深圳）。四套集群由更上层的边缘 PaaS 平台统一管理。

2. 多环境隔离

根据不同场地的设备和应用情况，配置日常、预发、线上环境。对于申通快递不同的场地，因为业务对设备的要求场景不同（例如，北京转运中心有交叉带，广东转运中心没有），逻辑层面作为不同的单元，可选不同的配置，同时开发环境分为 3 套，分别为日常、预发、线上环境。不同环境在物理层面和逻辑层面实现双层的环境隔离、网络隔离，进一步支持不同单元，业务配置、数据库配置、pod 规格、心跳等截然不同，实现应用单元自定义。

3. IoT 云边端架构云边协同的价值

（1）解决原始进程隔离模式带来的稳定性差的问题，采用插件式架构设计，进程隔离和容器化隔离模式随意切换。提供一键初始装机、开箱即用的容器化隔离应用环境，大幅降低边缘应用之间的相互影响范围，实现边缘的高可用性，稳定性从 99.9%提高到 99.95%。

（2）减少边端服务器裸机资源浪费，通过控制弹性策略和超卖比可合理利用资源，降低长期整体投入成本。提供云管边端、边缘自治的混合云架构基础。

（3）云边协同的一体模式具有统一的监控体系，研发模型，同云应用开发效率和体验一致，云原生边缘 Devops 平台统一了快递行业面向边缘 IoT 场景的研发，运维场景，使得整体边端体系响应时间降低到平均 50ms 以下，且消除了抖动带来的额外影响。

（4）网络条件、“双十一”的海量拦截数据、实操扫描速度三者在只有云端的情况下对快递公司来说必须做取舍。边缘端的引入，将三者同时解决，对于形成内聚的云边一体的软件架构，扩展工程师设计思维起到推动作用。

边缘端容器化也是快递行业目前在边缘端演进云原生技术的首例，2021 年 6 月 30 日，整个 IoT 云边端架构全网铺开，在快递行业的边端场景处于领先水平。

4.2　百度智能边缘 AI

4.2.1　案例应用背景

近年来，深度学习在包括计算机视觉、自然语言处理和大数据分析等各种应用领域中取得了巨大成功，然而，深度学习模型训练和推理阶段有很高的计算和内存要求，模型输入数据一般是高维的，模型内部数百万个参数需要多次迭代更新，且需要对其进行数百万次计算，模型推理计算的成本很高。

为了满足深度学习的计算要求，一种方法是利用云计算，而使用云计算资源时，数据必须从网络边缘的数据源位置（如智能手机和物联网传感器等），移动到云计算中心的集中位置。因此，这种将数据从数据源转移到云端的解决方案会带来时延、扩展性和隐私的问题[28]。

边缘计算的核心理念是在网络边缘靠近终端设备的位置提供计算资源，以解决传统云计算中存在的延迟、可扩展性和隐私问题。在传统云计算模式下，终端设备需要将数据上传到云数据中心进行处理，然后将结果返回给终端设备，存在较大的延迟。而边缘计算则将计算资源部署到距离终端设备更近的位置，如边缘服务器、智能路由器等，这样终端设备就可以直接将数据发送到边缘节点进行处理，从而避免了数据传输的延迟。此外，边缘计算采用分层架构，将计算资源分布在终端设备、边缘节点和云数据中心，从而提高了可扩展性，使得计算资源能够随着客户数量的增加而灵活扩展。

在解决隐私问题方面，边缘计算采用了数据本地分析的方式，在距离数据源头更近的边缘节点进行数据分析和处理，这样可以减少数据在公网上传输的次数，从而降低了隐私泄露和安全攻击的风险。因此，边缘计算已经成为许多行业中解决实时性、低延迟、可扩展性和隐私等问题的首选方案。

尽管边缘计算可以提供延迟、可扩展性和隐私方面的优势，但要在边缘实现深度学习仍有一些问题需要解决。首先，边缘计算能力一般比较弱，需要适应深度学习的高资源要求；其次，为了保证足够的端到端应用级性能，深度学习算法需要在各种处理能力不同的边缘设备上运行，并在动态网络环境下，与其他边缘设备及云进行协调；最后，隐私问题也十分重要，边缘计算通过将数据保存在网络边缘本地而解决了部分隐私问题，但有些数据仍然需要在边缘设备和云之间交换。

下面以边缘视频处理为例，介绍百度智能边缘的架构及其边缘 AI 应用案例。

4.2.2 IntelliEdge 智能边缘架构介绍

百度智能边缘（Baidu intelliedge，BIE）提供可以临时离线、低延时的计算服务，包含设备接入、数据处理、数据上报、流式计算、函数计算、AI 推断等功能，百度智能边缘架构图如图 4-5、图 4-6 所示。

BIE 包括云端管理套件和边缘本地运行包两部分：云端管理套件主要负责边

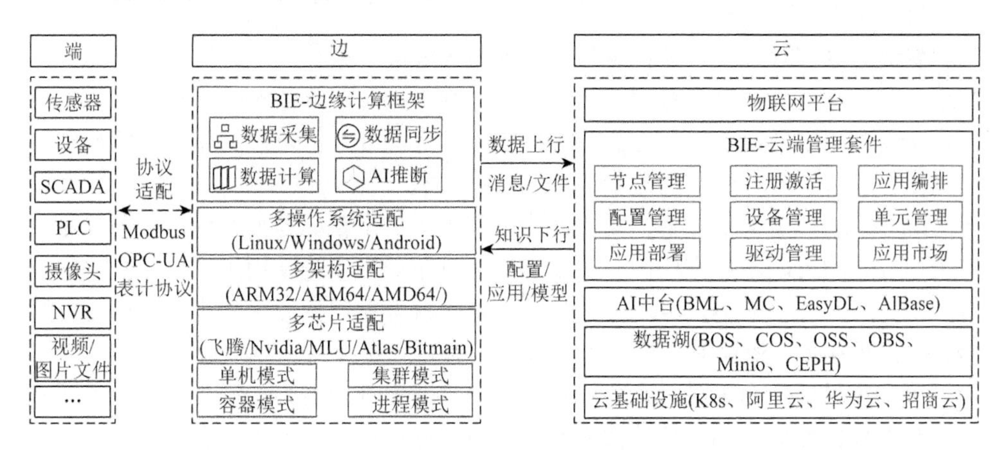

图 4-5　百度智能边缘架构图[29]

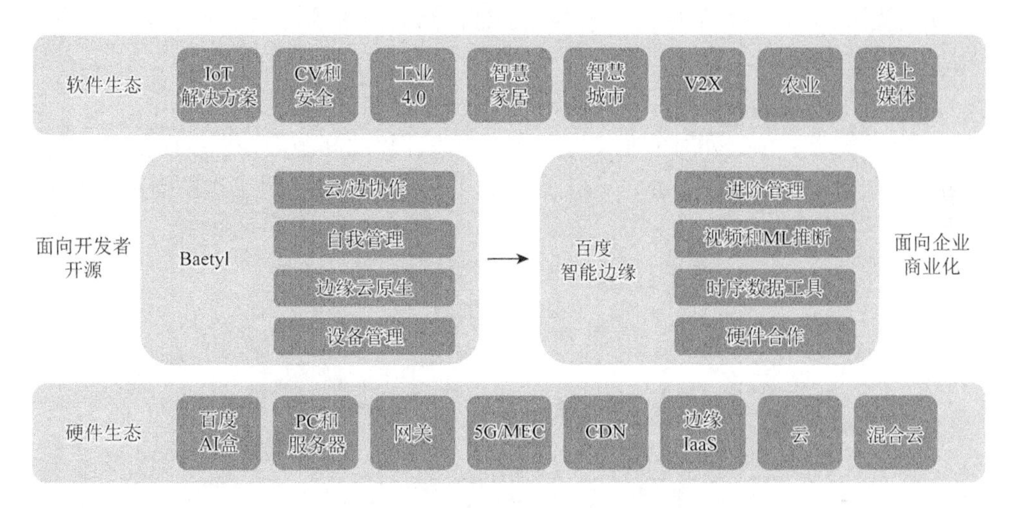

图 4-6　百度智能边缘计算架构[30]

缘节点的管理，包含边缘节点的监控、注册管理、应用的编排与升级等功能，实现“云管理、边运行、边云一体”的产品解决方案；边缘本地运行包包含百度开放边缘框架 Baetyl，以及基于 Baetyl 框架开发的边缘应用，实现将云计算能力延伸至边缘，提供离线自治、低延时的计算服务。

智能边缘本地运行包，以容器化、模块化的方式，让本地设备、网关、控制器、服务器具备数据通信、本地计算以及 AI 推断、云端配置同步等能力；智能边缘云端管理套件，提供海量边缘管理能力，并且对接不同应用生产生态，提供应用集成、测试、管理和分发的能力。

百度开源边缘框架 Baetyl 基于 Kubernetes 构建，为云与边缘之间的网络、应用部署和元数据同步提供基础设施支持。Baetyl 可以方便开发者根据实际需要定制和剪裁边缘节点框架，从而降低边缘的服务难度。云计算与边缘计算相结合，在边缘节点实现数据过滤和分析，显著地提高了效率，降低了云计算成本。它在云端传输过程中通过边缘节点进行一些简单的数据处理，可以缩短设备的响应时间，减少设备到云端的数据流量，降低带宽成本。

Baetyl 项目定义了三个主要目标[30]，其中第一个目标是为各种边缘场景提供一个标准化的云原生操作环境。安装 Baetyl 框架后，无论使用小型计算盒还是相对大型的工业网端或边缘 AI 一体机等，都会统一采用云原生能力，做成标准的 K8s 控制面界面，所有原来积累的 K8s 知识都可以直接应用到边缘。

第二个目标是为大量无人值守的设备提供远程管理能力。边缘计算设备通常部署在世界各地或全国各地的离散地点，很难保证有大量的操作和维护人员来帮助它们运行，所以这些设备需要在完全无人看管的情况下进行自我操作和管理。Baetyl 这个项目正是希望所有的设备在保证网络和电源的情况下就可以运行并纳入边缘计算的网络中。

第三个目标是为各种各样的边缘应用提供工具和服务。

图 4-7 展示了 Baetyl 的主要架构及其在边缘计算的开源大视图中所处的位置。Baetyl 主要解决如何将云上的普通应用和人工智能应用与边缘同步的问题，这也

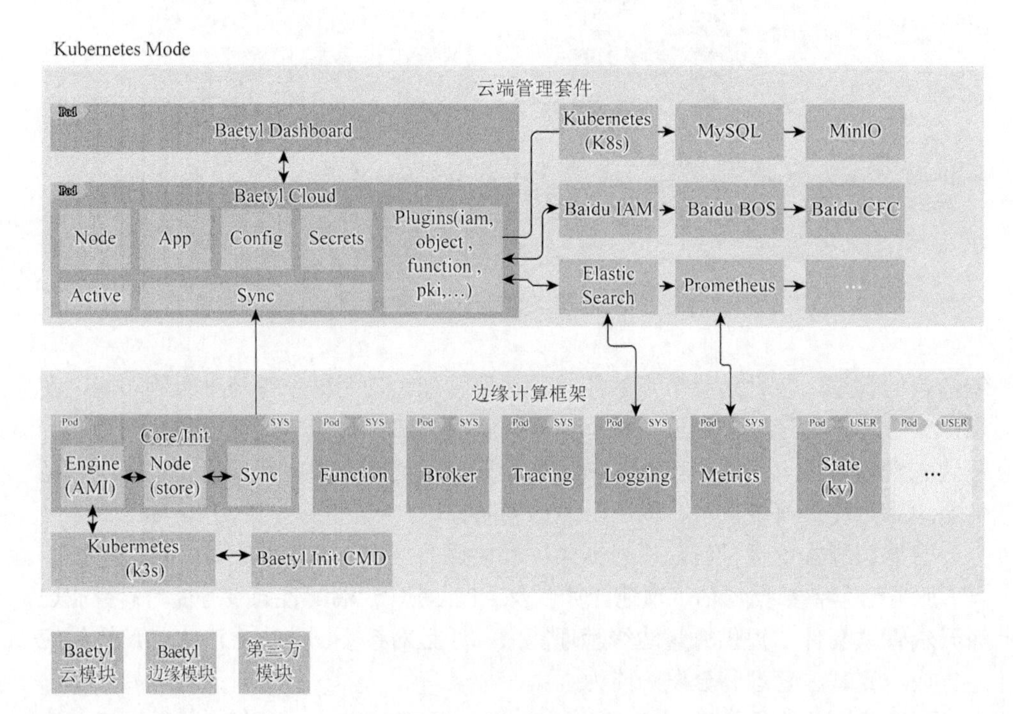

图 4-7　Baetyl 架构[31]

包括将云上的应用无缝分散到边缘上运行，同时将边缘上收集和获取的数据脱敏后上传到云上进行深度处理。图 4-7 的上半部分显示了 Baetyl 的云管理部分，它也是一个标准的 K8s 应用，可以在支持 K8s 环境的基础设施环境中运行，即 K8s 模式。在这种环境中，它将与云中的系统无缝集成。通过在云中定义各种边缘设备节点，将可以使用 K8s 知识，然后所有的配置将被采集并打包在 Baetyl 云部分，并通过网络向下分发到边缘节点。

在边缘节点上，Baetyl 主要将边缘节点升级成一个云原生节点，完全运行在一个 K8s 的环境中，接受云端的配制和管理，将云端下发过来的各种配制和管理重新翻译成 K8s 的应用在边缘侧运行。通过这个方式可以实现完全远程的管理，无论一个还是成千上万个节点都可以在云端使用单一的控制台，使用单一的 K8s 技术进行编排应用以及升级和管理设备。

4.2.3　边缘 AI 应用场景

百度智能边缘云端管理套件可以有效地支持各行各业的人脸识别、工业质量控制、城市环境监测、公共安全等领域的模型，并且可以将其部署至边缘节点，从而实现更加高效的数据处理和分析。利用边缘人工智能技术，不仅能够迅速地实现本地识别，而且还能有效地减少视频和图像的传输时间，节省大量资源。百度智能边缘和智能云提供的服务分别如图 4-8、图 4-9 所示。

图 4-8　百度智能边缘服务

Baetyl 具备从云端向边缘下发应用的能力，图 4-10 是一个边缘的 AI 视觉处理项目示例，该项目基本在 Baetyl 上运行了各种各样的应用程序，应用场景非常广阔，可以进行建筑的勘测、安防、交通管理等。

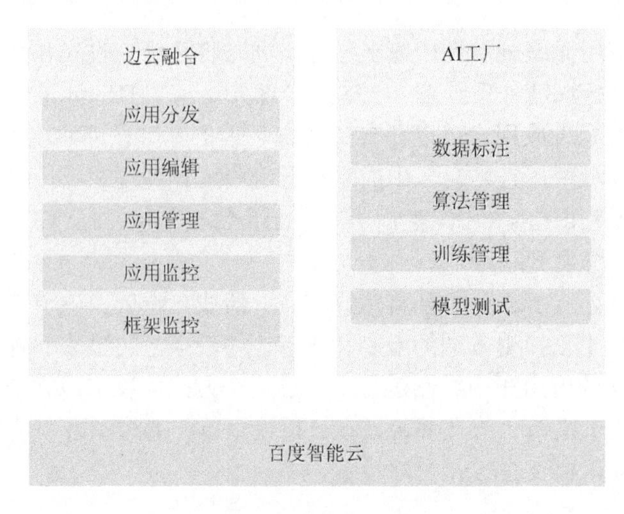

图 4-9　百度智能云服务

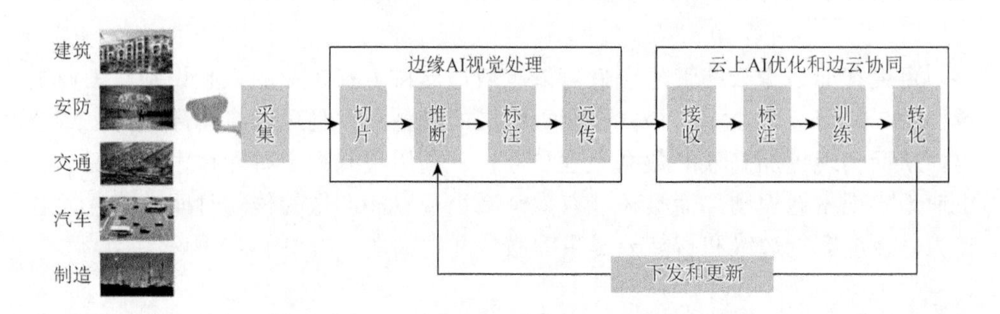

图 4-10　百度智能边缘 AI 流程[30]

在边缘侧，首先将一个视觉理解应用程序下发到 Baetyl 上，就能够实现视频的接入服务。例如，采集 USB 摄像机的图片并对其进行抽帧，接着送交一个 AI 的应用程序在云端进行训练，得到模型后再下发到边缘节点上，在边缘节点上直接进行 AI 的推断。同时，Baetyl 会解决推断加速问题，例如，使用了什么样的硬件，如 GPU 或新的神经网络芯片。无论模型训练的时候使用的是百度、TensorFlow、PyTorch 或 PaddlePaddle 的模型，Baetyl 会自动让模型在硬件上得到 AI 加速进行推断，推断的结果可能是裸的结构化数据，它如何应用到具体应用中，需要各式各样的辅助功能。例如，可以通过一个时间触发机制，定时地进行清理和加工，还可以进行云端上传，将推断的结果发送到客户云端部署的服务器中，并进一步地进行图片编辑和解码，将识别出来的内容在原始图片上进行标注，很好地实现可视化。所有这些辅助功能都可以作为一个容器化的云原生应用在 Baetyl 上，这些程序的开发和测试完全可以在云上使用。在得到这些边缘数据后，由于边缘和云端并不割裂，从边缘提取的数据可以进一步上传到云端，利用云端存储，连接到云端的各种人工智能系统，进行多样化的深度分析和模型迭代，或者直接在云端管理，分发应用。这就是 Baetyl 上各种应用的运作模式。

从百度智能云的几个实际案例中，可以更清晰地展示使用 Baetyl 构建智能应用程序的方式。首先介绍在物联网和 AI 方面的解决方案，通过对设备进行观察获得知识，最终形成各式的行动，例如，通过视觉的技术去观察路面上所有车辆的运行状况，再利用 AI 技术分析路面的交通情况，从而实现助力交通问题的改善，这就是洞察和行动的过程。

为了实现这些，百度智能云建立了一个基于云的物联网平台——百度智能云天工物联网平台，这也是中国首批提供商业化服务的物联网平台之一，平台架构如图 4-11 所示。目前已经有超过 1 亿台设备联网，每年将有数十亿的数据被处理。基于这样的系统，可以在云端进行大规模的数据收集，然后结合收集到的数据，帮助客户实现 AI 智能。

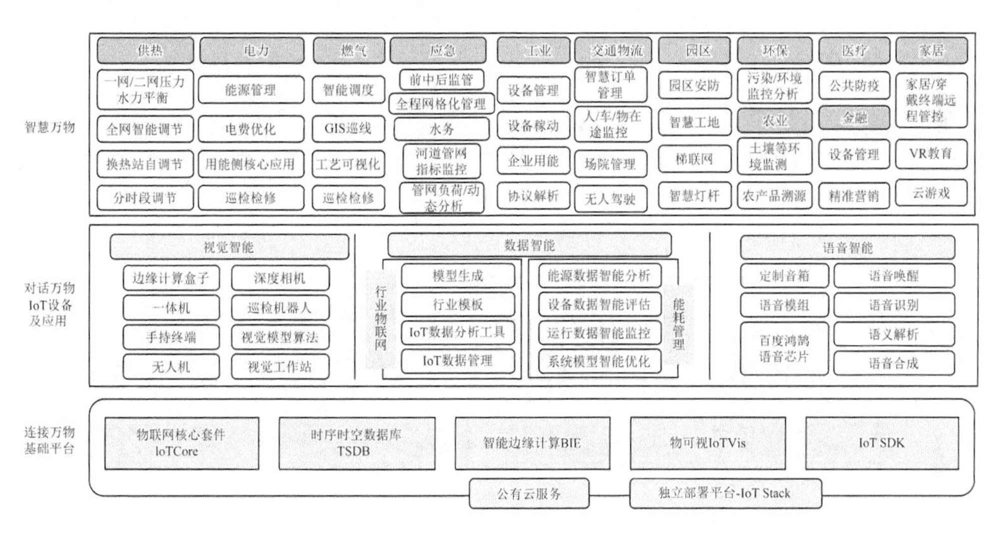

图 4-11　百度智能云天工物联网平台架构[30]

整个天工物联网平台覆盖的范畴非常广泛，一系列的物联网基础设施助力百度智能云天工具备连接万物的能力，其中就包括 Baetyl 项目的商业化版本，即智能边缘计算 BIE、物联网核心套件 IoT Core、时序时空数据库 TSDB 等；而基于这些基础的产品构建了面向视觉、数据、语音的智能应用，通过智能应用给予天工物联网对话万物的能力；最后将其广泛应用于能源、交通、工业等一系列应用场景中，从而实现智慧万物。

百度智能云也有针对能源提供的 AI 中台解决方案，该方案可分成应用、模型和平台三部分，其架构如图 4-12 所示。应用层面向具体的场景进行各种各样的检测和识别能力，模型层利用百度的 AI 能力提供各种各样预训练好的 AI 模型，背后则是百度强大的 AI 训练和分析能力。实现 AI 能力的背后数据是必不可少的，数据的获取则是通过下面的物联中心，包括物联网和边缘计算采集的数据。

基于这个平台，人工智能能力与物联网无缝结合。底层是各种电网设备，包括电表和无人机、机器人，引入到几千公里的输电网络上进行检查和巡视，这些设备收集的数据将进入边缘计算层进行实时处理。例如，电表旁边的电箱里的数据，会在电站旁边配置一个相对强大的服务器处理，旁边的无人机会通过 Lora 网络或者 5G 网络连接到最近的 MEC 节点进行处理，这样设备数据可以尽快进入边缘层。这种数据处理将帮助电网更好地预测电力，更好地改善能源供应，提高其效率。这些算法或者人工智能模型会在百度人工智能平台的顶层进行迭代和运行，这是效率提升的根本。

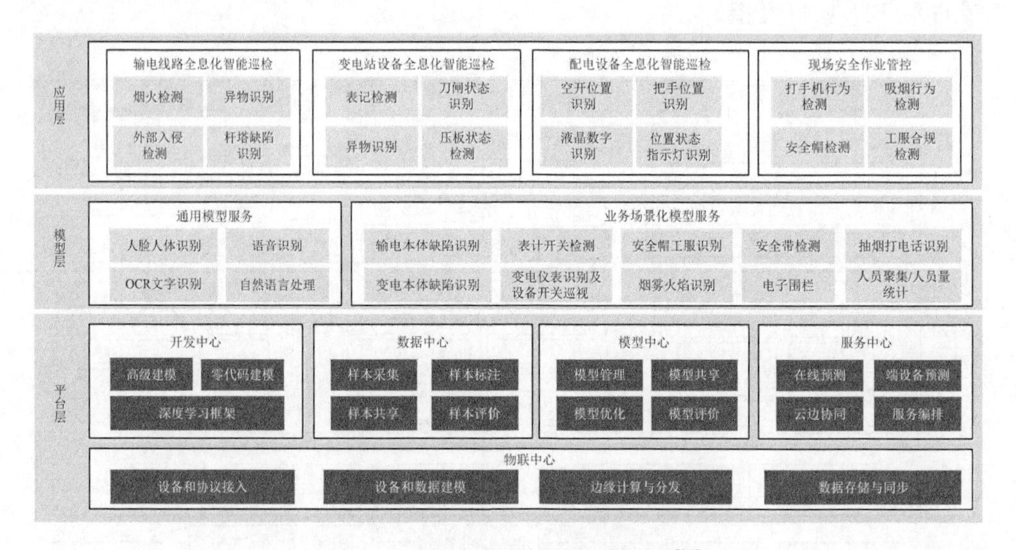

图 4-12　BIE 能源 AI 中台解决方案[30]

整体而言，百度智能云在能源方面提供了“度能”综合能源服务平台，该平台通过结合边缘计算的实时数据处理能力和 AI 模型训练能力，提供更好的用能核算和设备运维能力，让用户能够清楚地看到能源使用情况并对所有的能源和电力设备进行全生命周期管理。

百度智能云边缘 AI 针对机器视觉的解决方案架构如图 4-13 所示，下面就城市渣土检测的场景来详细介绍边缘 AI 流程。在城市交通中，渣土可能会从卡车上抛、洒、滴、漏，对城市环境造成很大的污染。滴落的渣土造成扬尘，影响空气质量，环卫工人不得不上路清理。一些严重的抛、洒、滴、漏问题，也会造成交通事故。

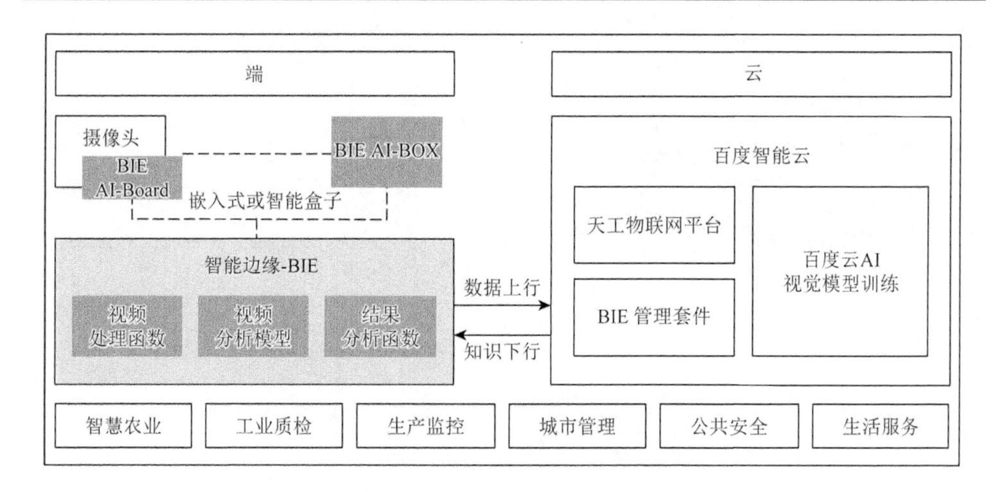

图 4-13　边缘 AI 机器视觉架构[29]

渣土抛洒是城市环卫管理中的典型问题，主要体现在以下几个方面。

（1）未及时发现渣土抛洒。多数情况下，只有路过的人报案时，才会知道在特定地点发生了抛渣洒渣。

（2）城市道路太多，无法通过实时监控所有道路检测出渣土抛洒问题。

（3）渣土运输车辆多，无法通过云端实时分析车辆上传的道路视频，检测出渣土抛洒问题。

（4）云端计算处理的视频数据量太大，成本高。

最好的办法是让车辆本身主动检测并报告渣土抛洒问题。这是边缘计算视频 AI 的典型场景。通过边缘视频 AI，与城管单位协同，快速发现、定位、处理渣土抛洒问题。

以城市渣土检测为例，整体解决方案架构如图 4-14 所示。

（1）模型训练。

基于 AI 模型训练平台的渣土抛洒识别模型。

（2）边缘环境搭建。

在渣土车尾部安装摄像机。在渣土车上安装一个边缘设备 AI-BOX，并连接到后置摄像头。AI-BOX 可能是百度 AI 市场的 EdgeBoard 边缘 AI 计算盒。

（3）连接到 BIE 的边缘设备。

边缘设备部署了 Baetyl 边缘计算框架，并连接到百度 AI 云。

（4）云上配置边缘应用。

云上部署了多个应用模块，视频推断模块连接视频摄像头数据，进行抽帧，将视频处理转化为图像处理；函数管理模块是供视频推断模块调用的 gRPC 接口，管理 opencv 函数调用；opencv 模块对视频推断模块结果进行后处理，例如，在目

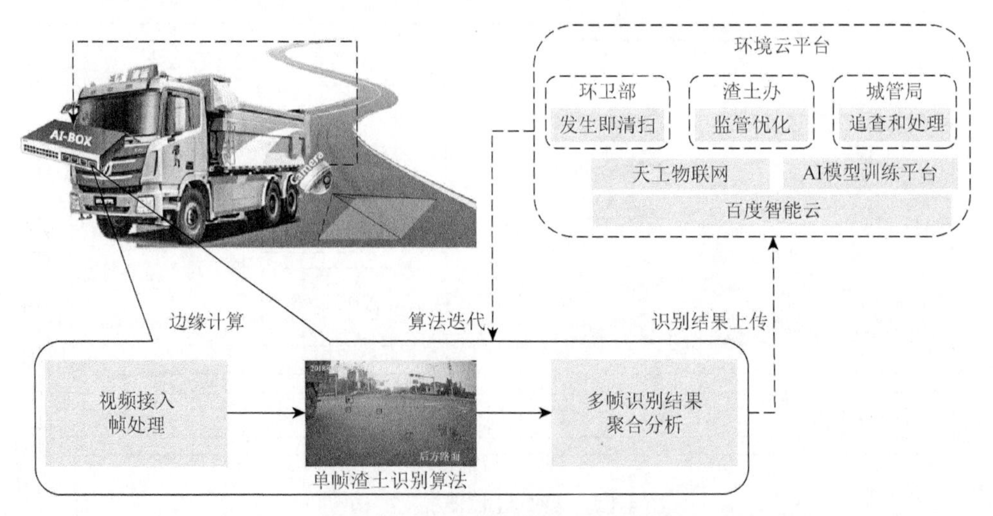

图 4-14　城市渣土检查解决方案[32]

每个过程描述如图 4-15 所示。

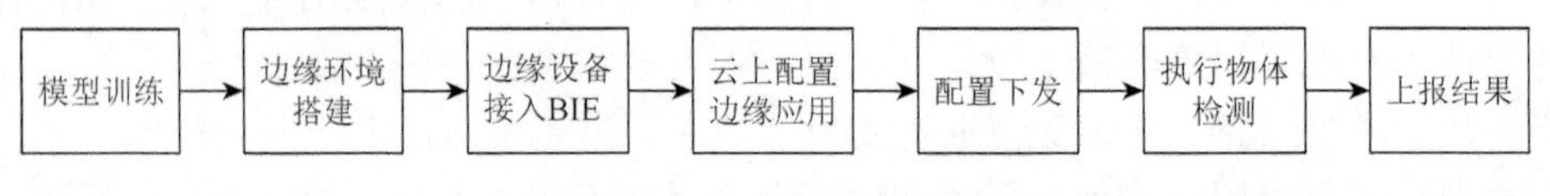

图 4-15　AI 推断流程图[32]

标检测中只有分数大于一定值的帧需要被保存，并发送到 Hub 模块，后处理结果返回到视频推断模块；Hub 模块接收视频推断模块结果；remote-mqtt 模块发送抛洒发生的消息，业务系统进行相关处理；remote-object 模块存储抛洒的相关图片，作为 AI 模型输入持续进行模型优化。

（5）分发配置。

在云端配置应用模块后，整体配置发布为正式版，然后将整体正式版分发到边缘设备。

（6）进行物体检测。

分别对应前面提到的视频推断、函数管理和 opencv 模块的工作。

（7）报告结果。

分别对应前面提到的 remote-mqtt 和 remote-object 模块的工作。

4.2.4　案例业务价值

1. 丰富的边缘应用

提供设备接入、流计算、函数计算、AI 推断、数据同步等应用。此外，BIE

还与百度 AI 中台集成，通过百度 AI 平台训练的模型，可以作为边缘应用部署到边缘节点。

2. 多边缘硬件适配

目前支持 armv7l、arm64 和 amd64 架构。

3. 云边缘协作

云 AI 中台训练模型可以通过 BIE 分布式部署到边缘节点。此外，还可以通过边缘节点的数据采集应用和远程数据传输应用实时采集样本数据并上传到云端。这样就可以为 AI 中台提供训练样本材料。云端可以将优化后的模型分发部署到边缘节点，实现整体闭环。

4. 安全性和可靠性

边缘云通信安全：云管理套件为每个边缘节点颁发唯一的节点证书。边缘节点和云管理套件的建立基于证书的双向通道，实现数据交换的认证和加密。

（1）设备连接安全：边缘设备与边缘节点连接，需要边缘节点颁发的设备证书来实现数据交换的鉴权和加密。

（2）应用通信安全：应用之间的数据交换需要云管理套件颁发的应用证书，实现数据交换的认证和加密。

（3）敏感数据安全：边缘侧完成数据处理。同时，敏感数据不会出局，保证了敏感数据的安全。

4.3　爱奇艺边缘计算

4.3.1　案例应用背景

视频是互联网中最流行且最耗费带宽的媒体内容之一，视频内容消耗了当今互联网总带宽使用量的 70%左右，随着视频的采集和传输技术的发展，可以预见网络系统在支持各种视频流应用方面将面临带宽、存储、时延、质量、安全等多方面的巨大挑战[33]。

在带宽和存储方面，随着用户对高分辨率视频质量要求的提高，高清视频正迅速发展到 8K 及以上，带宽占用大幅升高，也带来了存储压力。另外，转码是视频内容所需的关键服务，转码后的内容必须支持许多不同的格式、设备和平台，大量的视频文件同时进行转码需要高吞吐量以及大量存储和 CPU 资源。

就时延方面，对于实时流媒体应用，低延迟是非常重要的，使用在线流媒体平台发布视频时，解决延迟问题是关键。

同时，QoE 是实时视频流应用的一个突出问题，在线视频流的增长会导致网络拥堵，给用户带来糟糕的 QoE。就比特率而言，提高用户的 QoE 可以使用自适应串流技术，使视频比特率适应网络拥堵情况。然而，比特率以外，其他流媒体指标如再缓冲率和开始缓冲时间，也对实时流媒体的 QoE 有很大影响。流媒体应用的安全和隐私问题也引起了学术界和工业界的广泛关注。

边缘计算是一个分布式的开放平台，它将网络、计算、存储和应用核心能力整合在靠近事物或数据源的网络边缘侧，就近提供边缘智能服务。因此，部分计算压力可以在网络边缘分流，部分隐私数据可以在本地存储和分析，而不直接传给数据中心。

相比集中部署的云计算服务，边缘计算最大限度地减少了响应时间、减少汇聚流量，为实时性和带宽要求较高的业务提供更好的支持。同时，边缘计算将存储和计算资源扩展到网络边缘，用户可以在非常少的跳数内访问这些资源，从而实现实时互动、低延迟和即时响应、位置感知等，在互动媒体和视频流方面有很大的应用潜力。

随着 5G 和工业互联网的快速发展，新兴业务对边缘计算的需求十分迫切，支持边缘计算的视频流应用有助于加速实现技术的商业化，本节就以爱奇艺边缘计算平台为例，介绍边缘计算在视频流方面的应用。

4.3.2 边缘计算平台 IPES 架构介绍

2019 年初，爱奇艺 HCDN 团队开始设计实现边缘计算平台——IPES（intelligent platform for edge service），平台对海量设备资源进行统一的管理和分配，能够提供更靠近用户端的 PaaS 能力。

设计初期，IPES 考虑至少要有两个原则，即支持海量异构设备以及支持云边协同，同时，也要能够利用不支持容器环境的设备资源隔离运行 Native 程序。具体来说有节点管理功能、应用管理功能、任务调度功能和公共服务功能。

（1）节点管理功能。

包括设备接入、节点信息、状态投递以及应用的信息和状态投递。

（2）应用管理功能。

包括应用部署，可以使用 Docker、Native 或函数应用部署，并同步云端期望状态，同时提供离线自治功能。

同时，应用管理功能提供按需灰度、版本依赖、资源限制、自动扩展的支持。

（3）任务调度功能。

任务调度功能包括函数任务实时调度下发，函数任务定时触发，并提供多种接口，包括任务回调接口、任务回传文件接口以及任务投递状态接口。

（4）公共服务功能。

公共服务功能包括常用功能，如日志采集、服务健康检查、消息路由以及分布式存储。

IPES 抽象架构如图 4-16 所示，通过 UI 或命令行对资源和应用进行操作。

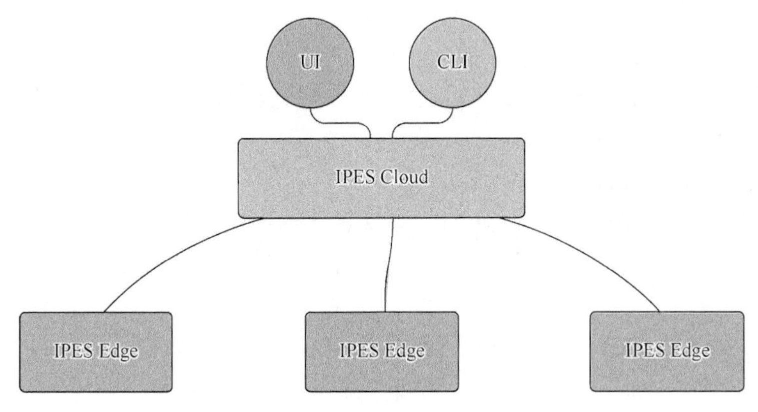

图 4-16　IPES 抽象架构[34]

IPES 的云部分借用了 K8s API 服务器的架构，如图 4-17 所示，它由以下核心部分组成。

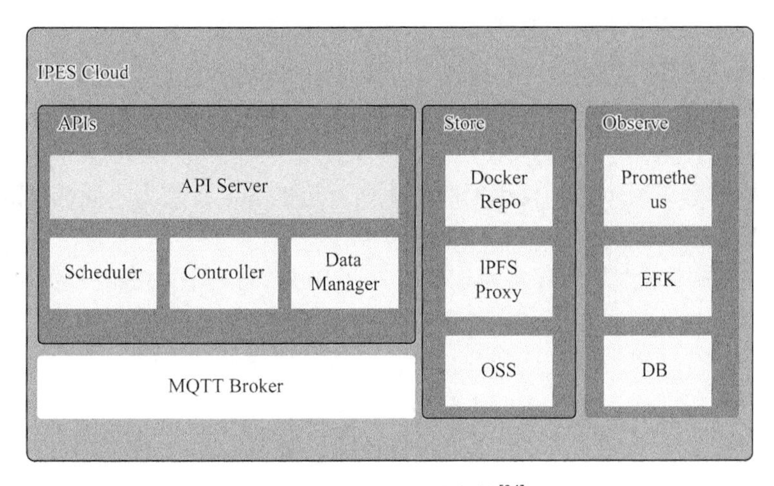

图 4-17　IPES 云端架构[34]

（1）API 服务器。

API 服务器是资源、应用和任务发布的统一入口，提供认证、授权和访问控制等机制，方便应用端或设备端使用。

（2）控制器。

控制器负责维护应用实例的状态，如匹配应用状态、匹配实例数量、按资源使用量自动扩容等。

（3）调度器。

调度器（scheduler）负责筛选符合要求的资源，并根据所需状态将应用或任务调度到相应的设备资源上。

（4）数据管理器。

数据管理器（data manager）消费所有从边缘交付的数据，并对其进行处理，以产生不同模块所需的数据。

（5）MQTT Broker。

MQTT Broker 是一个基于 MQTT 协议的云端集群，负责与边缘的所有 MQTT 代理保持通信，是云边协作的重要组成部分。

（6）存储。

存储（store）部分可以看作一个应用商店，其中 Docker Repo 支持 Docker 镜像管理，并使用内部云服务；IPFS 代理支持分布式上传和拉取数据，减少云端的请求和带宽压力。

（7）观测。

观测（observe）是基于 Prometheus 和 EFK 框架等内部云服务构建的，包括服务健康检查以及服务日志收集。

运行边缘节点的设备往往在硬件和软件环境等方面差异很大，给统一部署和资源管理带来挑战，例如：

（1）架构上，大多数边缘设备使用低功耗的 Arm 架构或 Mipsle 架构，需要进行架构适配；

（2）操作系统版本上，使用的版本不同，可能各设备使用不同的 Linux 发行版或定制剪裁的 Linux 内核；

（3）网络条件上，边缘设备可能没有外部 IP 或端口，网络条件不如数据中心；

（4）健壮性上，可能遇到人为的或不可预测的电源和网络中断。

因此，IPES 边缘端除了适配各种异构设备和操作系统，还需要做到离线自治，即和云端断开连接时也不会影响已有服务的正常运行。另外，IPES 采用了证书和加密机制来保证数据的安全。在部分不支持 Docker 的设备上，则使用 Native + CGroup 的方式进行资源限制。

IPES 边缘端架构如图 4-18 所示，由以下核心组件组成。

（1）Master。

边缘侧的主进程，提供本地 API 接口，负责所有模块和应用的生命周期，基于 Native 和 Docker 两个应用引擎，并支持 Native 和 Docker 应用的混合部署。

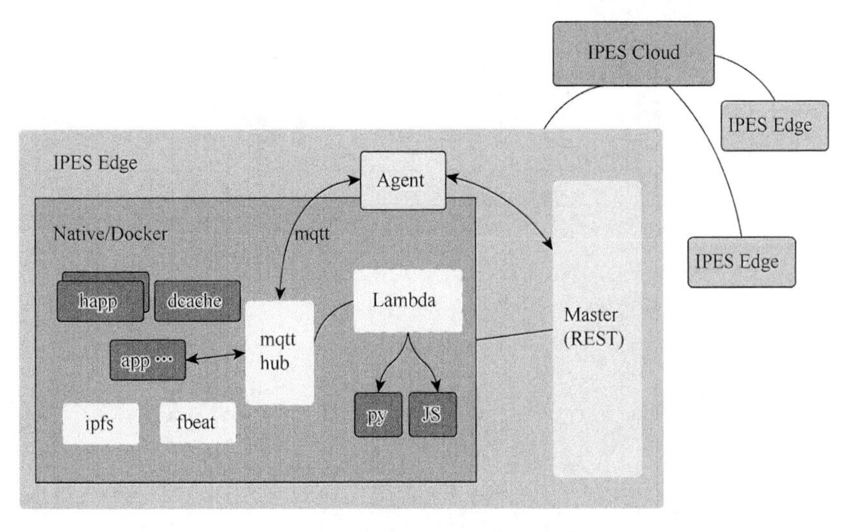

图 4-18 IPES 边缘端架构[34]

（2）Agent。

维持边缘和云端之间长连接的组件，主要作用是加密的双向通信，是云端协作的重要组成部分。

（3）Lambda。

函数计算的 Runtime 组件，支持 Python 和 JS 函数代码的运行，以及功能任务的队列管理、定时触发、状态投递、任务回调等。

（4）MQTT-Hub。

边缘侧的 MQTT 代理，支持消息订阅发布的应用程序之间的通信，包括第三方应用程序和 Lambda 组件。

（5）IPFS。

基于内容寻址的开源分布式组件，IPFS 分布式网络构建在边缘侧，可以提供应用数据下载和上传功能，减少对云端的请求和带宽压力。

（6）Filebeat。

轻量级的基于文件内容的日志收集模块，支持对日志进行实时过滤和处理，并回传到云端。

从应用方的角度来看，IPES 边缘节点分层架构如图 4-19 所示。

IPES 边缘计算服务平台能够轻松地连接到多种设备，并且能够部署各种应用。目前，IPES 已经连接了数百万台不同的设备，CPU 架构包括 x86、ARM、Mipsle 等，并且支持 Linux、Windows 和 OpenWrt 等多种操作系统。平台不仅支持点播缓存应用，还支持多种其他功能，如直播缓存、视频会议和广告违规物料检测等。

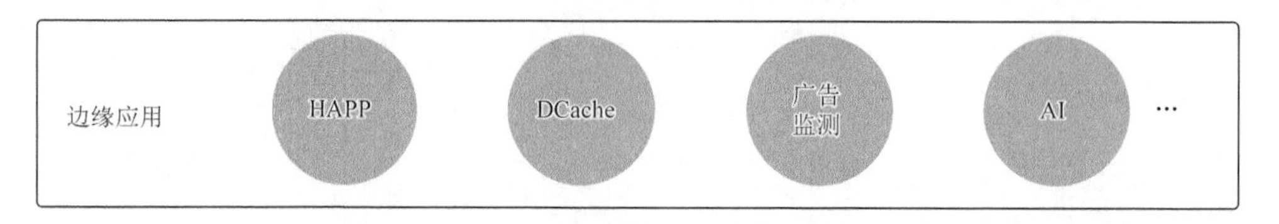

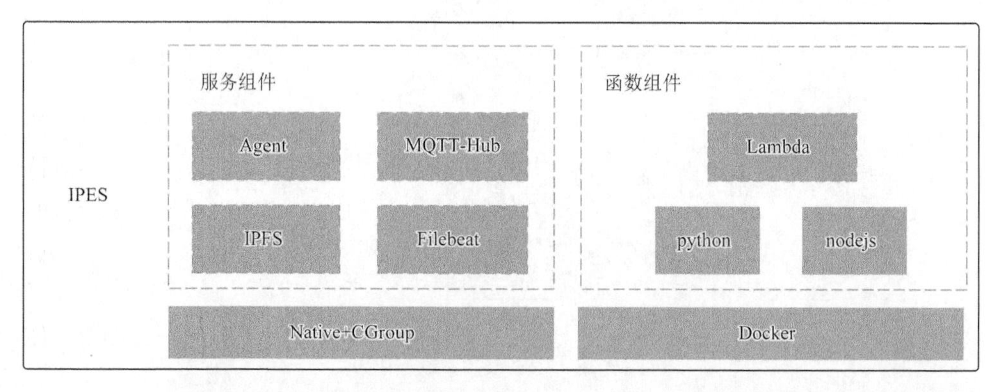

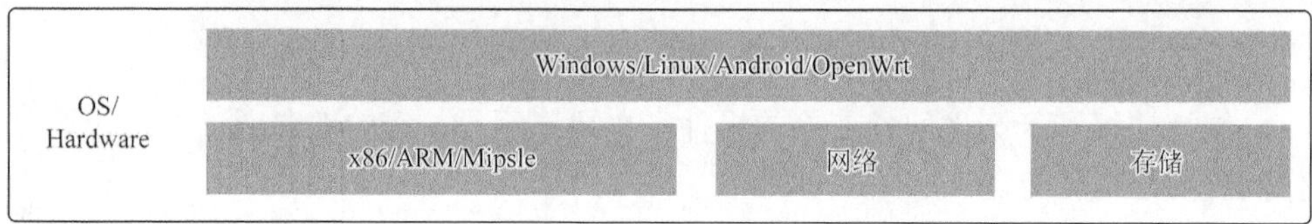

图 4-19　IPES 边缘节点分层架构[34]

4.3.3　视频点播应用场景

随着技术的发展，用户对于更加高清（4K、8K）、更具可视性的内容的需求日益增加，从传统的电子媒体，如网页、TV、OTT 到各种移动设备，视频的传输成本也在不断提升。为了保护内容版权、提高 QoS 和促进业务发展，HCDN 团队从 2014 年开始设计并实施混合 P2P 和 CDN 技术的 HCDN 架构，以建立大规模分布式存储网络，并陆续将存储上传节点程序进行升级改造，使之能够更充分地利用各类异构的设备资源，并作为独立的边缘缓存应用，通过 IPES 平台进行部署和管理，为用户提供多样化、高质量、流畅的影音内容。

HCDN Inside App 位于 IPES 边缘，它可以有效地支持边缘缓存，如图 4-20 所示。边缘缓存应用的运作机制可以从两个方面概括：供应方与需求方。右半边是供应方，供应方分配资源来满足特定需求，资源按照一定的策略在边缘存储设备中分配，可以是主动的，也可以是根据实际情况自适应调整的。左半边是需求方，也就是资源消费流，资源被不同的终端消费，如手机、PC 和 OTT，用于播放视频内容。

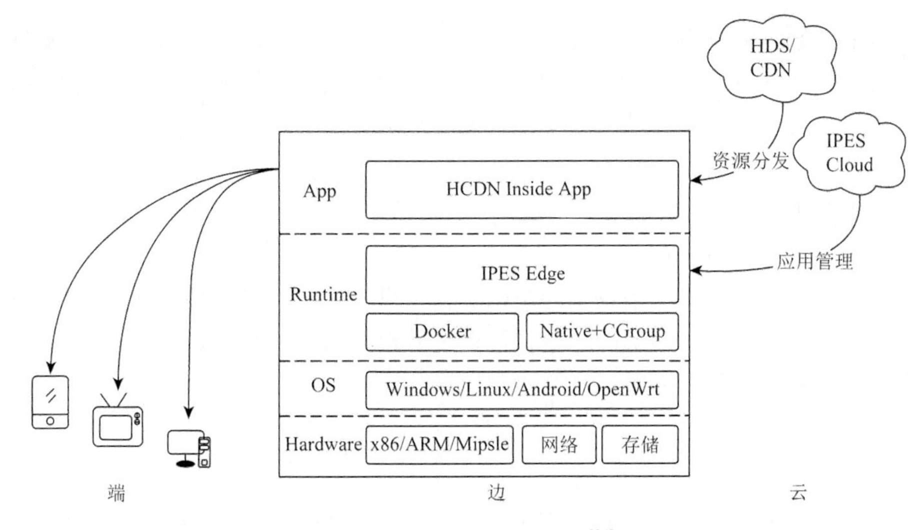

图 4-20　IPES 云边端架构[34]

毫无疑问，数亿视频用户的需求侧需要各种各样的、庞大的资源，而供应侧的边缘存储节点虽然已经取得了一定的进步，但仍然有局限性。为了满足这些需求，HCDN 提出了一种基于云端 HDS（hybrid distributed storage）的存储分发调度策略，如图 4-21 所示，它能帮助端更加高效地访问和管理边缘缓存节点上的资源，同时又能最大限度地减少资源的消耗，从而提高系统的性能和稳定性。

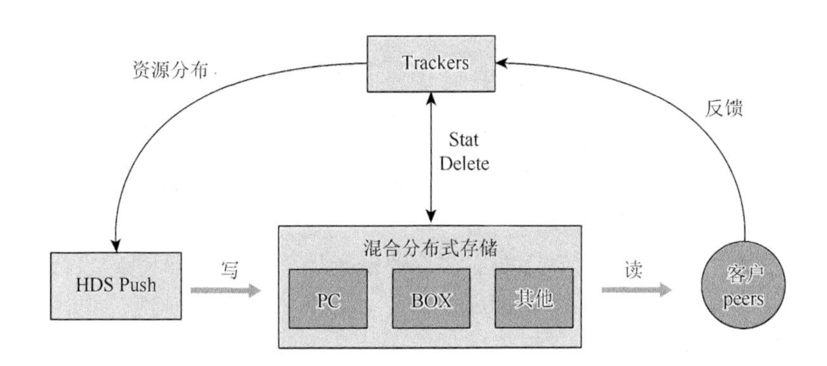

图 4-21　HCDN 的云端 HDS 存储分发调度

通过将供应端、需求端以及边缘缓冲节点组合在一起，形成一个庞大的分布式存储分发网络。需求侧（peers）对获取的边缘节点和资源进行读取，并反馈给网络中的大脑 Trackers，根据边缘节点的位置、数据的稀少程度以及需求侧的反馈，Trackers 能够根据实际情况来调整传输的数据量。供给侧（HDS push）通过 Trackers 的决策结果，将数据写入存储网络。

基于海量的下沉边缘存储设备实现云边端的协同作用，实现资源的统一管理、智能调度和共享带宽，为不同的端上应用提供稳定的适配服务，从而极大地改善了视频观看的体验，降低带宽成本，显著提升网络性能。

4.3.4 案例业务价值

平台不仅可以满足点播场景的边缘缓存需求，而且可以支持其他业务场景的边缘应用，通常采用容器部署，这样可以有效地将云端（存储、转流）能力推向边缘，从而实现更多的功能。

1. 直播镜像

由于直播的时间跨度有限，瞬时压力大，它的存储分布特征与点播场景大相径庭。仅仅依赖传统的 CDN 技术，预留的直播资源无法满足突然增加的直播请求，可能会导致直播的流畅度受到严重的影响，从而导致视频质量大幅下降。

边缘计算技术的优势显而易见，例如，覆盖范围广、距离用户更近、云端协作调度的灵活性、弹性等。它能有效地解决压力和延迟的问题，并且能够降低带宽成本。所以，在 IPES 上部署直播镜像，能够有效地分流直播流量，降本增效。

2. SFU（selective forwarding unit）/RTCDN（real-time CDN）

新冠疫情对全球产生了深远的影响，传统的线下活动转变为线上活动，视频会议的需求迅速增长。此外，近年来，直播也重新成为一个热门话题，许多明星和网红纷纷开展了自己的直播带货活动。

爱奇艺提供了一种基于 WebRTC 协议的低延迟互动直播和会议 RTCDN 服务，如图 4-22 所示，它采用 SFU 级联模式，可以有效地提升实时性，同时，该框架可以满足不同网络状况下，从推流端到拉流端各种业务场景的需求。

爱奇艺基于 WebRTC 协议构建的低延时互动直播和会议 RTCDN 服务，主要采用 SFU 级联模式。SFU 可以提高实时性，同时级联框架可以覆盖推流端（主播或视频会议演讲者）到拉流端（观看者）的不同网络状况，满足不同业务场景的需要。

IPES 可以对 SFU 进行调度，使得 SFU 离推流端和拉流端更近。为了保证服务的可靠性，IPES 还提供全面的服务健康检查、稳定性评估以及其他相关功能，最大限度地减少边缘节点健壮性对服务质量的不利影响。

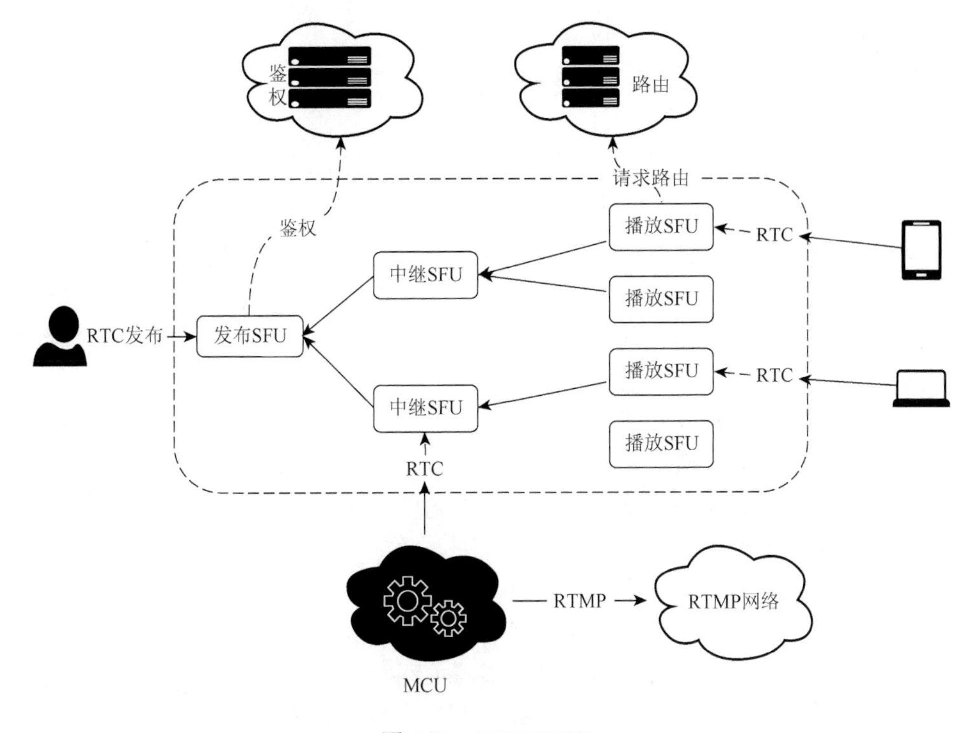

图 4-22　SFU/RTCDN

3. 广告违规物料检测

为了更好地保护广告客户的利益，广告平台需要对发布的广告物料进行审核和检查，避免违规和不良内容的出现。但是，如果在云端完成这项工作，很容易导致资源浪费和响应时间过长的问题。为了解决这些问题，将不适合终端的工作转移到边缘是一种有效的方法。这样可以将检测脚本部署到离用户更近的边缘节点，实现更快速和准确的违规物料检测，并且避免了云端资源的浪费。

除了功能层面的考虑，还需要注意 HTTP 恶意劫持等网络安全问题，以避免广告页面的内容被篡改和植入不良信息，影响用户的浏览体验，在边缘节点上加强网络安全防护，特别是对数据传输和存储进行加密和保护。通过综合运用技术手段和安全策略，可以有效地实现广告物料的检测和管理，保护用户的隐私和权益。

在实际应用中，可以使用 IPES 平台的函数计算组件来实现 Python 和 JS 功能代码的部署。通过云端的接口，可以轻松地实现对不同函数任务的发布和追踪，从而更好地管理和优化函数的执行情况。这种方式不仅能提高违规物料检测的准确性和效率，还可以降低采购成本，并为广告客户提供更加优质的服务和体验。

4.4 KubeEdge 智慧停车

4.4.1 案例应用背景

实现智能交通的目标不仅仅是改善城市的空间布局和道路状况，更重要的是建立一个基于先进软硬件技术的、可靠性强的管理体系，以满足各种不同的环境下的多样化需求。麦肯锡咨询公司的研究表明，在边缘计算领域，交通运输业的占比最为突出。

随着城市交通数据的不断增长，人们对于及时准确的交通信息的需求也越来越大。然而，将所有的数据都传输到云端，不仅会导致大量的带宽消耗，还会造成延迟，而结合边缘侧的技术，能够更好地利用路网的实时情况，以及有限的资源，为用户提供更准确的信息和指引。

智慧停车的应用中，边缘计算在停车场控制系统、车联网等方面扮演着重要角色，影响着未来泊位数和路面交通规划。但是，停车场应用面临着许多挑战，例如，网络布局、停车场规模和计算资源需求不同等问题，这要求应用程序具备良好的可扩展性、版本控制和灵活部署能力。另外，不同的停车场采用的采集技术、运营主体和收缴费策略也不同，这使得停车场应用必须具备满足各种复杂需求的能力。

此外，在停车场建设的过程中，需要根据项目要求、物理位置、道路规划等因素合理安排网络布局。对于规模较大的停车场，可以考虑采用专线接入，但是对于出入口距离较远、道路分隔不方便的停车场，则需要更加谨慎地考虑开挖和铺设线路的问题。网络的质量和可靠性也是关键因素，市政施工等因素可能导致网络断电和断网，这将给停车场系统的稳定性和可靠性带来极大的挑战。

随着城市的发展，停车资源也不断丰富，从公共道路停车位到商业停车场再到社区停车场和退红空间，每个停车场的前端采集技术、运营主体和收缴费策略都有差异。因此，停车场应用必须具备满足各种复杂需求的能力。完成停车场建设后，针对商业活动和减免停车费用的需求，还需要进行应用程序的定制和更新，这要求应用程序具备良好的版本控制、可扩展性和灵活部署能力。

最后，不同规模的停车场对计算资源的需求也不同。小型停车场可能只有单一通道和几个停车位，而大型停车场可能拥有十几个通道和成百上千个停车位，且可能划分为不同的区域，不同区域的计费方案也不同。因此，为了满足不同的计算资源需求，研发团队需要选购不同 CPU 体系架构的网关设备，这增加了技术栈的复杂性，给研发团队带来了管理上的挑战。

4.4.2 KubeEdge 架构介绍

KubeEdge 是基于 Kubernetes 架构体系实现云原生边缘计算的典型代表，将原生的容器化应用编排和设备管理扩展到边缘，其架构如图 4-23 所示。它建立在 Kubernetes 的基础上，为网络、应用部署和云与边缘之间的元数据同步提供了核心基础设施支持，还支持 MQTT，允许开发者编写自定义逻辑，并在边缘实现资源受限的设备通信。KubeEdge 由一个云部分和一个边缘部分组成。边缘和云部分现在都是开源的。

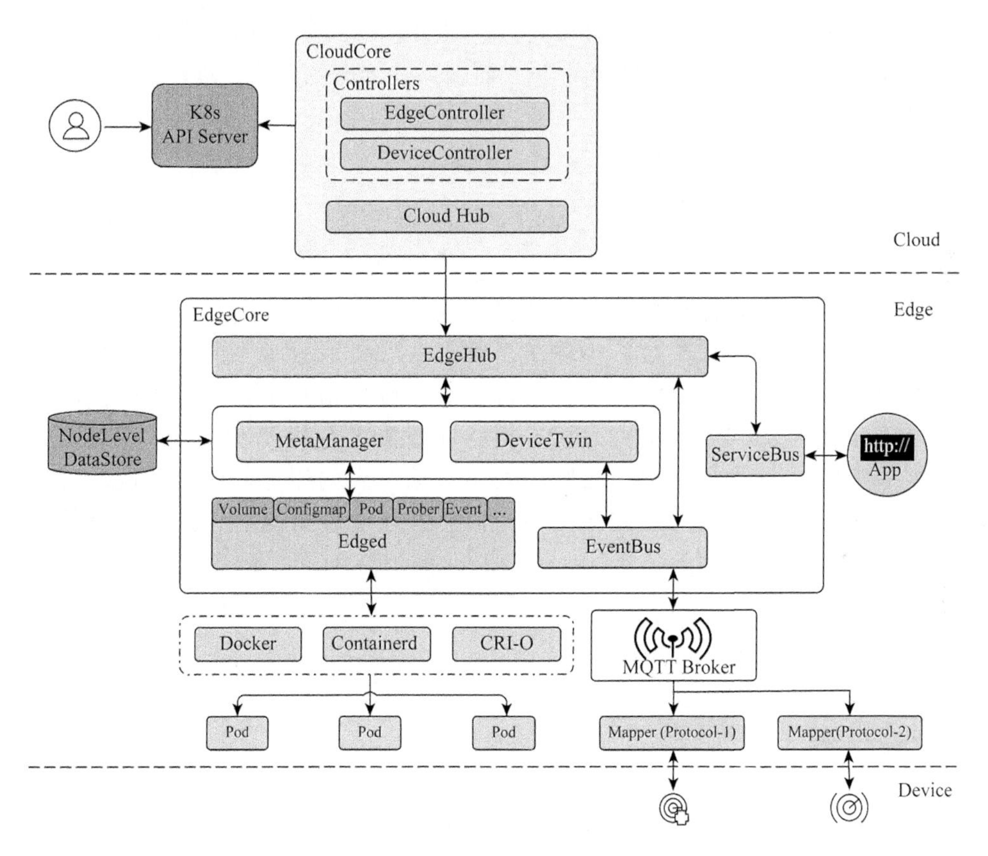

图 4-23 KubeEdge 架构[35]

KubeEdge 由以下组件组成。

（1）Edged：在边缘节点上运行并管理容器化应用程序的代理。

（2）EdgeHub：Web 套接字客户端，负责与 Cloud Service 进行交互以进行边缘计算（如 KubeEdge 体系结构中的 Edge Controller）。这包括将云侧资源更新同步到边缘，并将边缘侧主机和设备状态变更报告给云。

（3）CloudHub：Web 套接字服务器，负责在云端缓存信息、监视变更，并向 EdgeHub 端发送消息。

（4）EdgeController：kubernetes 的扩展控制器，用于管理边缘节点和 Pod 的元数据，以便可以将数据定位到对应的边缘节点。

（5）EventBus：一个与 MQTT 服务器（mosquitto）进行交互的 MQTT 客户端，为其他组件提供发布和订阅功能。

（6）DeviceTwin：负责存储设备状态并将设备状态同步到云端。它还为应用程序提供查询接口。

（7）MetaManager：Edged 端和 Edgehub 端之间的消息处理器。它还负责将元数据存储到轻量级数据库（SQLite）或从轻量级数据库检索元数据。

4.4.3 智慧停车应用场景

1. 整体架构

通过整合路内外停车资源，结合静态和动态交通大数据，志诚公司打造了一个开放的智慧停车平台，为停车场管理者和使用者等不同主体提供了全面的服务和解决方案，以满足他们的需求。平台采用基于云原生的架构，实现了停车场服务的容器化，并且可以根据业务需求将其部署在云计算中心或边缘计算节点，以满足不同的应用场景[36]。云平台的服务、停车场现场的传感器和控制设备以及边缘侧的应用，共同构建了停车云服务体系，其整体架构如图 4-24 所示。

2. 技术实现

停车场边缘侧被设计为一组低耦合的容器化应用，充分利用 Kubernetes 和 KubeEdge 的特性，以满足停车场的功能需求。

如图 4-25 所示，停车场边缘侧部署的应用主要包括以下几个组件：基础服务组、Gateway Broker 网关消息服务、设备集成应用组、存储与上传应用组以及业务应用组。

1）基础服务组

基础服务组采用开源的 Postgres 数据库和 Redis LRU 缓存，以及 Zabbix 和 Zeroconf Service 等服务，提高了数据存储效率和物理机健康监控等能力，以满足不同场景的需求。

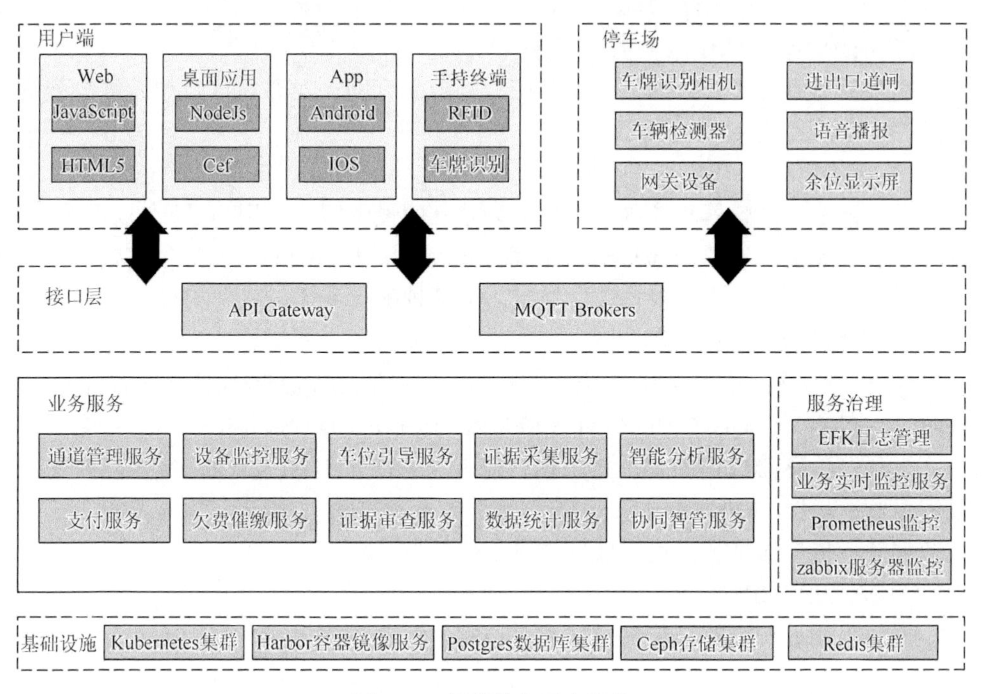

图 4-24　智慧停车平台架构

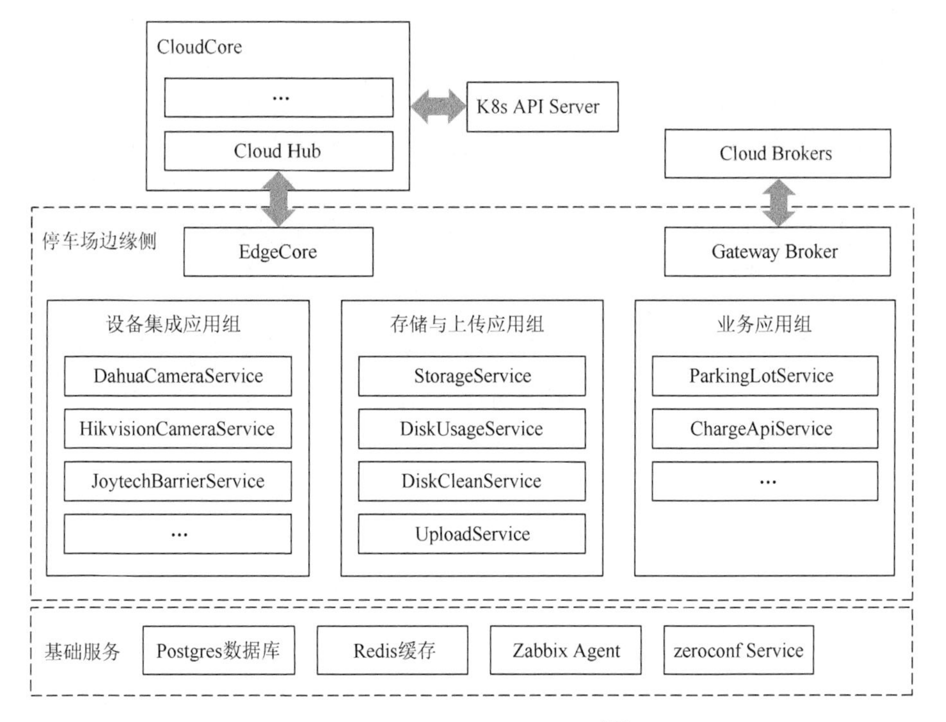

图 4-25　停车场边缘侧架构[36]

2）Gateway Broker 网关消息服务

网关消息服务提供边缘侧各业务应用的消息订阅、发布，以及边缘侧与云侧服务的双向消息透传。

3）设备集成应用组

通过将多种传感器和控制设备集成为独立的设备服务应用，如停车场摄像头、闸门、余位显示器、语音播报器、车辆检测器等，为不同的用户提供高效、灵活的设备服务。此外，还能根据实际情况，灵活地配置所需的服务组件。

4）存储与上传应用组

这些应用分别提供持久化、上传、容量监控、磁盘清理等功能。包括 StorageService、DiskUsageService、DiskCleanService 和 UploadService 等。StorageService 带来了图片、视频等传感器数据的本地持久化存储能力；DiskUsageService 提供实时的磁盘容量监控功能；DiskCleanService 实现了定期数据清理功能；UploadService 负责数据的上传，根据数据优先级别调度上传任务。

5）业务应用组

提供车辆进出场的订单生成、通道控制、缴费计算等。

3. 功能特性

1）边缘侧数据库主从配置

为了满足大型商场、体育中心等规模大、可靠性和安全性要求高的停车场的要求，应该提供双机或多机的热备方案。配置方案如图 4-26 所示，为了实现这一目标，边缘侧部署需要使用两台或更多独立的物理网络网关主机，它们拥有独立的供电和网络，作为 Kubernetes 节点，以实现更加安全和稳定的数据传输。通过使用 StatefulSet 机制，Postgres 和 Redis 缓存应用可以实现应用的重新调度和存储访问，使应用得以继续运行。

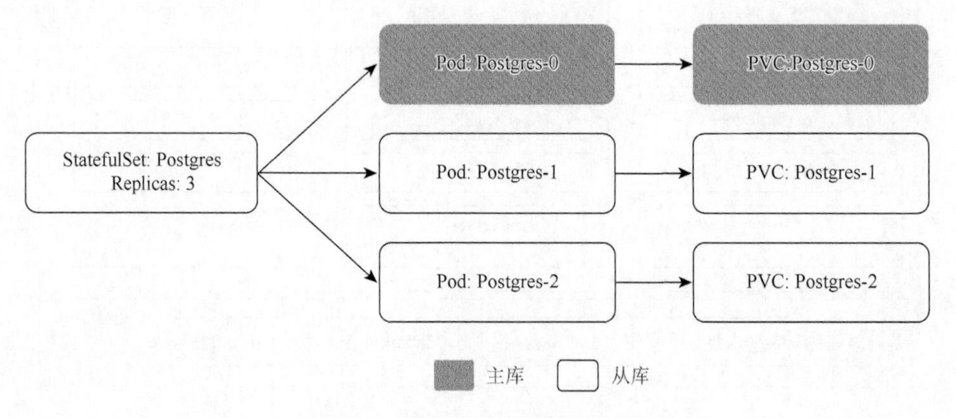

图 4-26　边缘侧数据库主从配置

2）多活互备

通过使用 Kubernetes 的 ReplicaSet，可以创建多个副本，从而实现多活互备的方案。ReplicaSet 可以保证应用在设定的副本数量运行，并且能够提供负载均衡和高可用性。

3）同一应用多实例跨节点部署

通过 POD 反亲和性，可以有效地将同应用的多个应用实例部署到不同节点，从而显著提高停车场管理应用 ParkingLotService 的可用性。尤其当停车场边缘侧存在多个节点时，这种方法更加有效，因为它能有效地将多个应用实例分散到不同的节点上。对于一些小型停车场，如果只有一台网关设备（单节点），那么就可以利用云 Kubernetes 集群来部署应用实例副本，这样既能节省成本，又能极大地提升应用的可用性。

4）关联应用同节点部署

在停车场边缘，ParkingLotService 与 DeviceService 之间存在着密切的联系，它们通常被部署在同一个节点，以此来提高应用之间的交互效率，并且迅速完成事件处理和控制输出。采用 POD 亲和性调度规则，可以将多个相关应用集成到一台服务器上，从而显著提高网络传输效率。

5）根据边缘节点的属性分组部署

因停车场建设时期不同，边缘节点的 CPU 体系架构可能是 x86_64，也可能是低功耗的 aarch32 或 aarch64，要部署的应用版本完全不同。停车场内的相机、道闸等型号也会影响部署的应用版本。依据边缘节点的地理位置、设备类型、功能属性、性能等分属不同的分组，打上不同的标签，在应用部署时利用 NodeSelector 的能力，将应用部署在对应 label 上的边缘节点上。

6）新节点自动安装部署

在 Kubernetes 中定义应用部署，独立于具体的节点。应用根据节点的标签将期望的应用部署在对应的节点上。新的节点上线后，可以自动（或后期手工维护）将其打上同样的标签，K8s 系统可以立刻将应用自动部署在新上线的边缘节点。

7）多停车场联动

在一些特殊的场景中，由于多个停车场的边缘节点之间需要实时通信以及数据交换，例如，大型社区，它们被划分成若干小组，其中包括母场与子场的嵌套，而且还会进行分段、分区域的收费，因此，在进行数据处理时，必须将相关的停车场数据纳入考虑。KubeEdge 的 EdgeMesh 模块可以有效地实现跨节点的流量转发，不仅可以减少资源的消耗，而且能实现更加紧凑、高效的服务发现功能。EdgeMesh 的强大功能使得多个停车场的信息能够实时传输，周边的交通指示牌也能及时响应，从而为驾驶者提供精准的停车指引和收费服务。

4.4.4 案例业务价值

通过“一区块一策略一方案”的指导思想，实施团队可以灵活地根据停车场的规模、周转率调整，并采用一台或多台具有较高算力的边缘网络设备，构建一个灵活的边缘计算平台，从而满足不同的停车场需求，同时降低建设成本。采用 MQTT 进行基础的网关设备通信，具有低成本、稳定性强、带宽利用率高的特点，而 Kubernetes 的容器编排技术，让停车场系统的安装更加便捷、更加可靠。

总的来说，边缘计算为云平台提供如下能力。

1. 停车场设备智能接入

实现进出口摄像机、车辆检测器等传感器数据的收集和上报，以及闸机、余位显示屏、语音播报等控制单元的联网控制。

2. 业务数据的双向同步

通过与云端的实时交互，可以获取停车场、通道、车辆白名单等基本信息，对进出场的车辆信息进行预处理，生成停车订单，并依据相应的计费方案来计算费用。此外，还可以实现双向同步，以确保数据的一致性和准确性。

3. 短时离线工作能力

在短暂的离线状态下，尽可能地为车主提供服务，包括但不限于开启入口、白名单及免费订单的出闸、停车场的离线收费等。在网络恢复后，再实现数据的自动同步，以确保云端与边缘端的数据一致性，提高系统的整体可用性。

4. 负载均衡和高可用性

弹性部署的方式实现了负载均衡和高可用性，关键业务能满足“单点多活”、“云-边”异地多活等场景。这可以有效地降低系统停机时间，提高停车场业务的可靠性。

5. 持续交付、快速部署和更新应用

通过将 Kubernetes 与 KubeEdge 相结合，可以实现完整的容器化应用，从而显著提高停车场业务的效率，并且进行持续的交付，同时还可以自动部署、更新、回滚边缘节点以及进行有效的运维管理。

第 5 章　应用加速技术

网宿 APPA（application accelerator），即“应用加速解决方案”，是自主研发的产品，主要通过传输层的传输控制协议（transmission control protocol，TCP）或用户数据报协议（user datagram protocol，UDP）加速技术处理，实现对各类应用系统互联网访问优化的加速解决方案。APPA 致力于解决企业各类信息化业务系统使用过程中出现的数据访问慢、业务体验差及应用不安全等问题，适用于各种行业专用的生产系统、办公系统、数据上传下载以及其他互联网应用的加速。

此外，网宿 APPA 所使用的接入网络的方法和中央服务器技术已经获得了国家技术专利。

5.1　行业现状和挑战

5.1.1　行业现状

在互联网高速发展的今天，越来越多的传统行业开始“出网”，逐步将内部的业务流程和外部的商务活动与互联网结合起来，依赖互联网来从事营销、渠道、产品、运营等商务活动。与此同时，互联网化也从各个层面给企业带来了改变，如增加企业的销售途径，优化销售业务；通过内部互联网化提升运营效率，增加商业机会；通过社会化客户关系管理（customer relationship management，CRM）增强对用户的理解和控制能力；运用更强有效和友善的方式创建品牌价值……

企业信息化正向企业互联网化逐步演进，互联网营销、协同、通信、管理等各个维度直接影响着企业的运营和发展。互联网技术为企业信息化带来的不仅仅是 IT 基础设施的虚拟化、动态和高效率，更重要的是推动组织架构和流程的优化、经营模式和理念的转变。

5.1.2　传输瓶颈分析

随着企业信息化与互联网化的不断融合发展，互联网中传输的数据流日益增大，支持的网络协议也越来越丰富。而实际的基础网络带宽远远跟不上互联网数据传输需求的增长，网络瓶颈愈发明显，具体主要表现在以下几个方面。

1. 传输协议效率低下

传统 TCP 协议是基于早期网络带宽较小的环境设计的，在当前互联网数据大爆发的背景下，传统 TCP 协议已经出现了瓶颈，例如，接收端处理慢、被动重传、确认字符包（acknowledge character，ACK）消耗大量带宽等，导致传输效率低下，无法再满足当前的数据传输需求。

2. 跨网传输壁垒

运营商之间的互联互通存在限制，仅少数大运营商可以实现相互通信。而且运营商针对跨网传输的内容都做了流量限制，导致跨网访问时延高。

3. 应用协议多样化

随着互联网应用的快速普及，很多应用开发商采用的应用层协议各不相同，传统 CDN 只针对 HTTP 加速已无法满足当前很多应用的加速需求。

4. 实时交互需求增长

企业的众多业务数据均属于实时动态交互数据，网络实时交互需求不断增加。传统 CDN 技术从源站拷贝内容进行缓存，达到空间换取时间的加速技术已经无法满足当前这类动态交互应用的加速需求。

5. 跨区域访问

大量的业务涉外企业都存在跨区域访问的数据传输需求，容易受到跨区域网络环境复杂、线路拥塞等问题的影响，导致数据传输过程中的时延高、丢包率大等问题，显著降低了用户体验。

6. 网络传输波动大

运营商骨干网传输路由较为固定，在用网高峰期时，传输数据量过大导致网络访问拥塞不堪。同时，某个地区机房或光纤故障也会导致服务失效。网络故障层出不穷，无法避免。

7. 数据传输安全性要求日益凸显

互联网迅速发展，与此同时互联网带来的安全隐患也越来越突出。在开放的网络环境下传输的数据极易遭受攻击，导致数据被篡改、信息泄露、源站崩溃等问题。如何有效地保障源站安全也是每个企业不可避免的问题。

5.2 产品介绍

5.2.1 产品简介

APPA 基于网宿全球云加速服务平台，利用网络优化、协议优化、链路优化、源站负载优化以及网络安全加固等多项顶尖互联网技术，实现所有基于 TCP/UDP 传输层协议的各类应用系统的加速服务，大幅提升应用系统访问速度，有效增强应用系统访问的高效性、可用性和稳定性。

5.2.2 产品适用行业与场景

网宿 APPA 致力于解决各类基于传输层（TCP、UDP）协议的、实时动态数据交互的应用系统在互联网上遇到的传输缓慢、可用性低、安全性差等问题。网宿 APPA 方案设计的整体目标如下所述。

（1）实现实时动态数据交互加速，提升各类应用系统的访问速度。

（2）通过全网探测的智能路径调度，为用户提供稳定优质的访问服务。

（3）缓解运维资源压力，提高网络稳定性，改善网络安全性。

该产品应用于各行各业基于传输层的实时动态数据交互的业务场景，例如，移动应用程序（application，App）、企业生产业务平台、文件和数据传输、实时消息交互等，具体如图 5-1 所示。图中涉及的其他概念包括企业资源计划

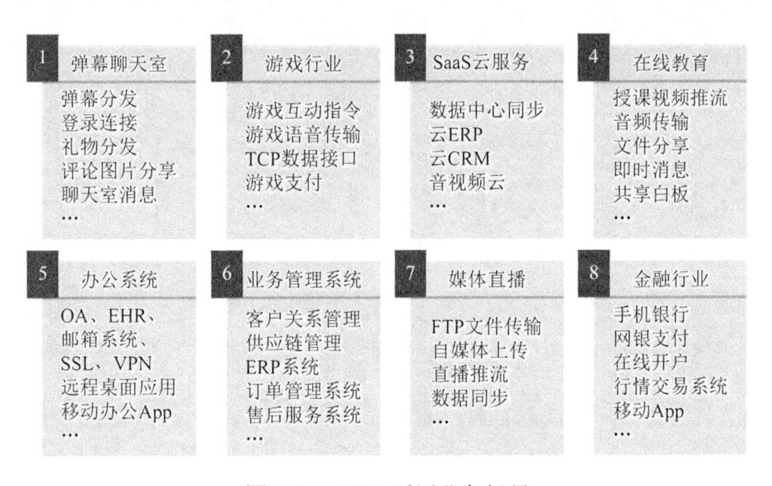

图 5-1　APPA 适用业务场景

（enterprise resource planning，ERP）、办公自动化（office automation，OA）、电子人力资源管理（electronic human resource，EHR）、安全套接字层（secure sockets layer，SSL）、虚拟专用网络（virtual private network，VPN）。

5.2.3 产品技术架构

网宿 APPA 在全国及海外各 CDN 节点上均部署专用的 APPA 服务器组成 APPA 网络加速平台。APPA 产品支持域名接入、设备接入、客户端软件等多种接入方式，将用户流量导流至网宿智能加速平台，融合路由优化、链路优化、协议优化、内容优化等多种广域网优化技术，对客户应用软件或业务整体加速和实时优化。

APPA 产品制定了完整的业务服务体系，可以划分为核心功能与服务、增值服务两大类。核心功能与服务主要包括传输优化、路径优化、内容优化、基础安全防护等；增值服务则包括传递用户 IP 回源、IP 黑白名单、带宽统计分析等。此外，APPA 产品还有一套完善的支撑服务体系。具体产品服务业务架构图如图 5-2 所示。

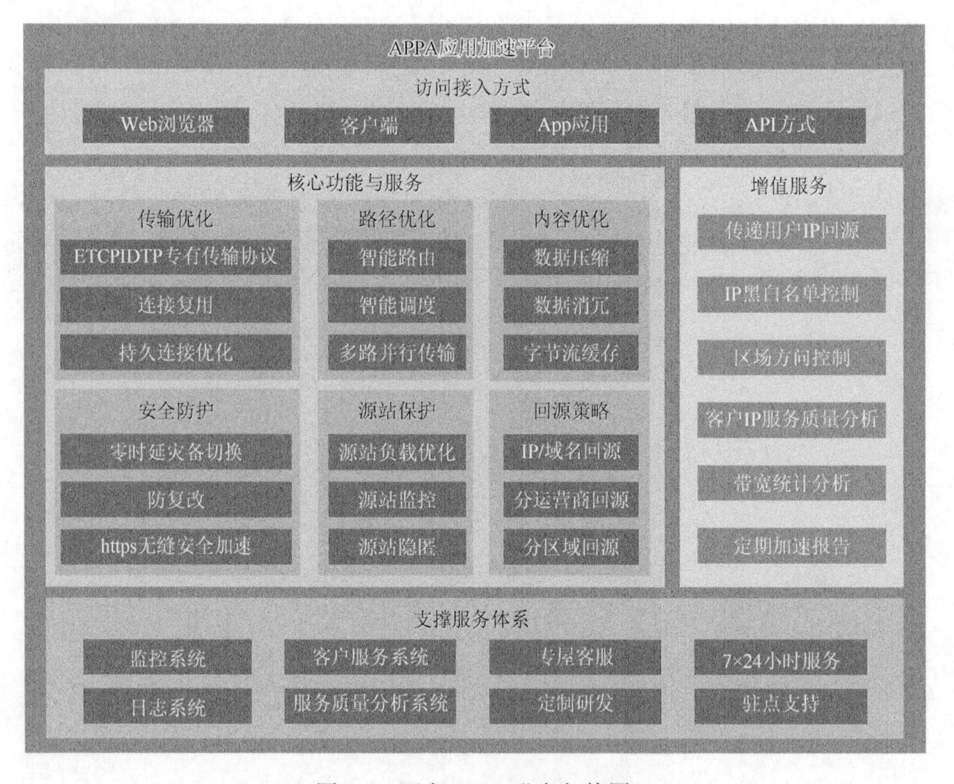

图 5-2 网宿 APPA 业务架构图

5.3　产 品 功 能

5.3.1　全球资源覆盖

1. 全球网络业务提供商（internet service provider，ISP）加速网络

网宿依托在北美洲、南美洲、欧洲、亚洲、大洋洲、非洲、东南亚等国家和地区建设的超过 1500 个加速节点，为客户建立了一张全球智能服务网络，解决各 ISP 之间互联互通的问题，可以让每一个用户从全球各个角落快速接入。

2. 全球负载均衡，提供最佳服务节点

全球负载均衡（global load balance，GLB）技术提供了一种对多个地域不同服务器群（多个节点）负载均衡的服务。根据距离远近、节点负载最轻等多种策略，可将客户的请求导向整个 APPA 网络中的最佳节点。此外 GLB 还能对所有 APPA 节点的健康状况进行检测，一旦发现节点故障，及时将其切换到可正常服务的节点上，保障客户系统的高可用性，为客户提供稳定、优质的加速服务。

5.3.2　动态加速技术应用

1. 链路优化

传统的网络传输一般采用单路传输，当网络出现波动以及大并发访问时，易造成用户访问不稳定，甚至导致访问失败。如图 5-3 所示，网宿科技自主研发了

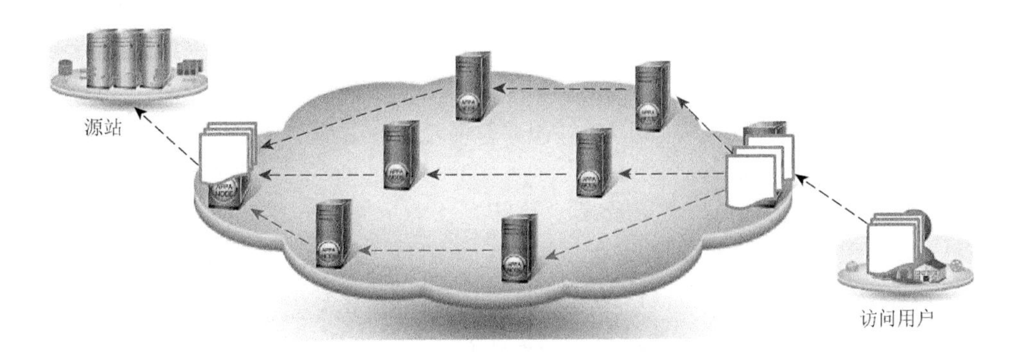

图 5-3　链路优化示意图

多链路安全传输技术，充分利用终端到源站建立多条连接来进行数据传输，不仅提升了数据传输效率，也避免了单链路故障导致的网络稳定性问题。

2. 路由优化

公网默认路由存在偶发故障、低连通、高延时问题，这些问题严重影响请求的响应速度，用户请求的服务质量不能得到很好的保证。

为了提高请求的响应速度，如图 5-4 所示，网宿自主研发了路由最优选择技术。APPA 智能加速平台通过对遍布全网的加速节点进行全局探测，实时加权计算智能传输通道，避开公网故障或目前正在拥塞的路径，自动选择节点到源站总耗时最短、稳定性最好的路径回源。同时下发多条路径，当某条链路传输出现波动会自动切换到其他备用链路进行传输，不会对用户访问产生影响。保证数据的最佳传输效果，解决传输路径过长、网络质量不稳定的问题，保证用户的每一次传输路径都为最优。

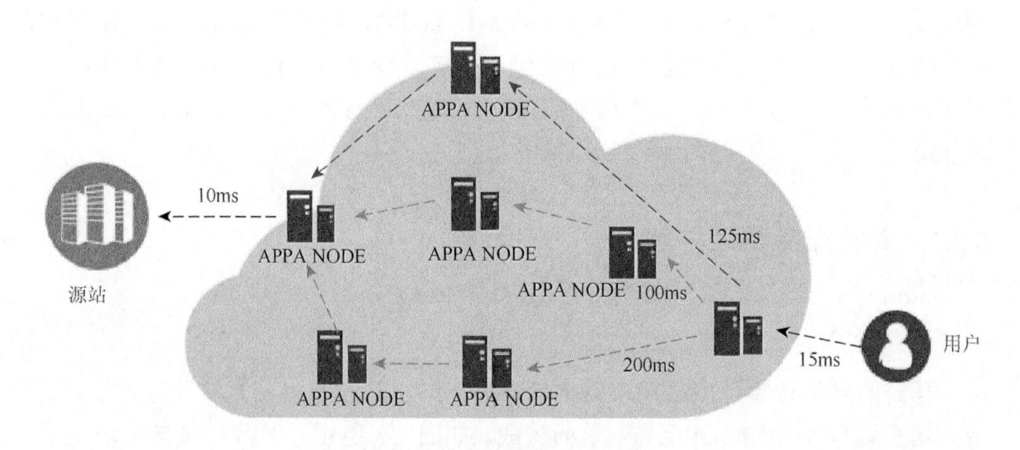

图 5-4 路由优化示意图

3. 协议优化

网宿 APPA 是基于传输层的优化加速产品，其在传输层上采用了网宿自研的高效传输控制协议（efficient transmission control protocol，ETCP）和可靠传输协议（dependable transmission protocol，DTP）。ETCP 主要对传统 TCP 协议的关键算法、丢包探测和重传机制等进行了优化，而 DTP 主要对传统 UDP 协议的关键算法、丢包、网络带宽资源利用率等机制进行了优化，从而保证在互联网不断变化的网络环境下，顺畅、优质地进行数据传输。表 5-1 和图 5-5 展示了网宿 ETCP 和传统 TCP 的区别和网宿的优化。

表 5-1　网宿 ETCP 与传统 TCP 对比

行为	传统 TCP	网宿 ETCP	ETCP 优点
启动机制	慢启动	快速启动	快速启动，更智能地适应网络环境
关键算法	加速递减/自适应算法	快速重传/快速恢复	更全面、及时地处理丢包事件
丢包重传	被动探测/延时恢复	主动探测/及时恢复	避免延时，增强协议稳定性，保证服务质量
拥塞控制	被动的事后拥塞控制	专用的智能拥塞控制	主动避免网络拥塞，减少传输高点，降低网络延迟

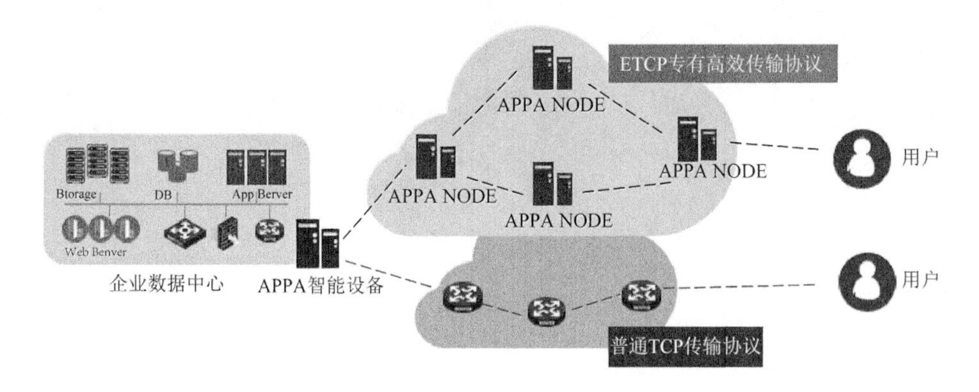

图 5-5　TCP 协议优化对比示意图

4. 内容优化

网宿科技基于多年的数据处理技术应用，自主研发数据压缩技术。经接入节点进行数据压缩，显著减少了传输过程中的数据量，并于出口节点处进行解压缩处理，不仅实现传输效率的提升，同时保障了用户数据的完整重现，达到用户体验较优。

同时，网宿科技结合当前行业领先的字节流缓存技术，通过在边缘节点对字节流进行智能缓存，当访问内容包含相同字节流时，通过键值匹配减少相同字节流的传输，从而实现访问内容的增量传输。

5.3.3　服务器源站优化

1. 多源负载优化

多源负载优化基本原理图如图 5-6 所示，当客户有多个源时，APPA 节点可以判断各源服务器的负载能力，按照一定比例到各源进行请求分流。当多个源分布在不同的地区时，不同地区的 APPA 节点可区分不同的运营商按既定的策略回不同的源站。当源站出现故障或过载的情况时，将智能判断最优源站进行回源，实现多源负载均衡，同时采用队列技术，保障用户访问的稳定性。

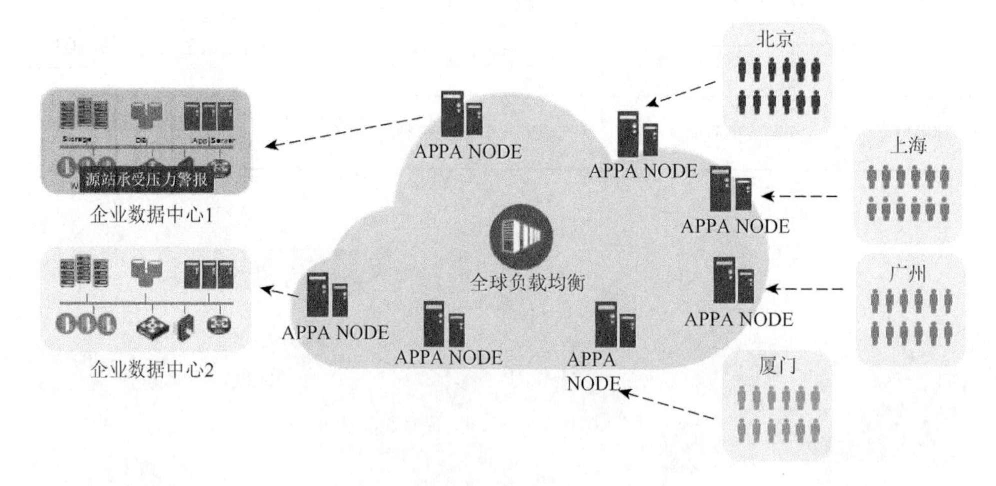

图 5-6　多源负载优化基本原理图

2. 零时延切换

源站出现故障而无法提供服务将会导致部分应用无法访问，从而造成用户使用体验降低、员工工作效率低下甚至客户流失，给企业带来不必要的损失。为避免这种情况的出现，APPA 系统将及时对源站故障进行处理，通过智能网络监控，实时监控主源异常，并启用灾备连接进行零时延切换，切换期间不会对任何一个用户访问产生影响。

5.3.4　基础安全防护

1. 源站隐匿

部署 APPA 加速方案后，向最终用户提供服务 IP 地址均为网宿 APPA 节点，相比 APPA 加速方案部署前的源站 IP 可通过访问直接获得的情况，显著降低了安全隐患。即使发起攻击，APPA 平台也可快速启用安全策略，保障应用服务器安全。

2. IP 黑白名单

通过网宿科技 APPA 平台，依托网宿科技在多年的服务中编制的 IP 黑名单，可以有效地防止恶意用户的行为对网络应用造成的损失。可以设置限制允许或不允许某些 IP 段访问，或将某些 IP 放入黑名单中，并设定锁定的时间周期，在该周期内，这些 IP 的访问都会被有效拦截。从而可以在遭受攻击时更快速地响应，阻断大部分的攻击流量，并快速恢复，保证后续服务能够正常运行。

3. 数据传输安全保障

APPA 也可通过前置防篡改服务器，部署在客户机房处，对发布内容进行实时校验，任何内容上的更改可被及时发现，保证被污染的内容不被发布。同时，APPA 智能加速平台在传输过程中不会对应用层数据包进行拆分，只对数据进行转发而不会缓存在平台节点服务器上，避免非法用户通过 APPA 智能加速平台来检索存储内容，有效地杜绝了内容被篡改。

4. 区域访问限制

客户源站遭遇到黑客攻击时，黑客有时候也存在地域特征，例如，黑客 IP 都来自某个国家或地区。若该客户业务应用的正常访问用户很少来自该国家或地区，则可以针对这些国家或地区进行限制访问。

5.4 产品价值

5.4.1 优化访问，提升用户体验

网宿科技 APPA 基于传输层的应用加速，融合路由优化、协议优化、链路优化、内容优化等多种广域网优化技术，通过网宿科技遍布全球的加速服务节点，帮助终端用户更快地接入最佳服务节点，达到访问服务提速的效果。不仅如此，网宿科技 APPA 还能有效地避免跨地区、跨运营商的瓶颈，解决了网络波动造成的访问不稳定问题，在提升速度的同时兼顾稳定性、安全性。

5.4.2 提高效率，增加企业效益

网宿科技 APPA 能使企业应用平台的响应效果以及传输速度得到明显的提升，增强业务操作的流畅性和系统的负载能力。一方面，提高员工工作效率，促进企业跨区域管理协同，提高生产运营效率；另一方面，可以有效地提升企业各业务平台服务质量，例如，金融交易平台、制造供应链平台，从而使企业经济效益得到大幅增加。

5.4.3　全面覆盖，轻松一键部署

网宿科技 APPA 向客户提供了包括域名接入、设备接入、软件客户端等多种部署方式，可实现分钟级快速部署。客户可根据自身情况灵活选择合适的部署方案，即可体验全面覆盖的加速服务。

5.4.4　精简资源，节省运维成本

网宿科技 APPA 能够帮助企业节省在构建分布式架构、系统应用运维、数据传输安全保障等方面投入的人力、物力、财力成本。该方案不但为企业节省了应对互联网瓶颈所需的投入，同时降低了运营风险。

5.4.5　基础安全防护，稳固监控管理

网宿科技 APPA 的应用可达到对源站 IP 隐匿的效果，使恶意攻击的承受对象转为 APPA 节点服务器，屏蔽和防御针对源站的攻击。与此同时，APPA 平台会对实时网络状况进行安全监控，有效地保障数据传输安全性，保障服务器的稳定运作，从而减少客户因信息安全所造成的损失。

5.5　客 户 案 例

5.5.1　某直播平台互动加速体验

1. 公司简介

某公司是中国最大的具有强明星属性的移动社交直播平台，聚焦 90、95 后生活，每天实时进行互动和分享。2016 年，其虚拟现实（virtual reality，VR）技术专区上线，成为全球首个 VR 直播平台，开启移动直播 VR 时代。独创萌颜和变脸功能，丰富用户交互体验。截止到 2016 年 6 月，该平台的日活跃用户超过 500 万，月活跃用户超过 1000 万。

2. 企业面临的问题

随着平台日活跃用户数不断增长、用户区域分布不断扩大，互动玩家对娱乐体验要求也越来越高，直播过程中主播与观众互动的需求提升，通过互联网进行

实时交互的用户体验需求急剧上升，短暂的卡顿或者短暂的时延都可能给用户带来不好的印象，导致用户流失。具体问题体现在以下几方面。

（1）因网络波动等因素导致用户登录平台、页面切换及加载缓慢。

（2）因网络波动等因素导致用户未能看到自己发表的内容。

（3）入驻主播未能及时看到观众反馈的内容，造成关注度降低。

（4）观众与主播互动时延，造成用户体验差。

3. 解决方案价值体现

（1）导入网宿科技 APPA 应用加速解决方案，有效提升直播互动的用户体验，吸引了更多的主播和观众加入到该直播平台。

（2）实现零改造、零部署、零运维的一点式接入，项目周期短，资源投入少。

网宿科技服务质量监测数据报告显示，整体访问往返时延（round-trip time，RTT）值由加速前的 125ms 优化到 35ms，提升比例达到了 72%。访问往返时延加速前后的效果对比如图 5-7 所示。

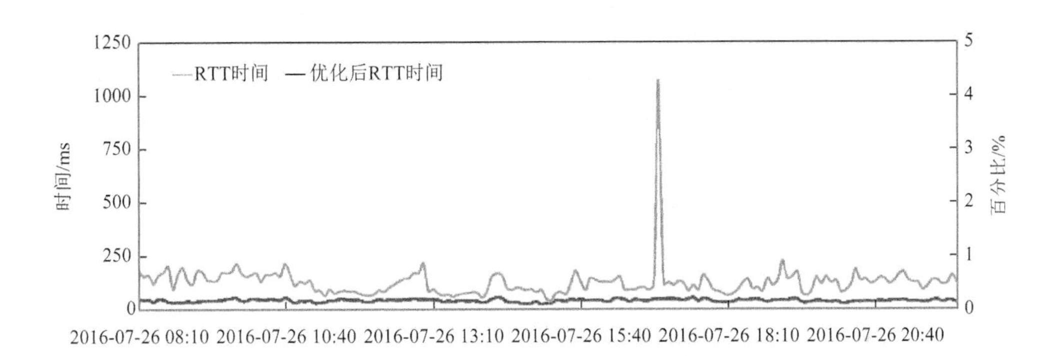

图 5-7　访问往返时延加速前后对比监测图

5.5.2　某游戏公司动态数据加速体验

1. 公司简介

Invasion《战地风暴》是尼毕鲁科技自主研发的面向全球市场的精品手游，是一款以现代战争为背景的全 3D 战争策略手游，也是 Google play 上第一款全 3D 的策略类游戏（simulation game，SLG），获得谷歌官方全球推荐。自 2015 年 3 月上线以来，该游戏在美国 IOS 畅销榜最前排名第 17，并长期稳定在榜单 Top50 左右，游戏玩家主要集中在欧美国家。

2. 企业面临的问题

作为一款重量级 3D 战争手游，游戏包含大量 3D 建模、音效以及精美的动画，玩家在视觉感官以及交互体验的时延上，提出了很高的要求。一方面，Invasion 源站服务器部署在国内，而游戏玩家主要集中在欧美地区，存在大量的跨国指令数据交互。另一方面，跨国传输链路问题经常导致海外游戏玩家游戏连接不稳定、游戏过程时延较高以及掉线等问题，导致全球玩家出现流失，甚至影响公司产品的全球战略规划。

3. 解决方案价值体现

（1）Invasion 游戏玩家主要集中在欧美地区，如英国、美国、德国等，而 APPA 在这些地区有丰富的节点资源。利用 APPA 优质的节点资源覆盖，能够保障 Invasion 游戏玩家就近且快速登录游戏平台、降低游戏登录认证时间。

（2）APPA 采用智能路由选路策略，通过实时网络探测和路径计算为游戏玩家提供最快的跨国访问链路，有效降低游戏过程的传输时延，满足 Invasion 3D 游戏玩家对游戏交互体验时延的高要求。

（3）APPA 采用 TCP 长连接机制，从而有效地保证游戏互动连接的稳定性，解决 Invasion 游戏连接不稳定及数据交互失败的问题。

（4）在导入 APPA 游戏加速方案后，海外游戏玩家访问的速度以及稳定性有了明显的提升，平均响应时间提升超过 200%。加速前后平均响应时间的效果对比如图 5-8 所示。

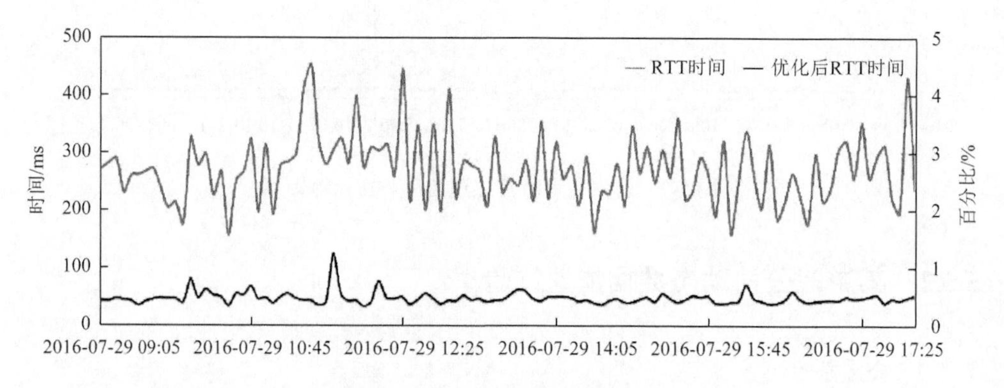

图 5-8 平均响应时间对比监测图

5.5.3 某云 ERP 服务提供商加速体验

1. 公司简介

该公司是一个驰名中外的管理软件服务提供商，已为数百万企业级政府单位提供管理软件及服务咨询，是中国软件行业的领跑者。其提供的 ERP 云服务是基于软件即服务（SaaS）模式的全民业务管理解决方案，用于帮助企业超越传统 IT 架构界限，推动企业转型与发展，降低管理成本，提高企业经营。

2. 企业面临的问题

云 ERP 因为跨国、跨地区的网络协作，时常面临 ERP 访问超时，甚至网页都无法打开的状况。网速慢导致分支机构与总部间数据传输延迟高，速度慢或掉线，严重影响了企业业务的同步性与连续性。在使用过程中，系统响应缓慢主要体现在以下几个方面。

（1）用户接入方式（4G、WiFi、普通带宽接入等）的不确定性、用户本地与数据中心的地理距离等因素，导致用户打开、登录 ERP 系统缓慢、验证时间长等问题。

（2）ERP 系统涉及各种单据（入库单、账单、盘点单、报价单、收货单、工料单等）的处理，对于需要经常导入/导出的单据，用户下载/上传到云端的时间开销相当大。

（3）数据更新不及时，协同办公效率低下。

3. 解决方案价值体现

（1）用户接入 APPA 平台，数据传输将由 APPA 节点负责，保证用户到云端 ERP 间的网络路线最优。

（2）通过优化 TCP 传输协议，避免网络拥塞；同时采用多路传输技术，减少文件上传/下载的时间，文件上传/下载时间加速前后的效果对比如图 5-9 所示。

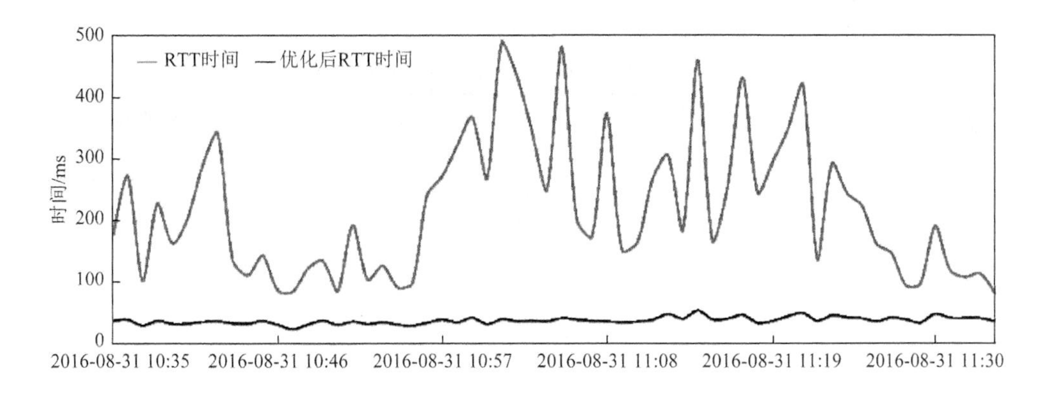

图 5-9　文件上传/下载时间加速前后对比监测图

（3）导入 APPA 加速解决方案后，系统响应时间得到大幅度提升，提升效果明显。

5.5.4 某证券公司交易系统加速体验

1. 公司简介

该证券公司总部位于中国改革开放的前沿城市——深圳，是一家全牌照综合券商，也是深圳首批荣获规范类券商资格的证券公司。该公司在北京、上海、广州、深圳、杭州等金融产业核心城市均设有营业网点，在国内遍布 30 多家营业部。

2. 企业面临的问题

（1）开户信息延时，视频开户效果差。

（2）用户交易频繁，但交易系统经常登录缓慢甚至失败，有时还会出现登录后又掉线等问题。

（3）用户交易订单提交缓慢，延时导致错过最佳交易时间，给用户造成损失。

（4）在交易高峰期，经常出现用户集中反馈系统连接失败或者交易失败的问题。

3. 解决方案价值体现

（1）经过网宿科技 APPA 加速后，增强了源站的安全性，同时显著提升了交易速度。

（2）加速后建连时间、首包时间、内容下载时间都大幅缩短，具体数据如表 5-2 所示。

表 5-2 某证券公司交易系统加速前后时间对比

选项	交易系统-网宿/s	交易系统-源站/s	时间缩短比例/%
建连时间	0.024	0.062	61.29
首包时间	0.039	0.094	58.51
内容下载时间	1.662	3.722	55.35

经由 APPA 加速后平均响应时间与源站相比，大体上有显著缩短，如图 5-10 所示。

5.5.5 某建设集团 SSL VPN 加速体验

1. 公司简介

某建设集团总部设在杭州，并在四川、重庆、云南、福建、安徽等地设立了

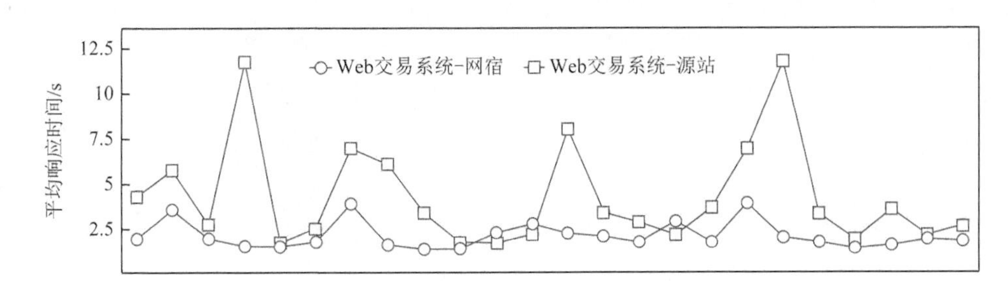

图 5-10　加速前后性能对比示意图

分支机构，在越南、土耳其、尼日利亚、肯尼亚、埃塞俄比亚等国家都设有驻外办事机构。随着企业的不断发展，公司的国际市场开拓也越来越广。

2. 企业面临的问题

随着海外业务的不断拓展，海外办公人员也越来越多，通过互联网协同办公成为公司的核心管理手段之一，但是由于公网连接带宽瓶颈、网络波动等问题，海外用户访问国内公司内网使用 SSL 和 VPN 时，出现登录缓慢、访问延时等问题给员工协同办公带来很大困扰，严重影响办公效率。

3. 解决方案价值体现

通过导入网宿科技 APPA 加速解决方案后，无论从员工的应用体验还是报告显示，系统访问体验度都显著提升，源站可用性也有稳定的提高。

（1）加速后建连时间、首包时间、内容下载时间都大幅缩短，具体数据见表 5-3。

表 5-3　SSL VPN 加速前后性能对比

选项	平均响应时间/s	访问成功率/%
源站	3.617	96.74
网宿	0.638	99.90
变化	82.36%（缩短）	3.27%（提升）

（2）加速后平均响应时间比源站缩短了 82.36%，显著提高了办公效率。

（3）提高了网络稳定性，访问成功率高达 99.90%，比源站提升了 3.27%。

（4）加速前后平均响应时间和访问成功率对比如图 5-11 所示。

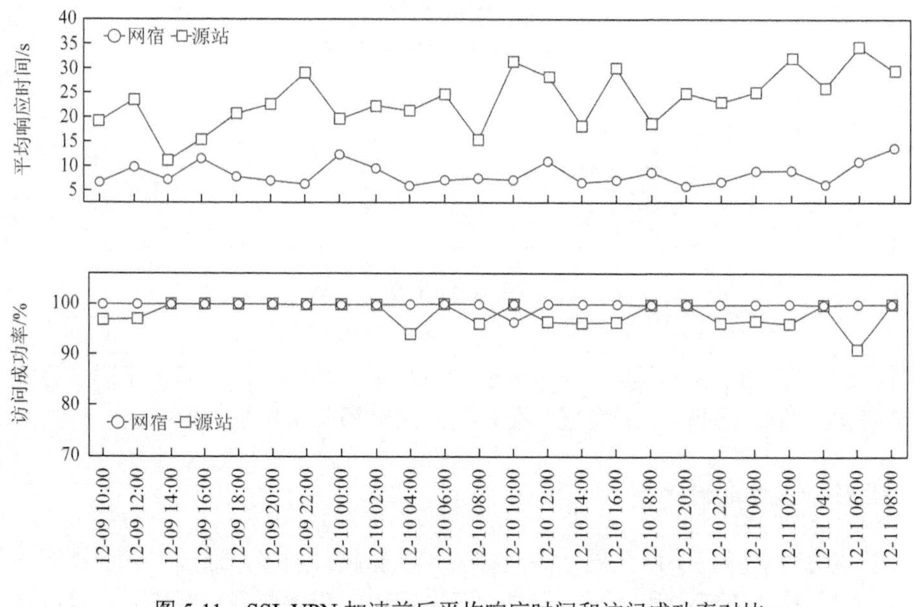

图 5-11 SSL VPN 加速前后平均响应时间和访问成功率对比

5.5.6 某大型通信集团 App 应用加速体验

1. 公司简介

该公司总部位于深圳，是国内顶级通信服务提供商，其在北美洲、欧洲以及东南亚等地均设立了分公司，公司员工更是遍布全球各地。

2. 企业面临的问题

为了实现企业管理的协同，公司投入大量资金打造网络办公平台，其中多个应用平台已经采用移动办公 App，但是由于移动互联网不稳定等原因，用户体验效果不佳。

（1）系统登录缓慢、登录失败。

（2）移动办公处理响应慢，甚至网络端口导致业务处理失败。

（3）项目稳定下载失败，影响公司相关项目的顺利开展。

3. 解决方案价值体现

采用网宿科技 APPA 加速解决方案后，不到三个工作日就完成了相关部署并进入测试。如图 5-12 和图 5-13 所示，终端用户通过直观的体感测试，体验到了访问速度及稳定性的明显提升，不仅提升了员工的工作效率，也给企业注入一股新的竞争力。

天兔场景	对比	平均响应时间/s	提升时间/s	提升百分比/%	感官体验
场景1：登录（从点击登录到输入手势）	未加速	5.284			变快
	网宿加速	2.942	2.342	44.32	
场景2：登录后，加载成就积分页	未加速	2.339			变快
	网宿加速	1.317	1.022	43.69	
场景3：进入“机会点”加载页	未加速	5.185			明显变快
	网宿加速	1.203	3.982	76.80	
场景4：进入“合同”加载页	未加速	3.119			明显变快
	网宿加速	0.913	2.206	70.73	
场景5：查询在线好友/客服（右上角问号）	未加速	2.931			明显变快
	网宿加速	1.097	1.834	62.57	
场景6：搜索客户 （相同字符）	未加速	1.209			变快
	网宿加速	0.517	0.692	57.24	
平均提升效果			2.013	60.19	明显变快

图 5-12　场景加速测试图

运营商	对比	平均响应时间/s	提升时间/s	提升百分比/%	感官体验
中国移动	未加速	5.187			明显变快
	网宿加速	1.345	3.842	74.07	
中国联通	未加速	2.637			变快
	网宿加速	1.399	1.238	46.95	
中国电信	未加速	2.211			变快
	网宿加速	1.252	0.959	43.37	
平均提升效果			2.013	60.18	明显变快

图 5-13　运营商对比测试图

第6章　新型的直播技术

6.1　市 场 痛 点

2017 年 8 月，Adobe 宣布将在 2020 年底停止对 Flash 的全部支持。这对于互联网厂商来说，意味着还在使用 Flash 作为媒体解决方案的厂商不得不寻求新的媒体服务方案。

抛开 Adobe 计划停止对 Flash 的支持不说，如图 6-1 所示，根据 Statista 的 The End of the Flash Era 数据统计，近年来互联网使用 Flash 的网页占比走向也呈下降趋势[37]。

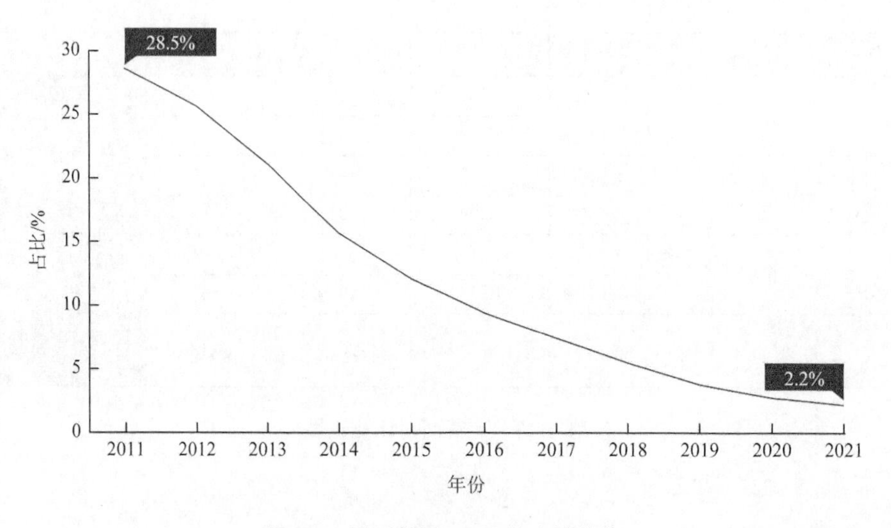

图 6-1　网页使用 Flash 的占比趋势

同时，尽管 Flash 仍是互联网媒体方案的最常见的选择，但与新技术相比，不可否认，还是存在很多的缺点：

（1）对任何平台或浏览器都不是原生的，需要安装第三方插件才能实现视频通话；

（2）完全依赖媒体服务器进行视频数据传输；

（3）易受攻击，很多恶意软件都是通过 Flash 传播的；

（4）不是所有设备都可以运行 Flash 应用，在移动端上问题更为明显；

（5）绝大多数使用 Flash 的实时通信都是公司私自开发，一旦出现问题并没有太多资料可查，显著增加了开发成本和时间；

（6）Flash 在 CDN 侧的时延在 1s 以上，对于互动直播来说并不适用；

（7）Flash 无法完美地解决屏幕共享问题。

幸运的是，互联网为此准备了多年，出现了如 HTML5、JavaScript Libraries、WebRTC 等技术。

6.2　市 场 规 模

全球领先的技术研究和咨询公司 Technavio 最近发布了题为 *Web Real Time Communication*（*WebRTC*）*Market by Service and Geography-Forecast and Analysis 2022-2026* 的报告。报告显示，2021～2026 年，网络实时通信（web real-time communication，WebRTC）市场份额预计将增加 392.2 亿美元，市场增长势头将以 48.35%的复合年增长率加速[38]。

当前 WebRTC 在各个行业上的应用越来越广泛，主要包括在线教育、视频会议、保险取证、远程医疗等领域。而 WebRTC 作为一项技术，其市场规模取决于该技术所应用行业的市场规模。中商情报网数据显示（图 6-2），2020 年，我国在线教育市场规模保持稳定增长，达到 4858 亿元，同比增长 55%，2022 年我国在线教育市场规模达到 5901.9 亿元[39]。

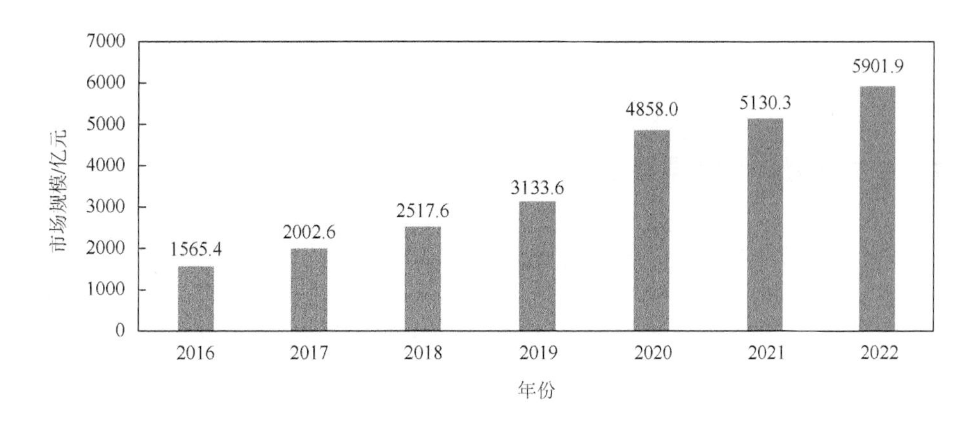

图 6-2　2016～2022 年中国在线教育市场规模

WebRTC 技术单在在线教育领域就有如此大的市场规模，可见其发展潜力。除此之外，视频会议和泛娱乐直播行业等也是 WebRTC 的发力点。

6.3 市 场 趋 势

随着 WebRTC 1.0 发布、微软和苹果这两家世界巨头的加入，WebRTC 的生态具备了快速发展的条件。一些 WebRTC 技术服务商预测了未来 WebRTC 的几个趋势。

6.3.1 跨平台兼容

当前 PC 端两大主流操作系统 Window 及 Mac 都已宣布支持 WebRTC。如果浏览器的兼容性不再是问题，那么将会有更多的公司及开发人员加入，相应的 WebRTC 的开发需求将会剧增。

6.3.2 提升可靠性

随着 WebRTC 1.0 的发布，新的 API 和标准也寻求减少 WebRTC 实现之间的差异，从而提高稳定性。Web 平台测试项目和 Kite 测试套件等创新将为我们提供更稳定的 WebRTC。

6.3.3 更多编码器选择

当前 WebRTC 支持 H264、VP8 及 VP9，后续 AV1 也将是 WebRTC 编码器的选择之一。

6.3.4 支持物联网领域设备

自推出以来，WebRTC 的采用量不断增加。虽然这种增长仅限于计算机、平板电脑和智能手机，但人们越来越有兴趣将其功能移植到物联网领域的设备使用，如医疗设备、无人机、物联网设备；换句话说，任何带有处理器和浏览器的载体，都可以用来处理需要实时传输的信息。

6.3.5 机器学习和增强技术集成

未来我们可能看到 WebRTC 结合机器学习的应用场景，例如，识别呼叫者/被呼叫者的面部，关注编码资源以维持和改善屏幕的特定区域中的质量；利用语音分析生成来自呼叫的问题和关键字等数据。另外，WebRTC 也可能与增强现实（augmented reality，AR）技术的应用程序相结合，例如，一个销售应用程序，向潜在客户展示一件新家具摆放在家中的效果，或者一辆新车观看停放它们车库的效果。

6.4 业界现状

WebRTC 是一个优缺点兼有的技术，在拥有诱人的优点的同时，其缺点也十分明显。

1. 无整体技术方案参考

缺乏服务器方案的设计和部署。

2. 传输质量难以保证

WebRTC 的传输设计基于对等网络（peer to peer，P2P），难以保障传输质量，优化手段也有限，只能做一些端到端的优化，难以应对复杂的互联网环境。例如，对跨地区、跨运营商、低带宽、高丢包等场景下的传输质量基本是"靠天吃饭"，而这恰恰是国内互联网应用的典型场景。

3. 没有对群聊进行专门优化和支持

WebRTC 比较适合一对一的单聊，虽然功能上可以扩展实现群聊，但是没有针对群聊，特别是超大群聊进行任何优化。

4. 音频的设备适配问题

设备端适配，如回声、录音失败等问题层出不穷。这一点在安卓设备上尤为突出。安卓设备厂商众多，每个厂商都会在标准的安卓框架上进行定制化，导致很多可用性问题（访问麦克风失败）和质量问题（如回声、啸叫）。

5. 对 Native 开发支持不够

WebRTC 顾名思义，主要面向 Web 应用，虽然也可以用于 Native 开发，但是由于涉及的领域知识（音视频采集、处理、编解码、实时传输等）较多，整个框架设计比较复杂，API 粒度也比较细，连工程项目的编译都不是一件容易的事。

6.5 WebRTC 介绍

6.5.1 产品由来

WebRTC 是一种支持网页浏览器进行实时语音对话或视频对话的技术，是谷歌 2010 年以 6820 万美元收购 Global IP Solutions 公司而获得的一项技术。2011 年 5 月开放了工程的源代码，在行业内得到了广泛的支持和应用，成为下一代视频通话的标准。

6.5.2 WebRTC 特性

WebRTC 实现了基于网页的视频会议，标准是 WHATWG 协议，目的是通过浏览器提供简单的 JavaScript 就可以实现实时通信能力。

（1）方便。给支持 WebRTC 的浏览器提供一个原生 API，不需要插件就可以与网络摄像头交互。对于那些不支持 WebRTC 的浏览器，可以使用插件来提供与 WebRTC 平台的连接。

（2）独立于设备和平台。如果用户在自己的设备上运行支持 WebRTC 的浏览器，就可以使用 WebRTC 并且分享自己的媒体。

（3）因为它对浏览器的原生特性，开发一个基于 WebRTC 的应用相对简单，可以缩短上线时间。

（4）WebRTC 是一个开源技术，用户可以获取到任何所需要的东西，可以给开发者更多的灵活性。

（5）有很多 WebRTC API 的实现，其中一些实现可以对很多用例提供已经搭建好的基础设施，给用户更加自由的选择。WebRTC 没有与任何私有协议或者平台捆绑。

（6）WebRTC 拥有一个活跃的开发社区，可以快速地修复发现的问题，用户可以很容易地在网上找到对 WebRTC 问题的支持。

6.5.3 WebRTC 体系架构

从图 6-3 中可以看到，WebRTC 的体系架构由上而下可以分成 7 个部分：Web App（Web 应用）、Web API、WebRTC 接口层、会话管理层、语音引擎、视频引擎和传输模块。

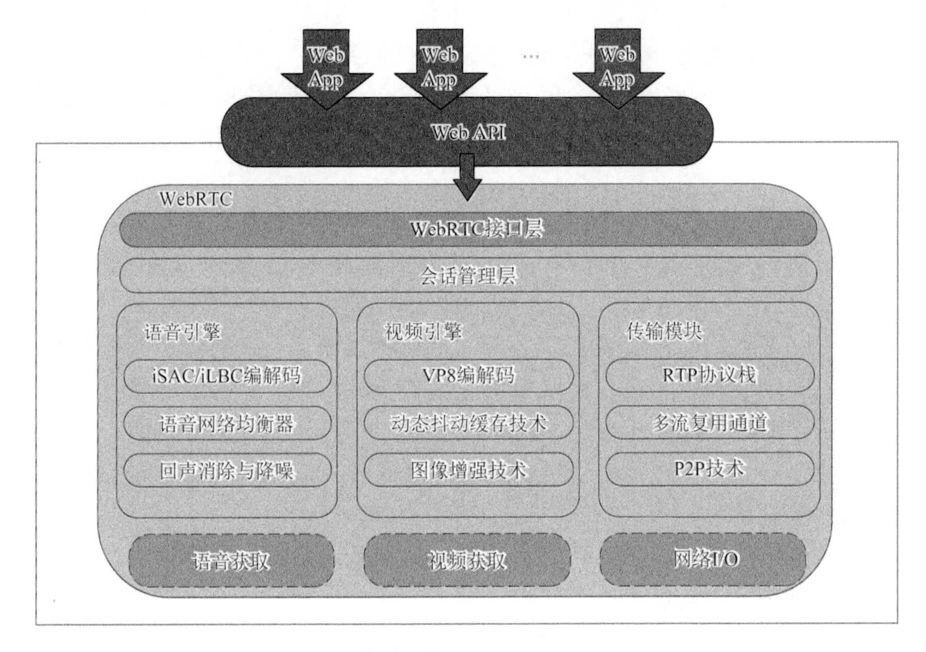

图6-3 WebRTC体系架构

1. Web应用

Web应用指的是第三方基于WebRTC提供的Web API（JS等接口）所开发的音视频聊天应用，如微软的Microsoft Edge等。

2. Web API

给第三方开发应用的接口。

3. WebRTC接口层

这是结构中的一个接口层，该层主要是给浏览器开发者提供实现Web API的入口。

4. 会话管理层

会话组件（提供会话管理的工作）由可重用模块libjingle，没有也不要求使用xmpp/jingle协议来组织管理会话。

5. 语音引擎

语音引擎是一个解决声音如何从声卡到网络上传输的数据的框架，其实就是针对声卡上的数据采集、编码和传输等。

（1）编解码。支持 iSAC 和 iLBC 两种编解码器。

（2）iSAC（internet speech audio codec）是一种用于 VoIP 和流音频的宽带和超宽带音频编解码器，iSAC 采用 16kHz 或 32kHz 的采样频率和 12～52kbit/s 的可变比特率。

（3）iLBC（internet low bitrate codec）是一种用于 VoIP 和流音频的窄带语音编解码器，使用 8kHz 的采样频率，20 毫秒帧比特率为 15.2kbit/s，30 毫秒帧比特率为 13.33kbit/s，标准由 IETF RFC 3951 和 3952 定义。

（4）语音网络均衡器（NetEQ）。为了提供高质量音频，WebRTC 提供 NetEQ 功能，包括抖动缓冲器及丢包补偿模块以提高音质，并把延迟减至最小。

（5）回声消除（acoustic echo canceler，AEC）是基于信号处理的一个软功能，在实时采集过程中，存在由麦克风录制时导致的回声。WebRTC 提供 AEC 功能，就是回声消除。

（6）降噪（noise reduction，NR），减少噪声就是降噪的一个过程。一些背景等声音导致噪声，该功能可以降低噪声。

总体上看，其实语音引擎提供设备采集、编解码、加密、声音处理、声音控制、网络传输与流量控制等功能。

6. 视频引擎

视频引擎和音频引擎一样，也是一个解决框架，以实现从摄像头数据采集到网络数据传输以及从网络传输的数据到屏幕显示的过程功能。

（1）编解码。WebRTC 采用 I420/VP8 编解码技术，VP8 能以更少的数据提供更高质量的视频，对视频会议非常适合。

（2）动态抖动缓存技术。用来防止视频抖动的技术应用。

（3）图像增强技术。事实上，视频图像的处理是针对每一帧的图像进行处理的，这其中包括用降噪、颜色增强等技术手段来保证更好的视频质量。

7. 传输模块

传输模块在这里主要分为三个核心模块，如下所述。

（1）RTP 协议栈。由于 WebRTC 提供实时的音视频传输，这里采用了 RTP 协议栈的相关协议，其实就是 RTP/RTCP 等相关的协议，以提供实时纠正和流量控制。

（2）多流复用通道。主要是多个流复用同一个通道的技术应用。

（3）P2P 技术。这里 P2P 相关的技术包含 STUN + TURN + ICE 等通信协议的应用。

6.5.4　网络架构

WebRTC 最初被设想为纯粹的 P2P 技术，旨在通过浏览器在客户端之间直接发送媒体流。但为了能引入更多高级的功能，WebRTC 需要通过服务器端进行处理，例如，用于合规性的集中审查，音频/视频回放，以及用于视频流的媒体分析，从而实现人脸监测、人脸识别等。根据架构，服务器端处理可以优化带宽并最大限度地减少客户端的计算，从而使移动客户端延长电池的使用时间，并为其提供灵活的用户界面。

所以，WebRTC 最常用的网络结构可分为三种：P2P Mesh、MCU（multi-point control unit）及 SFU（selective forwarding unit）。

1. Mesh 架构

如图 6-4 所示，Mesh 架构中，音视频数据流只在终端用户之间相互传输，不经过任何服务器节点，而且每个人都要与其他所有人建立 P2P 连接。也就是，每个终端都需要推 $n-1$ 路流，拉 $n-1$ 路流，整个系统内共有 $n\times(n-1)$路流，系统整体带宽占用相当高，但服务端带宽占用很小（P2P 连通率越高，服务端流量越小）。因此该架构适用于参与人数较少的场景（2～8 人，一般只能支持到 4 个）。

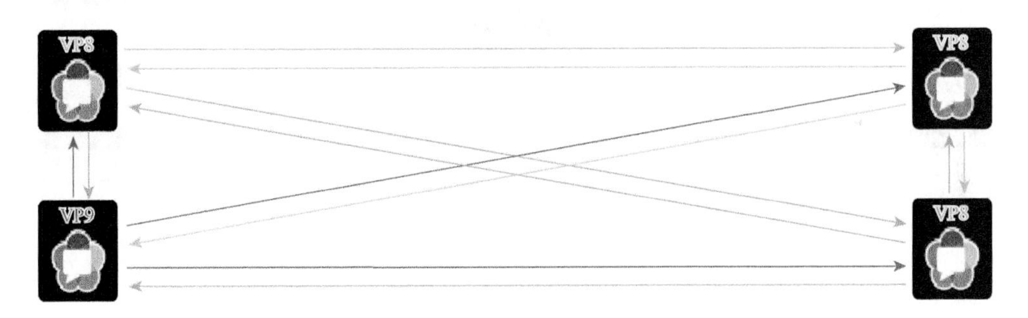

图 6-4　Mesh 架构

2. MCU 架构

如图 6-5 所示，在 MCU 架构中，MCU 是传统视频会议系统中的核心控制单元。MCU 可以对接收到的多路流进行转码和混合，并向每个终端输出单路流，即每个终端只推 1 路流，拉 1 路流（暂且把音频视频一起视为 1 路），带宽占用较低，转码服务器的计算资源占用高，且会产生一定的时延。此种架构一般适合于多人音视频通话场景。

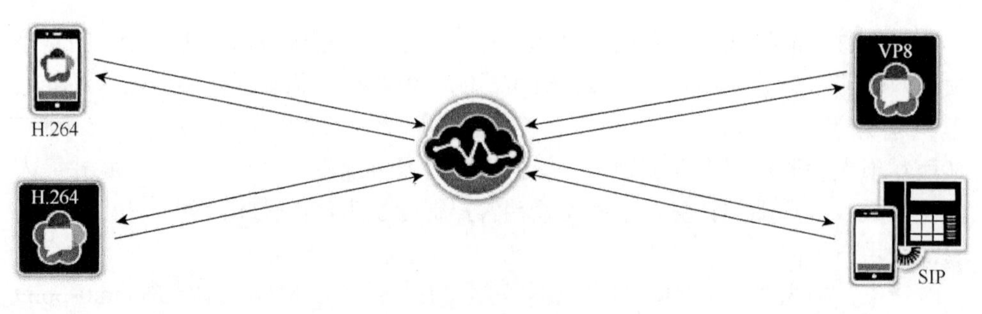

图 6-5　MCU 架构

3. SFU 架构

如图 6-6 所示，SFU 从发布客户端拷贝音视频流的信息，然后分发到多个订阅客户端。换句话说，SFU 只负责分发流，不需要进行合成。从图 6-6 中可以看到，每个终端只推 1 路流，拉 n–1 路流，整体的带宽略大于 MCU 架构，并且没有混流的计算成本。典型的应用场景是 1 对多的直播服务。

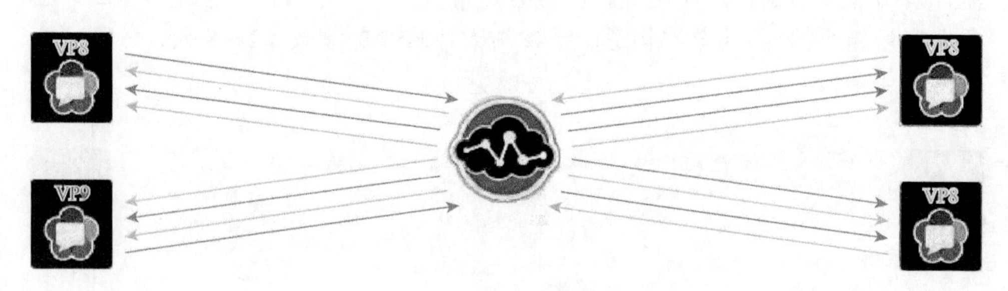

图 6-6　SFU 架构

4. 三种架构特点对比

对比情况如表 6-1 所示。

表 6-1　三种架构特点对比

架构类型	优点	缺点
Mesh	每一个 P2P 连接都有独立的传输策略控制，通信质量有一定的保障	（1）浪费客户端系统资源和端口资源；（2）需要向其他 N 个客户端发送本地音视频数据，增加了上行网络带宽；（3）同等带宽条件下，支持多人通话人数有限，视频码率较低

续表

架构类型	优点	缺点
MCU	（1）节省终端用户的下行带宽。MCU 将接收到的多路流进行转码和混合，并向每个终端输出单路流；（2）对不同网络条件的用户，订制不同码率的输出视频流	MCU 对多路流进行转码和混合，对 MCU 机器性能要求较高，否则可能引入较大时延，降低互动效果
SFU	解决服务端性能问题，不涉及视频编解码，以最低开销来转发各路媒体流	客户端需要对多路音视频进行编解码，对终端设备的性能要求较高，目前性能最好的手机也最多只能支持 7 路

6.5.5 边缘计算下的 WebRTC

1. 边缘资源

对于传统的资源来说，建设 WebRTC 的加速服务需要先在基础资源上经过环境的部署，不同的基础资源因为系统、网络环境等的差异需要做不同的规划，并部署相关的兼容套件后才能启用服务。

在边缘计算的应用下，我们可以做到资源纳管，封装更多不同的资源环境，屏蔽差异化。让服务有更多的资源选择机会，能够选到距离用户更近的边缘资源，减少复杂的长链路网络传输，提升用户体验。

2. 灵活部署

把服务封装到镜像中，通过内部网络加速进行镜像的分发，并实现服务的快速拉起，可实现分钟级的部署。能够根据客户业务服务体量的变化，如热点内容的突发，快速地进行服务资源的扩容，保证业务服务质量。

3. 就近计算

对于直播中可能涉及的如直播流转码等相关的实时计算，以往的转码服务是提前规划好在指定节点位置，对于任务短时增长的支持不够友好，用户的转码也需要传输到指定的节点，多跳的网络路径难免存在偶发的波动。

在边缘计算纳管资源后，我们可以根据纳管内的资源冗余情况，在距离服务节点更近的位置上拉起计算服务，保证转码任务的处理效率，而且能做到根据任务体量快速扩缩腾挪，保障服务的同时还能平衡内部资源的利用率。

4. 高效运维

标准化的边缘计算环境，将底层资源的差异化屏蔽，并建设标准化的上层服务应用。这使得运维更加规范统一，常规运维不需要关心差异化带来的特殊性，效率提升的同时，也进一步增加了系统的稳定性。

第7章　动态内容加速技术

网宿科技全站加速器（whole site accelerator，WSA），是网宿科技自主研发的，集网站动静态内容加速、服务保障、安全防护于一体的高效、稳定、安全的一站式加速产品。WSA可智能区分动静态内容，就近节点获取缓存静态内容，快速回源传输动态内容，实现网站整体加速与实时优化，避开网络拥塞，显著加快访问速度，提高访问成功率，为企业带来利润最大化。

WSA产品于2010年推出后便为很多企业网站解决了速度难题，其使用的加速技术获得了多项国家技术专利。

7.1　产品、行业现状与挑战

互联网网站和应用承载着公司的核心商业价值，网站性能越来越受到企业重视，高性能网站能够增加流量、提高用户体验，最终增加业务收入、降低运营成本。根据调查研究，25%的用户会因为一个网站载入时间超过4s而放弃这个网站；50%的手机用户会放弃一个超过10s还未加载完成的网站；70%的用户因为“慢悠悠的加载速度”而不再光顾这个网站。谷歌发现，搜索页面一旦慢了0.5s，就会导致流量降低20%。对于亚马逊来说，100ms的延迟，意味着减少1%的销售额。

然而在实际业务流程中，网站受到极大的用户体验压力：用户分布广、跨网传输延迟严重造成网站加载速度慢；网络波动不能及时避免、突发访问、机器设备宕机问题带来服务稳定性压力；恶意请求、网站劫持现象频发影响网站安全。在各行各业竞争激烈的前提下，一个体验不好的网站将流失大量用户，直接影响企业的收入与形象。

网宿科技WSA针对政府、企业、金融、电商等网站进行设计，网站无须动静态内容拆分加速，可以一键切换实现全站加速，为用户提供稳定优质的访问服务，同时简化运营、节约成本，提升用户留存率，最终实现增加网站收入。

7.2　产 品 介 绍

7.2.1　产品简介

WSA 融合了动态加速技术、静态网页缓存、源站服务、日志分析、网站质量评测报告、客户服务系统和安全防护等多项产品和技术，对客户网站进行整体加速与实时优化，可显著地提升动静态混合网页的访问体验，满足网络访问速度及稳定性、安全性等多种需求，是高速、稳定、安全、可扩展的网站加速产品。

7.2.2　产品技术架构

如图7-1所示，网宿科技WSA在全国部署专用的服务器组成加速平台，用户请求通过网宿科技全球负载均衡中心解析接入网宿科技WSA平台，平台自动进行动静态内容分离加速，静态文件，例如，图片类型的静态文件通过智能缓存，由边缘节点就近直接响应给用户，动态文件通过网宿科技动态加速技术快速实现与源站的交互响应，通过智能动静态分离加速实现全站加速，提升用户访问体验。

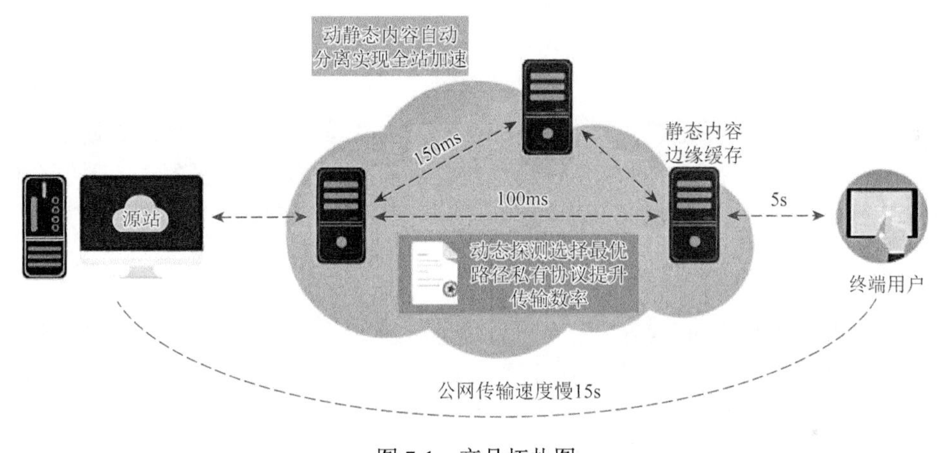

图7-1　产品拓扑图

7.3　产　品　功　能

7.3.1　高效传输加速

1. 智能路由

公网默认路由存在偶发故障、低连通、高延时的问题，严重影响请求的响应速度，使用户请求的服务质量不能得到很好的保证。网宿科技自主研发了智能路由技术，通过对互联网路由进行智能探测，实时掌握网络变化，结合人工智能算法智能地避开公网故障或目前正在拥塞的路径，自动选择节点到源站总耗时较短、稳定性较好的路径回源。有效解决运营商的互联互通问题，实现平滑跨网，提升访问速度，保证数据较好的传输效果，解决传输路径过长、网络质量不稳定的问题。

2. 私有传输协议

网宿科技自主研发传输协议，该协议基于传统的TCP传输协议进行改善，实现快速和稳定地传输数据，实际测试常规动态文件提升比例为30%～130%。

3. 传输内容压缩

通过传输内容压缩技术对网络中传输的数据进行压缩，可以有效地减少网络传输的字节数，缩短传输时间，让应用数据更快地交付。

7.3.2 可用性保障

1. 多点覆盖

WSA平台会储备足够的冗余资源应对线上的突发情况，对每个区域使用多个节点进行覆盖，当所使用的WSA节点发生异常不适合再继续服务时，系统会自动切换到其他可用的节点进行服务覆盖，保证服务的连续性，不影响用户访问。

2. 多源负载均衡

当企业有多个源时，WSA节点可以按照各源的承受能力，按照一定的比例到各源进行请求，当多个源分布在不同的地区，不同地区的WSA节点可以回不同地区的源，如果有个别源站出现故障将自动剔除坏源。

3. 零时延切换

企业个别源站出现问题无法提供服务将导致一部分用户无法访问，造成客户流失，不利于树立网站良好的品牌形象。零时延切换功能可以及时屏蔽故障源，自动切换到其他源来获取资源，切换无任何时延，平滑过渡，不会影响到终端用户的访问。

4. 源站监控

普通的源站监控：采用监控URL对源站服务状态进行监控。

高级源站监控：源监控可以实现4个层面的监控——客户的源站设备是否宕机进行监控、源站网络情况是否异常进行监控、源站HTTP服务是否异常进行监控、源站域名DNS解析过程是否异常进行监控，并可以灵活地进行邮件及短信报警。

7.3.3　优化回源

1. 分布式缓存

网宿科技 WSA 平台由分布在全国各地的运营商节点组成，针对网页中的静态内容，网宿科技 WSA 平台通过智能缓存技术直接在边缘节点将静态内容响应给客户。网宿科技缓存机制可以按客户需求进行针对性的定制，如定制缓存、会话内容缓存、去问号缓存、缓存加固等。有效缓解源站连接压力，加快访问速度，可有效改善用户体验。

2. 连接复用

利用 CDN 节点接收用户连接，再根据实际请求进行回源，例如，100 万个连接，实际连接数仅 10 万个，降低源站 I/O 消耗，缓解源站压力。

3. 有序回源

针对短时间内访问突增的情况，有序回源功能可对服务器回源请求的最高连接数设置阈值，如果所有源站负载均已达到上限、回源请求超出阈值，按发出请求时间先后，有序排队等待回源。可以按用户优先级、区域优先级以及文件优先级排序，以避免源站宕机。

7.3.4　HTTPS 优化

1. 一键证书

网宿科技提供一键证书极速申请，申请下来的证书会自动部署到网宿科技的 CDN 节点上并生效，省去了人工申请证书及人工部署证书的烦琐流程，企业客户可以极速体验和接入网宿科技的 HTTPS 加速服务。

2. 无私钥驻留加速

安全审核比较严格，不方便提供证书私钥给 CDN 厂商，但同时又有 HTTPS 加速需求。网宿科技支持无私钥驻留加速功能，将私钥解密的操作从 SSL 握手中分离出来，交由专门的私钥服务器来处理。客户拥有私钥服务器的管理权而无须将私钥交由 CDN 厂商。

3. 双向认证

网宿科技提供“用户-CDN 节点”和“CDN 节点-源站”两端双向认证功能，全方位保障业务和源站安全。

4. 证书优选

ECC（elliptic curve cryptography）证书具有诸多优势。安全性高：256 位的椭圆加密算法和 3072 位的 RSA 加密算法具有相同的加密强度；加解密速度快：HTTPS 请求速度提升 25%～35%；CPU 占有率少：使用 ECC 的占有率相比使用 RSA 降低 40%～60%。但是目前 ECC 证书的兼容性要差一些，图 7-2 是可以使用 ECC 证书的浏览器。

客户端环境		版本号
操作系统	Windows	Vista+
	MacOs	10.6+
	IOS	7+
	Android	4.0+

客户端环境		版本号
浏览器	IE	7+
	Firefox	2.0+
	Chrome	1.0+
	Safari	4+

图 7-2　可以使用 ECC 证书的浏览器

网宿科技提供证书优化功能，在 CDN 节点部署 RSA 和 ECC 两份证书，在 SSL 握手过程中，根据客户端对证书的支持情况，选择最适合的证书，以达到更好的服务效果。

7.3.5　基础安全防护

1. 数据传输安全

数据传输安全防护技术的内容如表 7-1 所示。

表 7-1　数据传输安全防护技术

防盗链	Referer 防盗链：针对不想被引用的文件，可以设定为只有特定的 Referer 才可以引用 Cookie 防盗链：设定请求中 Cookie 包含某个关键字才可以访问 时间戳防盗链：基于请求中携带的时间戳进行过期验证 回源验证：每个请求都回源进行验证访问合法性
防篡改	基础防篡改：在 CDN 网络内部加密传输，节点间进行内容一致性验证工作 高级防篡改：除了内部加密传输，在源站和 CDN 之间采用定制化验证和加密传输

续表

防劫持	DNS 防劫持：对于有客户端的客户，采用 HTTPS 的方式传递解析结果，避开 DNS 层面的拦截 内容防劫持：①URL 加密（源站配合），通过对 URL 进行一定形式的加密可以避免劫持的发生；②URL 高级加密（源站无须配合），对于源站无法配合并且非 App 客户端访问的情况，由于源站和客户端无法根据协商的加密算法进行加解密，所以 CDN 单边加解密；③请求加密（HTTPS 加速），请求加密方案，即 HTTPS 加速解决方案
爬虫引导	对于常规的搜索引擎爬虫，网宿科技通过智能 DNS 解析，在 DNS 层面做判断，在 DNS 解析环节就分离了爬虫。目前网宿科技有精准的蜘蛛 IP 库，包含了各类蜘蛛库，如百度、Google、Bing、搜狗。对于搜索引擎的正常爬虫，网宿科技采用专门的节点进行覆盖，客户也可以选择将爬虫请求回源处理，不经过 CDN。网宿科技还支持通过 IP 访问控制、智能黑白名单来屏蔽访问爬虫

2. 源站安全

源站安全保护技术的内容如表 7-2 所示。

表 7-2　源站安全保护技术

源站隐藏	网宿科技提供高防 IP 节点，帮助企业隐藏源站，当黑客发起攻击，WSA 节点可快速启用安全策略，保障应用网站服务器的安全
IP 名单	IP 黑白名单可以有效防止恶意用户的行为对网站造成损失。可以设置限制允许或不允许某些 IP 段访问，或将 IP 放入黑名单中，并设定锁定的时间周期，在该周期内，IP 的访问都会被拦截
URL 黑白名单	支持将特定的 URL 加入黑白名单，黑客常常会构造跟普通用户访问很相似的 URL 但又不完全一致，往往只有一个字符差，WSA 可以根据这一特征，将指定的或者符合某类特征的 URL 加入访问黑名单
整体带宽防护	针对客户的单个域名或者多个域名集合进行整体带宽的实时监控与防护，设定带宽报警阈值与防护阈值。当带宽值超过报警阈值时，进行邮件、短信报警，当带宽值超过防护阈值时，根据事先设定的防护策略进行防护
区域访问限制	黑客有时候有地域特征，例如，黑客 IP 都来自某个国家或者地区，若网站的正常的访问用户很少来自该国家或者地区时，可以针对这些国家或者地区进行限制访问

7.3.6　扩展功能更丰富

1. IPv6 与 IPv4 自适应

第二代互联网 IPv4 技术网络地址资源有限，IP 地址已于 2011 年 2 月分配完毕，于是 IPv6 应运而生。随着全世界 IP 需求的加大，IPv6 地址越来越普遍，这就要求直接面向用户的服务器需要能同时满足 IPv4 与 IPv6 不同协议的访问场景。当客户端采取 IPv4 或 IPv6 方式访问，而源站不能同时支持时，网宿科技 WSA 可提供自适应协议转换方法，在无须源站提供额外支持的情况下，保证用户无论采取 IPv4 或 IPv6 方式访问都能正常访问。

2. HTTP2.0

网宿科技率先开发支持HTTP2.0协议，HTTP2.0通过压缩头部减少传输内容，利用多路复用技术降低请求连接数和减少页面阻塞，降低服务器和网络的负载同时实现访问速度飞跃提升。

3. HTTP3.0

网宿科技自研网关模块可同时支持gquic与iquic，更全面地兼容覆盖的不同版本的客户端。支持低延迟建联，更好的拥塞控制，多路复用，前向纠错，认证加密的报头与数据和连接迁移与恢复等，进一步提升数据交互与传输效率。

4. Websocket

网宿科技CDN通过支持Websocket，使浏览器具备像C/S架构的实时通信能力，服务器也能向浏览器推送数据。实时推送使股票行情、SNS社区互动、游戏等更加快捷，提升用户的访问体验。

5. 外链改写

针对全页面的内容元素进行识别，改变外链内容的回源通道，同步支持IPv6的兼容服务，进一步提升全页面访问过程的外链服务质量，提升用户体验。

6. 图片智能适配

根据其终端用户的个性化环境提供图片大小、图片质量以及图片裁剪智能适配的服务，有效地改善用户体验。使用网宿科技图片智能适配功能后，可减少回源次数，减轻源站的计算压力，帮助客户加快网站访问速度，使客户源站减少50%～90%的流量。该功能既满足了移动终端个性化的需求，同时也降低了源站的投入和压力。

7.4 产品价值

7.4.1 显著提升访问体验

在目前国内众多的CDN加速厂商中，网宿科技WSA加速综合性能首屈一指，加速后网站的响应速度、成功率、源站资源使用都得到了较大的优化。WSA覆盖全国高性能节点，覆盖全国大小运营商，在大幅度提升用户体验、增加用户黏性的同时，有效降低了客户源的负载，保障服务稳定性。

7.4.2　基础有效的安全防护

网宿科技 WSA 支持访问控制、黑白名单、整体带宽防护、防篡改、防盗链等多种防护手段按需使用，保障网络数据安全，保证服务稳定进行，WSA 的 HTTPS 加密实现了证书部署无须人工介入、双向认证、证书优化等功能，大幅提升了安全防护，确保了数据安全。

7.4.3　优质的服务保障

网宿科技强大的运营保障体系，为网站提供 7×24 小时的售后监控服务。网宿科技专业的技术支持团队，提供优质售前售后服务，保证网站稳定运行。

以上优势总结如图 7-3 所示。

图 7-3　产品价值

第 8 章　基于内容分发网络的云安全

在“连接、可靠、共进”的标签基础上，网宿安全定位于“智能边缘安全领导者”，致力于成为“卓越网络安全服务提供商”，为客户提供安全、高效和体验良好的安全服务。

基于全球分布的边缘节点，依托安全运营和攻防数据，网宿安全构建从边缘到云的智能安全防护体系，提供分布式阻断服务（distributed denial of service，DDoS）防护、Web 应用防护、爬虫管理、远程访问安全接入、安全软件定义广域网（software defined-wide area network，SD-WAN）、主机安全等安全产品及服务，覆盖云安全、企业安全和安全服务等领域，助力企业构筑基于零信任和安全访问服务边缘（secure access service edge，SASE）模型的全新安全架构，护航网络安全，为数字时代保驾护航。

本章介绍的基于内容分发网络的云安全主要面向企业在互联网上开放的在线业务，通过网宿 DDoS 云清洗（DDoS mitigation service，DMS）、网宿云 Web 应用防火墙（Web application firewall，WAF）、网宿业务安全（BotGuard）、网宿 API 安全与管理（security and management，SAM）四个核心产品，为企业 Web 业务提供基础设施、应用、业务的一站式 Web 应用程序和 API 保护（Web application and API protection，WAAP）。

8.1　网宿 DDoS 云清洗

8.1.1　行业现状和挑战

随着“互联网＋”的高速发展，网络安全问题也日益突出，其中 DDoS 以其简单粗暴、攻击效果显著、难以抵御和追踪的特点成为黑客进行网络攻击的首选。目前 DDoS 攻击主要呈现以下趋势。

1. 攻击频率越来越高，峰值越来越高

随着 DDoS 攻击工具的泛滥及地下黑色产业市场的发展，DDoS 攻击门槛越来越低，DDoS 攻击事件越来越频繁。NETSCOUT Arbor 的主动威胁分析系统（active threat level analysis system，ATLAS）基础设施所提供的数据显示，2017 年共发生 750 万次 DDoS 攻击，约占全球互联网流量的 1/3。2018 年 3 月针对 Github 的 T 比特级 DDoS 攻击后，将 DDoS 攻击正式拉进了“T 比特攻击时代”。

2. 攻击造成的损失越来越大

DDoS 攻击将导致平台服务中断，服务中断导致的用户流失、交易量下降、网站恢复的代价、品牌形象损失等，都应该计算到经济损失内，甚至目前有些黑客还利用 DDoS 攻击对网站进行敲诈勒索，这些都给网站的正常运营带来极大的影响，DDoS 攻击造成的损失呈几何式增长。在网络攻击猖獗的大环境下，互联网企业频繁遭遇窘况，无法专注于业务开展和推广，形势极其严峻。

3. 传统防护方式存在瓶颈

为了抵御各类 DDoS 攻击，企业可能会选择购买抗 D 硬件设备或高防机房的方式来提高系统抗 DDoS 攻击的能力。这种方法虽然能在一定程度上缓解攻击，但是这两种方法存在以下不足：

（1）受限于带宽和设备性能，无法有效应对突发大流量攻击；

（2）部署复杂，运维难度大；

（3）数据分析能力有限，存在误杀，影响正常业务开展；

（4）安全防御成本高。

8.1.2　产品介绍

1. 产品简介

网宿 DDoS 云清洗（DMS）为“网宿安全”品牌旗下一款高性能云端流量清洗产品。依托网宿强大的 CDN 资源优势，结合大数据分析，自主研发防护算法，实时检测并清洗各类 DDoS 攻击（如 SYN Flood、UDP Flood、CC 等），保障基于 HTTP/HTTPS 的用户业务在遭遇大流量 DDoS 攻击时仍然能够稳定在线，总体防护能力达到 10Tbit/s + 和千万级每秒查询率（queries-per-second，QPS）。

2. 产品技术架构

网宿 DMS 依托全球部署的云安全节点连接形成云安全网络，并配以专有的攻击监控报警中心和智能调度中心，结合云端大数据分析平台，动态检测并阻断攻击流量，有效地保障用户平台安全。网宿 DMS 产品架构如图 8-1 所示。

3. 产品适用行业与场景

DMS 面向的行业及使用场景包括但不限于以下几点。

图 8-1 网宿 DMS 产品架构

1）游戏行业

游戏行业作为高产值、高利润、竞争激烈的行业，一直是黑客发起 DDoS 攻击的高发地，同时也是动辄数百 Gbit 大流量攻击的多发行业。对于游戏行业来说，保证业务的可用性和连续性是留住玩家的前提，而 DDoS 攻击恰恰是对可用性和连续性的最大威胁。

2）金融行业

金融行业（证券、基金、股票等）向来是黑客觊觎的“钱袋子”，且同行竞争也非常激烈。该类业务系统对业务可用性要求非常高，而一旦发生业务中断，如系统无法正常登录——哪怕是短暂的，也可能会引发投资人恐慌，造成金融界最恐惧的挤兑事件。

3）直播行业

随着直播行业的大火，鉴于黑客向来是哪里热闹往哪凑，直播行业成为黑客发动 DDoS 攻击的新目标。直播行业竞争激烈，其对业务的连续性要求非常高，如果发生 DDoS 攻击且业务中断，将会导致大量用户流失，损失巨大。

8.1.3 产品功能

网宿 DMS 提供监控报警、攻击防护（包括网络层 DDoS 防护、应用层 DDoS 防护）、防护数据可视化等功能，保障网站服务实时稳定在线。

1. 监控报警

能够为用户提供多维度全方位的监控报警服务，包括攻击监控报警、网站可用性监控、安全预警和节点服务质量监控，保障用户能够第一时间掌握网站的各种异常情况。

1）网络层 DDoS 监控报警

网宿 DMS 为每个客户提供一组独立 IP 服务，因此能够以客户为粒度实时采集并统计客户对应服务 IP 的网络层攻击带宽，当网络层攻击到达客户设置的攻击带宽阈值时，将通过邮件/短信的形式向客户报警，报警信息包括攻击时间、攻击峰值等。

2）应用层 DDoS 监控报警

网宿 DMS 各安全节点通过动态学习客户的历史访问日志（如客户每个资源的访问量、行为特征等），建立动态访问基线，当检测到异常访问时，根据报警规则（如 QPS 设置的阈值）通过邮件/短信的形式向客户发送相应攻击报警。

2. 攻击防护

1）网络层 DDoS 防护

网络层 DDoS 攻击是攻击者通过伪造大量 IP 地址向目标服务器发起大量数据包，耗尽网络带宽资源进而导致目标服务器无法响应正常的请求。常见的网络层 DDoS 攻击包括 SYN Flood、ACK Flood、ICMP Flood、UDP Flood、各类反射攻击（如网络时间协议（network time protocol，NTP）反射、DNS 反射、简单服务发现协议（simple service discovery protocol，SSDP）反射）等。

网宿 DMS 通过部署智能防火墙，实现对数据报文的实时检测和分析，在不影响正常数据报文访问的前提下，实时高效地阻断攻击报文，目前可有效防御 SYN Flood、UDP Flood、ICMP Flood、NTP 反射攻击、SSDP 反射攻击、DNS 反射攻击等各类网络层 DDoS 攻击。各攻击类型简介及防护方法如下所述。

（1）SYN Flood。

① 攻击简介。

攻击者利用工具或者操纵“僵尸”主机，向目标服务器发起大量的 TCP SYN 报文，当服务器回应 SYN-ACK 报文时，攻击者不再继续回应 ACK 报文，导致服务器上存在大量的 TCP 半连接，服务器的资源会被这些半连接耗尽，无法响应正常的请求。

② 防护原理。

采用异构防护架构，利用国内独创的专利技术实时检测过滤畸形包（如长度值异常等）和不符合规则的报文，同时通过 SYN Cookie 校验、重传验证等方式完成客户端的协议行为验证，从而在不影响正常客户端连接的情况下阻断攻击。

（2）ACK Flood。

① 攻击简介。

攻击者利用工具或者操纵“僵尸主机”，向目标服务器发送大量的 ACK 报文，服务器忙于回复这些凭空出现的第三次握手报文，导致资源耗尽，无法响应正常的请求。

② 防护原理。

网宿智能防火墙实时存储连接表信息，通过对接收到的 ACK 报文进行智能校验，判断其是否为合法报文，如不合法，则直接丢弃，进而高效阻断攻击报文，不会对正常访问造成影响。

（3）ICMP Flood。

① 攻击简介。

攻击者通过对目标发送大量超大数据包（如超过 65535 字节的数据包），给服务器带来较大的负载，影响服务器的正常服务，进而令目标主机瘫痪。

② 防护原理。

智能防火墙实时统计到达目的 IP 的流量，超过设定阈值则直接丢包。

（4）UDP Flood。

① 攻击简介。

由于 UDP 协议都是无连接的协议，不提供可靠性和完整性校验，因此数据传输速率很快，成为攻击者理想的利用对象。UDP Flood 的常见情况是攻击者向目标地址发送大量伪造源 IP 地址的 UDP 报文，消耗网络带宽资源，造成链路拥堵，进而网站服务器拒绝服务。

② 防护原理。

针对没有 UDP 业务的客户，网宿智能防火墙丢弃所有 UDP 包。对于有 UDP 业务的客户，网宿智能防火墙通过速率限制、UDP 报文匹配等方式防御 UDP Flood。

（5）反射型 DDoS 攻击。

① 攻击简介。

反射攻击是基于 UDP 报文的一种 DDoS 攻击形式。攻击者不是直接发起对攻击目标的攻击，而是利用互联网的某些服务开放的服务器（如 NTP 服务器、DNS 服务器），通过伪造被攻击者的地址、向该服务器发送基于 UDP 服务的特殊请求报文，数倍于请求报文的回复的数据被发送到被攻击 IP，从而对后者间接地形成 DDoS 攻击。

② 防护原理。

网宿智能防火墙直接过滤来自常用的反射端口（如 NTP、DNS、SSDP 等）的报文防御反射型 DDoS 攻击。

2）应用层 DDoS 防护

网宿 DMS 通过威胁情报库、访问控制、日志自学习、人机校验等方式实现对请求包实时检测和分析，在不影响正常访问的前提下，实时高效阻断恶意请求，单机防护性能达 1000 万 QPS，平台总体防护能力达 10 亿 QPS。目前可防御 CC 攻击、HTTP Flood、慢攻击、POST Flood 等各类常见的应用层 DDoS 攻击。各攻击类型简介及防护方法如下：

（1）CC 攻击。

① 攻击简介。

CC 攻击是指攻击者借助代理服务器模拟真实用户，不断向目标网站发送大量请求，如频繁请求某个动态 URL 或某个不存在的 URL，致使源站大量回源，耗尽网站服务器性能，进而致使目标网站拒绝服务。

② 防护原理。

威胁情报库：DMS 通过大数据分析平台，实时汇总分析攻击事件的日志，提取攻击特征（如 IP、URL、User-Agent、Refer 等），并对这些特征进行威胁等级评估，形成威胁情报库，对于高风险性的 IP、UA、URL、Refer 等会自动下发到全网防护节点中，一旦后续请求命中威胁情报库中的高风险性特征，则直接拦截，最大限度地提高防御效率，避免 CC 攻击对网站的影响。

个性化策略配置：如请求没有命中威胁情报库中的高风险特征，则通过个性化策略配置（如 IP 黑白名单、IP 访问频率控制）防御攻击。

人机校验：当请求与网站正常访问基线不一致时，启动人机校验（如 JS 验证、META 验证等）方式进行验证，避免误杀正常访问，校验通过则放行该请求，若不通过，则拦截并实时将该请求的攻击特征同步至威胁情报库。

DMS 提供 JS 验证、META 验证、302 跳转、验证码等多种人机校验方式，有效拦截攻击的同时，保障正常用户的访问体验。

（2）慢攻击。

① 攻击简介。

攻击者利用 HTTP 协议的正常交互机制，先与目标服务器建立一个连接，然后长时间保持该连接不释放。如果攻击者持续与目标服务器建立大量这样的连接，就会使目标服务器上的可用资源耗尽，无法提供正常服务。HTTP 慢速攻击主要包括 Slow Headers 攻击和 Slow POST 攻击。

Slow Headers 攻击：攻击者使用 GET 或 POST 请求方法与目标服务器建立连接，然后持续发送不包含结束符的 HTTP 头部报文，目标服务器会一直等待请求头部中的结束符而导致连接始终被占用。当攻击者大量发起这类请求时，将会导致服务器资源耗尽，无法正常提供服务。

Slow POST 攻击：攻击者向目标服务器发送 POST 请求报文提交数据，数据的长度设置为一个很大的数值，但是在随后的数据发送中，每次只发送很小的报文，导致目标服务器一直等待攻击者发送数据。当攻击者大量发起这类请求时，将会导致服务器资源耗尽，无法正常提供服务。

② 防护原理。

对于 Slow Headers 攻击，DMS 通过检测请求头超时时间、最大包数量阈值（即请求报文的报文头中一段时间内没有结束符“\r\n”）进行防护。

对于 Slow POST 攻击，DMS 通过检测请求小包数量阈值（即 POST 请求报文的长度设置得很大，但是实际报文的数据部分长度都很小）进行防护。

8.1.4 防护数据可视化

如图 8-2 和图 8-3 所示，网宿 DMS 实时展示各类 DDoS 攻击的防护信息，客户可以实时查看防护效果，并根据攻击趋势了解网站的安全状态。

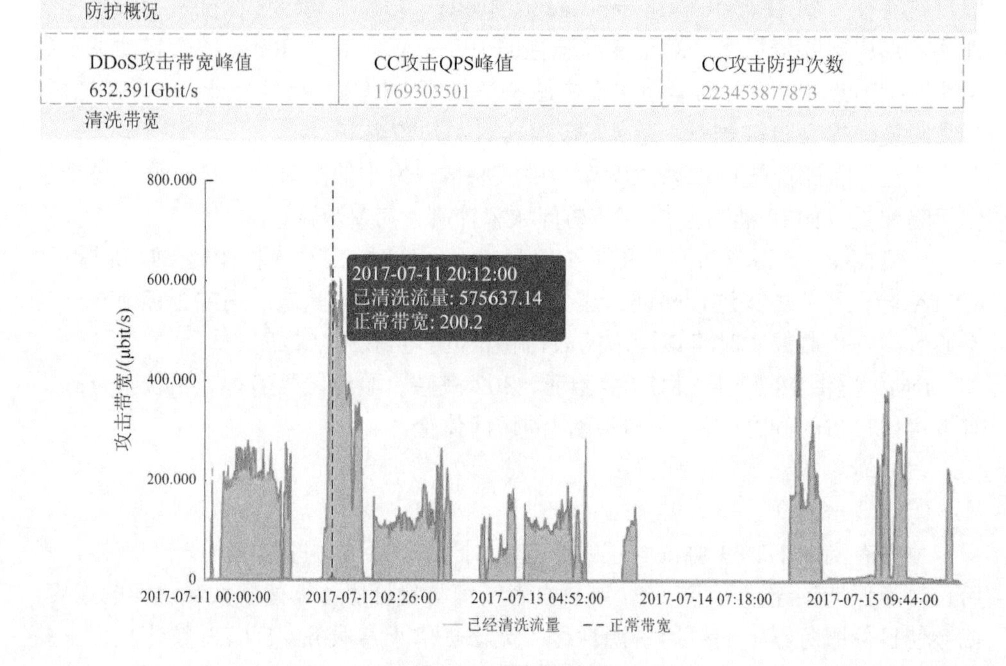

图 8-2　网站防护概况

8.1.5 产品价值

1. 零部署、零维护

使用 DMS，无须改变网站现有的拓扑架构，不需要添加任何硬件，只需简单

攻击IP详情

攻击IP	所属区域	总访问次数	攻击类型	攻击次数
[illegible]	中国大陆	2, 903, 277	CC	2, 903, 277
[illegible]	中国大陆	1, 861, 101	CC	1, 869, 069
[illegible]	中国大陆	1, 506, 897	CC	1, 506, 897
[illegible]	中国大陆	1, 443, 708	CC	1, 443, 708
[illegible]	中国大陆	1, 273, 377	CC	1, 272, 811
[illegible]	中国大陆	1, 268, 493	CC	1, 253, 935
[illegible]	中国大陆	1, 238, 316	CC	1, 237, 685
[illegible]	中国大陆	1, 166, 932	CC	1, 161, 099
[illegible]	中国大陆	1, 230, 232	CC	1, 158, 568
[illegible]	中国大陆	1, 143, 267	CC	1, 143, 267
[illegible]	中国大陆	1, 071, 142	CC	1, 055, 668
[illegible]	中国大陆	1, 061, 660	CC	1, 053, 160
[illegible]	中国大陆	1, 048, 737	CC	1, 041, 812
[illegible]	中国大陆	1, 030, 447	CC	1, 021, 088
[illegible]	中国大陆	1, 030, 074	CC	1, 020, 881

图 8-3　提供详细信息

地做一层 CNAME，即可享受专业的流量清洗服务。同时，DMS 能够基于服务质量智能调度服务节点，保证平台服务的质量和稳定性，真正做到零部署、零维护。

2. 弹性扩容，无谓突发大流量 DDoS 攻击

网宿 DMS 总体抗攻击能力超过 10Tbit/s，当突发大流量攻击时，DMS 可以全力保障用户的业务不中断。

3. 按需防护，降低企业成本

网宿 DMS 能够根据 DDoS 攻击情况按需提供服务，可以有效避免传统硬件设备“买少了防不住，买多了闲置”的情况，以及减少了聘请专业安全运维团队的人力成本，大幅度降低了企业安全防御的成本。

4. 高效应急响应能力

网宿 DMS 提供专属安全服务团队为用户一对一地贴身服务，在突发大规模攻击时能够及时响应，并提供各项应急预案，保障用户的业务不受影响。

8.2　网宿云 Web 应用防火墙

8.2.1　行业现状和挑战

随着互联网的高速发展，基于 Web 服务的应用程序被广泛应用于政府机构、

商业、金融等各个重要领域。Web应用为整个互联网的发展增添了不少活力，然而，各类Web应用系统的复杂性和多样性导致系统漏洞层出不穷，随之而来的信息安全问题也日益突出。

1. 漏洞频发，修复成本高

随着漏洞挖掘技术的不断发展，攻击工具日益专业化、易用化，一些被广泛使用的基础组件的漏洞爆发频率越来越高，如Bash的ShellShock漏洞、OpenSSL的HeartBleed漏洞、Struts2的远程任意代码执行漏洞等，影响范围广、修复成本高。

2. 国家立法安全政策

国家不断开展信息安全工作，对信息安全重视程度达到前所未有的高度。

2015年11月，国家工商总局印发《关于加强网络市场监管的意见》，全面加强网络市场监管，推进“依法管网”、“以网管网”、“信用管网”和“协同管网”。

2016年上半年，经中央网络安全和信息化领导小组同意，中央网信办、教育部、工业和信息化部、公安部、国家新闻出版广电总局、共青团中央等六部门联合印发了《国家网络安全宣传周活动方案》。该方案明确从今年开始，网络安全宣传周于每年9月的第三周在全国各省区市统一举行；2017年6月1日，我国《网络安全法》正式实施。

3. 传统防护方式存在瓶颈

传统防御Web应用攻击的方法是购买WAF硬件设备，这种方法虽然能一定程度上缓解攻击，但是存在以下瓶颈。

1）部署不便，运维难度大

硬件设备的部署需要对网站的网络拓扑进行变更，变更工作量大，且部署过程中存在系统和业务风险。当设备出现问题时，受限于物理空间等因素，难以及时解决。此外，遇到攻击，需要专业安全团队进行设备监控、策略调整和升级维护。

2）防御策略更新慢

硬件设备受限于数据来源和数据采集分析能力，无法很好地整合数据资源，且具有封闭性，防御算法更新慢，难以形成联动防御，进而影响到零天攻击的响应速度。

8.2.2　产品介绍

1. 产品简介

网宿云 Web 应用防火墙（WAF）是“网宿网盾”品牌旗下的专业云防护产品之一。不需要客户端部署软硬件，即可享受针对 SQL 注入、跨站脚本攻击（cross site script attack，XSS）、跨站请求伪造（cross-site request forgery，CSRF）等开放式 Web 应用程序安全项目（open web application security project，OWASP）TOP10 中的 Web 应用安全威胁及目录遍历、网站扫描等其他安全威胁的防护，从而降低网站出现拖库、篡改、机密信息泄露等安全风险。网宿 WAF 防护产品所涉及的客户端会话识别技术、网络爬虫识别等技术，获得了多项国家技术专利。

2. 产品技术架构

网宿云 WAF，依托网宿全球部署的云安全节点连接形成云安全网络，并配以专有的攻击监控报警中心和智能决策中心，结合云端大数据分析平台，实时检测分析请求包，对 SQL 注入、XSS 跨站、命令注入等常见的 Web 应用攻击进行阻断，对正常用户请求进行回源，避免用户网站被篡改、敏感数据泄露，从而保障网站安全。

网宿云 WAF 的网络拓扑图如图 8-4 所示。

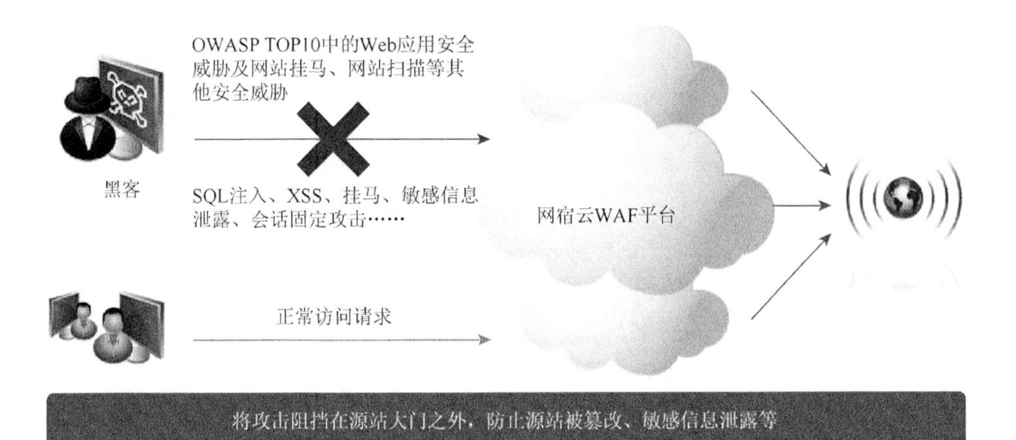

图 8-4　网宿云 WAF 的网络拓扑图

网宿云 WAF 采用“黑名单（攻击特征库）＋白名单（自学习防护引擎）”的防护架构。

1）黑名单技术

网宿云 WAF 安全实验室基于多年安全经验沉淀并持续跟踪业界最新 Web 漏洞，提取各类攻击特征形成黑名单规则库（攻击特征库）；基于该黑名单规则库对访问请求进行实时检测和分析，如果请求中匹配了黑名单中的攻击特征则直接阻断。

2）白名单技术

网宿云 WAF 会通过自学习网站正常流量的特征，构建被防护网站的应用程序结构、正常用户访问的流量、正常业务逻辑的数据模型，形成白名单规则库；基于该白名单规则库对访问请求进行实时检测和分析，如果请求不符合网站的白名单特征则采用直接阻断或进一步严格检测等方式对异常请求进行处理。

基于“黑名单（攻击特征库）＋白名单（自学习防护引擎）”的防护架构，利用了被动防御技术＋主动防御技术，不仅能够解决已知的安全风险，同时能快速应对新型攻击（旧漏洞攻击的变种与零天攻击）。

3. 产品适用行业与场景

WAF 面向的行业及使用场景包括但不限于以下几点。

1）政企行业

门户网站作为政府、企业提供给互联网用户获取信息服务的重要渠道，将面临网页被篡改、网页挂马、SQL 注入攻击等多种安全问题，同时也面临上级单位和测评机构的安全检测的压力。一旦发生安全事件，将严重影响其形象和公信力。

2）金融行业

金融行业面临注入、跨站等多种安全问题，导致用户账号密码泄露，危及用户资金财产安全，进而严重影响企业的形象并承受经济损失。

3）电商行业

电商行业为 Web 应用攻击的重点对象，经常遭受黑客攻击，例如，非法篡改交易数据、盗取用户个人账号信息进行网络诈骗等，不仅危害了用户的个人利益，同时也严重影响了商家的形象。

4）航空行业

航空行业、互联网售票平台等都拥有大量的旅客个人信息以及出行/未出行行程信息，而这些信息经过黑色产业链，最终形成了退改签等诈骗活动，不仅危害了旅客的个人利益，也给各平台造成了经济损失。

8.2.3 产品功能

网宿云 WAF 包括监控报警、Web 应用攻击防护、自学习防护引擎、“高效补丁”漏洞修复、网站精准访问控制、防护数据可视化等功能，保障各行业的数据安全。

1. 监控报警

1）攻击监控报警

网宿云 WAF 提供全方位的攻击监控报警功能，各安全节点通过动态学习客户的历史访问日志（如客户每个资源的访问量、行为特征等），建立访问基线。通过动态基线学习和日志分析，识别出攻击特征，当检测到异常访问时，根据报警规则发送相应的攻击报警。

2）安全情报预警

网宿云 WAF 通过大数据分析平台对云端攻击数据进行分析，提取其攻击特征（如 IP、UA、Refer 等），并可查看采用同类型攻击手法的多网站数据及行业数据，进行安全事件关联分析，产出行业情报，定向推送给需要的客户，辅助客户提前部署防御措施，防患于未然。

2. Web 应用攻击防护

网宿云 WAF 提供对常见各类 Web 应用攻击的防护，主要包含以下几类。

1）注入类攻击防护

注入类攻击主要包括 SQL 注入、命令注入、XML 路径语言（XML path language，XPath）注入、轻型目录访问协议（lightweight directory access protocol，LDAP）注入、服务端嵌入（server side include，SSI）注入等。

（1）攻击原理。

注入类攻击是利用 Web 应用程序对请求输入数据过滤不严的弱点，对不同的目标进行攻击的手段。例如，SQL 注入攻击是利用 Web 应用程序对涉及数据库操作的输入数据过滤不严的漏洞，将恶意的 SQL 命令注入到后台数据库引擎执行，达到窃取、控制数据甚至控制数据库服务器的目的。

（2）防护原理。

网宿云 WAF 采用自主研发的特征识别引擎，将完整的 HTTP 请求做最细粒度拆分，高效并行检测拆分后所有可能存在攻击的区域（如 URL、参数、请求体、请求头等），判断各区域是否匹配攻击特征，能够对各类注入类攻击进行有效防御。

例如，被防护某个站点的请求为 http://www.test.com？ a = 1'or1 = 1，网宿云 WAF 对请求各个区域进行拆分检测后，判断出该 URL 请求中参数 *a* 的值为“1'or1 = 1”，匹配了攻击特征库中 SQL 注入特征，则对该请求进行阻断。

2）跨站脚本类攻击防护

跨站脚本类攻击主要包括：XSS（跨站脚本攻击）、CSRF（跨站请求伪造）。

（1）攻击原理。

XSS，是指恶意攻击者利用 Web 应用程序对需要输出到网站页面的用户输入过滤不严的问题，向网站返回的页面插入自己的代码，达到修改响应页面内容、窃取用户 Cookie 等目的。

CSRF，是指恶意攻击者让用户在不知情的情况下点击攻击者构造的恶意链接，以合法用户的名义发送恶意请求，完成攻击者所期望的一个操作。

（2）防护原理。

对于 XSS，网宿云 WAF 采用自主研发的特征识别引擎，将完整的 HTTP 请求做最细粒度拆分，高效并行检测拆分后所有可能存在攻击的区域（如 URL、参数、请求体、请求头等），判断各区域是否匹配攻击特征，能够对各类注入类攻击进行有效防御。例如，被防护某个站点的请求为 http://www.test.com？ a = '＞＜script＞alert（document.cookie）＜/script＞，网宿云 WAF 对请求各个区域进行拆分检测后，判断出该 URL 请求中参数 *a* 的值为“'＞＜script＞alert（document.cookie）＜/script＞”，匹配了攻击特征库中 XSS 攻击特征，则对该请求进行阻断。

对于 CSRF，网宿云 WAF 通过判断用户的页面访问逻辑来防护，例如，用户在执行某些关键操作时（如银行转账等），可设置请求的 referer 值必须为本站点的 URL 链接才是合法的。

3）扫描类攻击防护

（1）攻击原理。

黑客攻击网站的第一步经常是利用爬虫或扫描工具，获取网站信息，探测网站存在的漏洞。

（2）防护原理。

网宿云 WAF 能够直接识别常见的恶意爬虫和扫描工具发出的请求，直接阻断其访问。例如，Appscan 扫描器发起的请求一般在头部 User-Agent 参数值中会包含 appscan 字符串，网宿云 WAF 可对请求头部进行检测并识别出扫描器攻击。

4）网站挂马类防护

（1）攻击原理。

网站挂马主要指攻击者在利用漏洞获取网站服务器权限后，在网站上安装攻击者自己的程序，以便在后续的攻击过程中可通过这个程序实现对网站的控制及管理。

（2）防护原理。

网宿 WAF 对网站挂马的防护主要分为两个维度进行全面检测。

① 阻止后门木马被上传。

网宿云 WAF 可通过多种途径防止后门木马程序被上传到网站上。一方面可以对上传的内容进行检测，对于已知的后门木马程序及一些包含可疑代码的文件进行识别及拦截；另一方面，可以禁止 ASP、PHP 等动态脚本上传。

② 阻断已上传后门木马被利用。

针对已经上传到被防护站点的后门木马（可能是在网站部署安全策略之前或是攻击者通过内网或其他系统/程序漏洞方式），网宿云 WAF 基于大数据平台分析提取后门木马的访问行为特征，并对被防护站点的历史请求日志进行分析，判断是否符合后门木马访问特征（例如，后门木马文件可能是孤立文件，且只有少数 IP 访问等），并对可疑的请求响应内容进行后门木马关键字匹配，来检测是否有攻击者试图访问已存在的后门木马。

5）Web 框架类攻击防护

（1）攻击原理。

Web 框架类攻击主要是指针对常见的内容管理（content management system，CMS）建站系统和开源 Web 应用开发组件的攻击。由于这些建设系统或开源组件被广泛应用在各类网站的开发建设中，一旦被曝出漏洞且没有提前采取防护措施，后果将不堪设想。

（2）防护原理。

网宿 WAF 能够防护已知的 Web 框架类漏洞，例如，aspcms、phpcms、dedecms、ecshop、phpweb、FCKEditor、eWebEditor、struts2、phpmyadmin 等。同时，还可以基于对大量监控数据的实时分析，第一时间发现并防护新出现的漏洞，保障网站底层框架的安全。

6）HTTP 请求合规检测

（1）攻击原理。

黑客常常发送不符合 HTTP 协议规范的请求，企图探测 Web 服务器信息，或绕过网站的防护策略实施攻击。

（2）防护原理。

网宿 WAF 支持对 HTTP 请求做合规性检查，针对 HTTP 请求，网宿 WAF 可以检查请求头部完整性，并对请求信息中的请求方法、协议版本以及请求的请求头长度、参数个数、参数名长度等进行限制。对于检测出的不合规请求，可以进行报警、拦截并记录相应日志。

3. 自学习防护引擎

网宿云 WAF 的自学习防护引擎（自学习白名单技术），通过学习网站正常流量的特征（如数据类型、数据边界、数据取值等）和业务访问逻辑，构建出被防护网站的应用程序结构、正常用户访问的流量数据模型，能够排除和过滤异常用户访问及发现潜在攻击。

自学习防护引擎示例：

（1）某购物站点有个页面 http://www.xx.com/xx.php？num = x，其中请求参数 num 代表购买某物品的数量；

（2）网宿云 WAF 平台会通过自学习防护引擎去学习该购物站点的正常业务访问特征，针对 http://www.xx.com/xx.php？num = x 页面进行自学习的结果中，包含一条白名单规则：参数 num 的数值类型是正整数；

（3）若有客户端请求 http://www.xx.com/xx.php？num = 1'or1 = 1，网宿云 WAF 平台解析请求发现参数 num 为字符串，不符合正常业务模型，则对该请求进行阻断。

网宿云 WAF 的自学习防护引擎，是一个动态的主动防御机制，它所构建的网站结构模型和正常客户的行为基线能随着源站应用的变化而自动学习调整，可在无人工干预的情况下自动进行调整与更新。白名单一旦形成，若后续的访问不符合白名单特征，网宿云 WAF 可及时地进行告警并采用直接阻断、严格检测等方式对异常的请求进行处理，防止潜在的攻击到达源站。

4. “高效补丁”漏洞修复

网宿云 WAF 可提供“高效补丁”漏洞修复，在客户未对漏洞进行永久补丁修复前，可以通过调整防护策略形成对应虚拟的防线，实现漏洞快速防护，为客户提供更多的时间进行补丁修复，保障业务的持续性。且当零天漏洞出现时，网宿云 WAF 会将“高效补丁”防护策略同步下发至全网，形成“全网联动”的防护体系，实现漏洞快速防护。

5. 自定义防护规则

用户可自定义防护规则，自定义防护规则可以精准匹配 http 请求的 body、header、url、参数、上传文件的后缀、上传文件等区域的内容。

6. 防护数据可视化

如图 8-5～图 8-7 所示，网宿云 WAF 可实时展示攻击信息（如攻击趋势、攻击详情、攻击类型、攻击来源等）和拦截情况。用户可以实时查看防护效果，并根据攻击趋势了解业务安全状态。

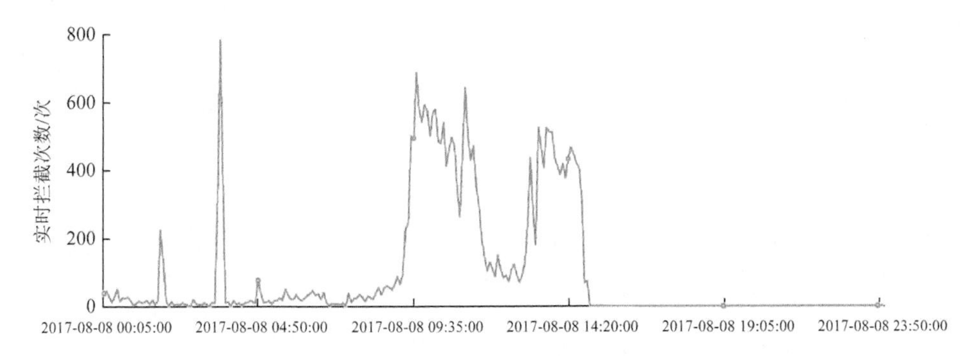

图 8-5　网宿云 WAF 攻击趋势

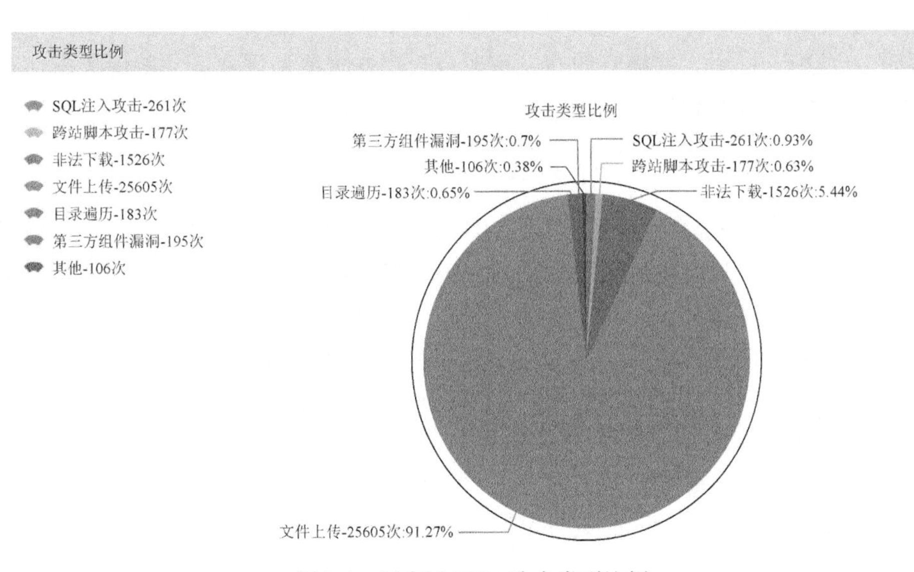

图 8-6　网宿云 WAF 攻击类型比例

8.2.4　产品价值

1. 零部署、零维护

使用网宿云 WAF，无须改变网站现有的拓扑架构，不需要添加任何硬件，只需简单地做一层 CNAME，即可享受专业的 Web 应用攻击防护服务。同时，WAF

序号	攻击IP详情	所属区域	总访问次数	攻击类型	攻击次数/次
1	[illegible]	中国大陆	1213256	目录遍历	118008
				网站扫描	82986
				跨站脚本攻击	43624
				SQL注入攻击	38622
				缓冲区溢出	15359
				非法下载	181
2	[illegible]	中国香港	169866	网站扫描	49926
				目录遍历	7404
				SQL注入攻击	2536
				跨站脚本攻击	1967
				缓冲区溢出	480
				非法下载	30
3	[illegible]	中国大陆	72175	网站扫描	35036
				目录遍历	1953
				SQL注入攻击	978
				跨站脚本攻击	600
				缓冲区溢出	242

图 8-7　网宿云 WAF 攻击 IP 详情

的监控平台提供 7×24 小时全网监控，能够基于服务质量智能调度服务节点，保障服务实时稳定可用。并能够快速发现各类攻击并报警和采取应急响应措施，有效地保证服务的质量和稳定性，真正做到零部署、零维护。

2. 完善的防护架构，全方位保障网站安全

与其他 WAF 产品单一的防护架构不同，网宿云 WAF 基于黑名单（攻击特征库）和白名单（自学习防护引擎）技术，自主研发了一套被动与主动相结合的防护架构，可根据客户站点的实际情况量身打造定制防护服务，确保客户站点与数据的安全，减少由 Web 应用安全问题带来的声誉与经济损失。

3. 高效应急响应能力，保障业务稳定

网宿 WAF 提供专属服务团队为用户提供一对一 7×24 小时的贴身服务，出现零天攻击时能够快速响应并进行全网升级防御，保障用户的业务不受影响。

8.3　网宿业务安全

8.3.1　行业现状和挑战

1. Bot 访问量越来越多

随着网络的迅速发展，互联网已成为大量信息的载体，如何有效地提取并利

用这些信息成为一个巨大的挑战，因此 Bot 程序便应运而生。Bot 程序是指按照一定的规则自动地抓取互联网信息的程序或者脚本，已被广泛应用于互联网领域，对于多数企业网站来说，超过 50%的网站总流量来自 Bot 程序而非正常用户。

2. 恶意 Bot 的常见应用场景

并不是所有的 Bot 流量都是企业所期望或者排斥的，部分 Bot 如搜索引擎爬虫有利于网站的推广，属于善意 Bot，而有些 Bot 程序被用于窃取商业竞争对手的敏感信息等，属于恶意 Bot。恶意 Bot 主要被用于进行内容爬取、数据窃取、恶意注册、非法登录、活动作弊等有利可图的业务场景。

3. 恶意 Bot 带来的安全隐患

恶意 Bot 会给企业带来诸多影响。

1）影响企业活动效果

Bot 模拟正常用户行为参与注册、登录和提交订单等业务过程，占用限量资源（如商品、优惠、返现等），再进行高价二次转卖获利，不仅影响了活动的效果，也极大地损害了商家的利益。

2）增加企业运营成本

大量恶意的 Bot 访问并不会给网站带来收益，反而增加了带宽、计算资源等成本。此外，大量自动登录、注册过程频繁调用短信发送接口，浪费企业短信资源，增加了企业运营成本。

3）降低网站性能

大量的恶意 Bot 流量会给企业网站增加服务器负载，降低网站性能，无法为正常用户提供服务。

4）降低企业竞争力

商品定价、库存数据、知识产权、财务信息等被竞争对手利用 Bot 技术抓取，导致企业核心数据泄露。

5）用户流失、经济损失

非法者通过 Bot 程序盗取用户敏感信息，损害用户利益，导致企业的用户流失，进一步造成企业经济损失。

8.3.2　产品介绍

1. 产品简介

网宿业务安全（BotGuard）服务为“网宿安全”品牌旗下一款强大的网站业务安全防护产品，依托大数据分析平台形成 Bot 管理网络。基于情报库、客户端速率控制、客户端指纹采集、布设陷阱、机器识别等技术，实时对网站流量进行检测和分析，识别真实用户流量、善意 Bot、恶意 Bot 流量，并针对不同 Bot 流量采用合理的管理策略，保障业务稳定运行，保持竞争优势。

2. 产品技术架构

网宿 BotGuard 产品架构如图 8-8 所示。

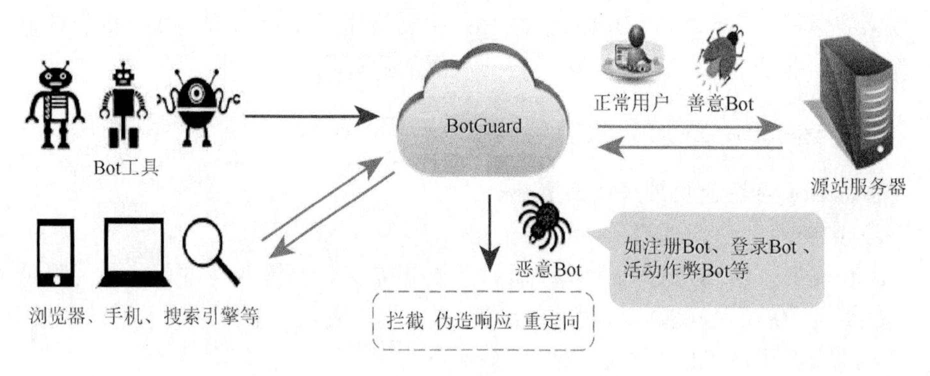

图 8-8　网宿 BotGuard 产品架构

3. 产品适用行业

BotGuard 产品面向的行业包括但不限于以下几点。

1）电商行业

近年来电商行业通过发放优惠券、红包等方式来获取用户、培养用户的消费习惯，而这种方式在获取用户的同时了也催生了“羊毛党”。“羊毛党”通过恶意 Bot 工具大量爬取优惠资源，通过转卖二次获利，不仅影响活动效果，也给商家造成了经济损失。

2）旅游服务行业

旅游服务行业包含旅游、交通、餐饮等一系列服务，其中诸多环节已成为黑客觊觎的对象，如在交通方面，航空售票、铁路售票等网络售票平台频繁遭受恶意 Bot 刷单、占座、恶意查询等；在景区网上订票系统中，一些“黄牛党”通过恶意 Bot 工具大量购买真票，并把价格炒高数倍获利；这些不仅危害了旅客的个人利益，也给各平台造成了经济损失。

3）政企行业

门户网站、信息公示系统作为政府、企业提供给互联网用户获取信息服务的重要渠道，频繁遭受非法者大量爬取，导致网站敏感信息泄露、服务器性能下降、网站响应缓慢，严重损害了政企形象。

4）信息资讯行业

包括招聘网站、文学博客、论坛、新闻网站等。这类网站以内容为王，恶意Bot将导致网站的核心文本在几小时甚至几分钟内就被抓取并拷贝到别的网站，极大地影响了网站在搜索引擎上的排名，而低排名会导致访问量降低和销量、广告收益降低等。

8.3.3 产品功能

BotGuard产品，基于大数据分析，提供Bot定义、Bot智能识别、Bot管理、Bot可视化等功能，能够对Bot流量进行智能分类与管理，保障企业业务安全稳定运行。

1. Bot定义

BotGuard将Bot分为善意Bot、恶意Bot两类进行管理。

1）善意Bot

善意Bot主要通过抓取网站的各项内容（如网页内容、流量、载入时间等），用于企业网站的优化和推广，主要包括如下范围：

（1）搜索引擎类Bot，如谷歌爬虫、百度爬虫、搜狗爬虫等；

（2）网站流量监测和排名类Bot，如Alexa公司用于网站流量监测和发布网站世界排名的工具Archive Bot等；

（3）网站在线监控服务类Bot，如用于网页速度监测的Pingdom Bot等。

2）恶意Bot

根据恶意Bot在企业业务的应用场景，大概定义为以下几类：

（1）信息爬取Bot，如网站内容爬虫等；

（2）恶意注册Bot，如批量注册工具等；

（3）非法登录Bot，如暴力破解工具、撞库工具等；

（4）活动作弊Bot，如投票软件、自动领红包工具、自动秒杀工具等。

2. Bot智能识别

如图8-9所示，BotGuard依托于大数据分析技术，对网站的请求进行检测与分析，智能识别出真实用户、善意Bot以及恶意Bot流量。

1）业务安全情报库

业务安全情报库包括威胁情报库和善意Bot白名单库，最大限度地提高Bot识别效率。

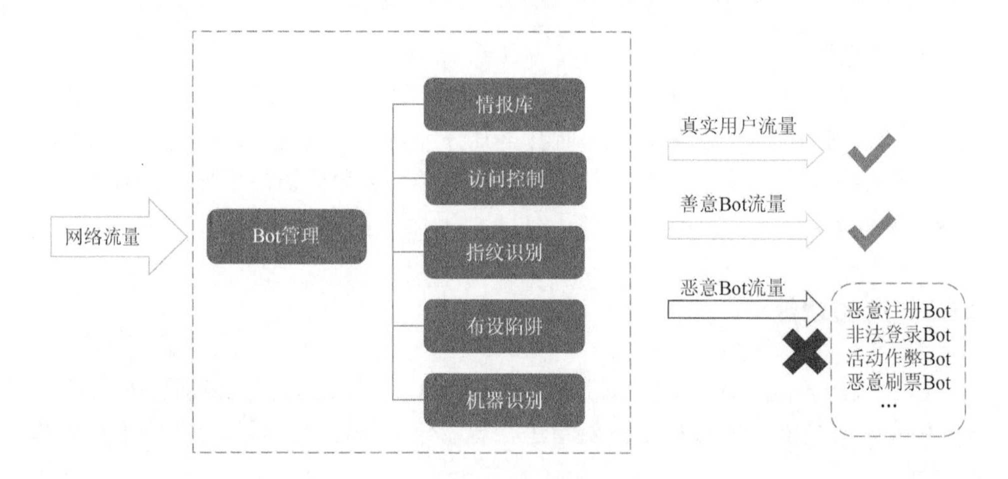

图 8-9　网宿 BotGuard 智能识别

（1）威胁情报库。

实时汇总分析历史攻击事件的日志，提取攻击特征（如 IP、UA 等），并基于内置的威胁评分机制对攻击威胁等级进行评定。

（2）善意 Bot 库。

BotGuard 通过反向域名解析技术形成善意 Bot 库，快速区分真实/伪造善意 Bot 程序。

2）客户端标识

反向代理与 NAT 技术的广泛使用，导致同一个 IP 下用户数量不确定，无法设置合理的 IP 限速阈值，影响了对 Bot 检测防护的精度。业务安全平台为每一个首次访问网站的客户端添加“唯一标识信息”，作为最小检测对象，提高检测精准性。

3）Bot 特性识别

业务安全平台可在响应页面添加检测脚本，对客户端的各种特性进行校验（如是否支持 JS、H5、Cookie 等属性），采集每个客户端的指纹信息，进而识别客户端为正常用户或者 Bot 工具。

4）机器行为识别

BotGuard 采用独创的 WIMC 技术，能在不影响用户体验的基础上，捕获用户操作行为（如鼠标移动轨迹、页面访问逻辑等），通过行为分析建立用户行为模型，并为每个客户端添加事先设计好的交互场景，诱导用户下意识地进行简单的操作（如鼠标移动、键盘敲击等），通过客户端用户的行为数据进行监测分析是否为正常的用户反应，从而识别出 Bot 程序与正常用户。

3. Bot 管理

1）实时监控报警

BotGuard 能够对 Bot 流量进行实时监控，以便第一时间发现异常流量并报警。

2）善意 Bot 管理

善意 Bot 虽然对企业的业务推广有利，但是有些 Bot 程序对于服务器负担较大（如搜狗爬虫算法恶劣会对页面进行大量反复而无实际意义的扫描，增加服务器计算压力，抓取压力大），网站管理者可在 BotGuard 平台上选择放行、限速或拒绝某类善意 Bot。

支持自定义善意 Bot 特征码（如 IP、UA 信息），以便识别正常与网站交互的 Bot 程序，以免误杀影响企业业务。

3）恶意 Bot 管理

可通过 BotGuard 平台配置恶意 Bot 检测维度及处理机制。

（1）检测维度。

支持自定义恶意 Bot 检测维度，如是否进行 JS 检测、HTML5 检测、用户行为检测等。

（2）处理机制。

针对识别出来的恶意 Bot，可采用拦截、限速、伪造响应、重定向等处理机制，满足网站不同的场景需求。

4. Bot 可视化

如图 8-10 和图 8-11 所示，BotGuard 可实时展示 Bot 流量趋势、Bot 类型分布、Bot 流量来源和拦截情况等。

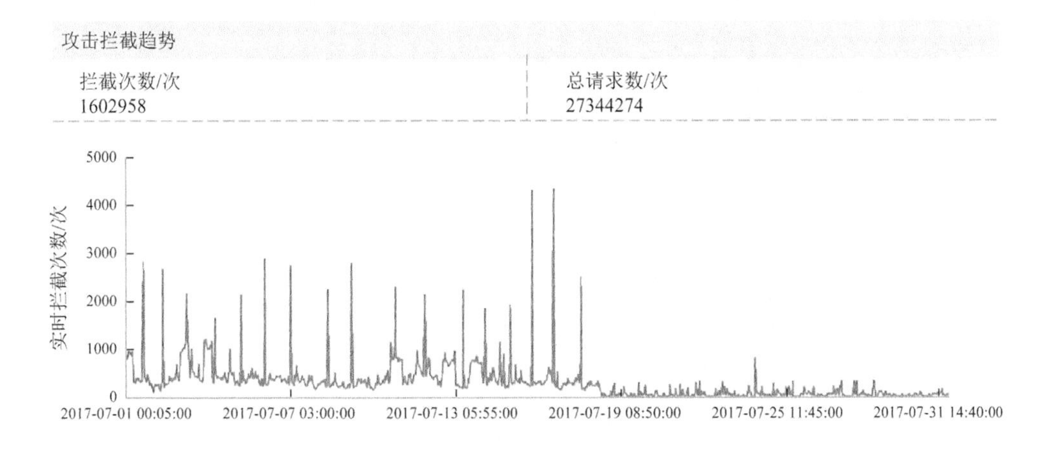

图 8-10　网宿 BotGuard 攻击趋势

BotGuard类型比例

恶意爬虫-46851次
非法登录-2145次
恶意注册-239次
其他-43次

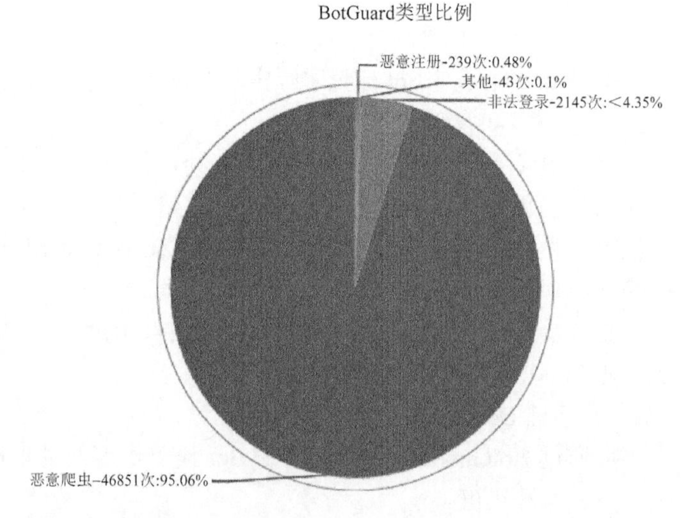

图 8-11　网宿 BotGuard 类型比例

8.3.4　产品价值

1. Bot 合理管理，保障业务正常开展

BotGuard 产品能够采用合理的措施管理善意 Bot 和恶意 Bot 流量，避免 Bot 流量占用大量服务器、带宽等资源，降低企业运营成本，保障网站业务稳定运行。

2. 私有内容防窃取，保持竞争优势

BotGuard 产品能够防止企业私有内容（如价格、库存等信息）被竞争对手通过 Bot 程序窃取，保持企业竞争优势。

8.4　网宿 API 安全与管理

8.4.1　行业现状和挑战

1. 开放 API 为大势所趋

政策法规推动 API 开放：《国家信息化发展战略纲要》中重点指出，需建立由政府主导的数据统一开放平台，推进政府和公共服务部门数据资源聚合并统一向社会开放；近年来中国陆续出台多部数据接口有关标准，对数据接口在不同领域的应用、部署、管理、防护等进行了规范，如《商业银行应用程序接口安全管理规范》、《政务信息资源交换体系 第 3 部分：数据接口规范》等。

经济效益驱动 API 开放：API 是传统行业价值链全面数字化的关键环节，API 连接的已经不仅仅是系统和数据，还有企业内部职能部门、客户和合作伙伴，甚至整个商业生态（行业和市场）。

2. API 安全管理问题凸显

开发者对 API 的依赖关注主要在于其调用的灵活性以及传输延迟，特别是在视频媒体以及高科技行业（如物联网应用）尤其明显。但同时，API 简单、开放的特性，对攻击者也同样适用，虽然 API 与传统的 Web 有同样的威胁向量，但目前针对 API 的安全意识和措施却有明显缺失，因此 API 安全问题更加突出。

API 接口负责传输数据的数据量以及敏感性在增加，针对 API 的攻击已经变得越来越频繁和复杂，成为当今不少公司的头号安全威胁。在过去的几年时间里，市场上已经看到了 API 面临的风险和攻击的巨大增长，不仅出现了 Facebook、T-Mobile 等公司的 API 违规事件，也出现了美国邮政服务（United States Postal Service，USPS）和 Google + 的 API 漏洞泄露事件。

3. API 安全管理正在成为一种共识

OWASP TOP10 是一个备受推崇的 Web 安全威胁列表，其在 2019 年将 API 安全列为未来最受关注的十大安全问题；云安全联盟（Cloud Security Alliance，CSA）在 2018 年将不安全的 API 列为云计算面临的第三大威胁；诸多此类信息表明，API 安全管理亟须落实，正在成为一种共识。

8.4.2　产品介绍

1. 产品简介

网宿 API 安全与管理产品，基于管理—保护—分析的安全管理理念，提供从 API 的创建、上下线管理到 API 调用方及调用额度的多方位管控；同时支持对 API 的持续安全检测，通过身份验证、合规性检测、对象级别授权、请求方法限制、访问控制等技术，实时检测请求流量中的恶意数据及可疑用户，保证企业 API 服务调用的高可用性及数据安全性。

2. 技术架构

网宿 API 安全与管理依托网宿分布式的边缘防护体系形成 API 安全管理网

络，通过 API 资产发现、管理、API 认证与授权管理、请求体合规检测、请求参数合规检测、API 限流与配额管理、可视化报表等核心模块，结合云端大数据分析平台、高性能分析集群联动全网请求数据，支持秒级的访问上报及控制策略下发，实时监测 API 活动、管理 API 周期、检测可疑调用，保障 API 资产的高可见性、可用性与安全性。

网宿 API 安全与管理产品架构如图 8-12 所示。

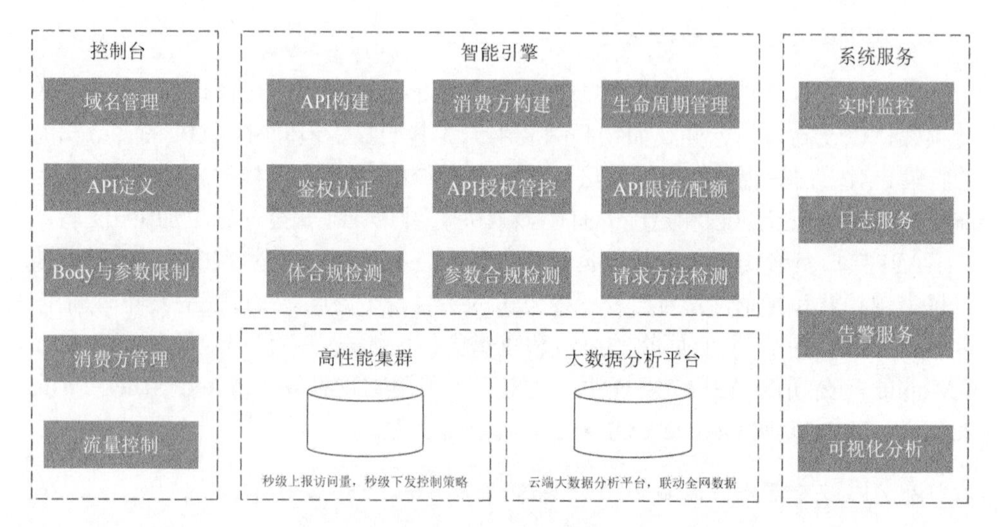

图 8-12　网宿 API 安全与管理产品架构

3. 行业场景

网宿 API 安全与管理面向的行业包括但不限于以下几点。

1）电商行业

不同类型的电子商务 API 可以帮助开发人员将其电商平台或其他供应商提供的各种功能直接集成到自家电商商店中，这有助于简化订单处理、快递运输和包裹交付等流程。随着业务 API 的剧增，给 API 的管理及安全带来了挑战，商品、库存、订单等重要接口敏感数据遭窃取及恶意篡改，影响客户下单及实际支付，给商家造成经济损失；售后、配送、促销、关联推荐等重要接口遭受非授权调用将泄露用户数据，造成数据资产流失，同时增加用户隐私数据泄露的风险。

2）金融行业

如今开放金融机构演进到智能感知用户需求的全景金融时代，以生态场景为触点，通过 API 等技术连接生态各方，数据开放扩展了数据边界，然而科技金融运用和业务场景重构，导致合规安全、业务性能等领域面临新的挑战。金融业务与资金流通息息相关，高频的支付接口调用严重侵占服务器资源、降低服务性能，将影响业务运行，带来高额损失；同时，征信信息、账户信息等数据接口遭受爬虫攻击，将严重泄露用户隐私数据，违背数据安全。

3）旅游服务行业

随着 API 经济的到来，旅游、交通、餐饮等一系列服务纷纷将业务操作、高价值数据等作为 API 开放使用，如将供应商频繁、重复、低效的操作抽象简化为一组公共服务，开放给供应商系统，供应商可以使用这些服务，推送酒店/票务咨询、产品、库存，接收订单信息，查询业务相关信息，从而实现效益最大化。开放的业务及数据进一步加深了数据泄露及数据滥用的风险，接入的第三方合作伙伴之间信息安全防护水平参差不齐，未及时有效地对 API 进行性能监测和安全访问控制，给 API 开放方的服务性能及整体安全防护带来了挑战。

4）医疗行业

医院内部信息平台间的数据共享及互联互通，例如，门诊信息接口、各类检验数据报告接口等，这些高敏感的数据通信为身份认证、授权访问带来了更高的要求；互联网 + 医疗，线上医疗咨询服务、医疗上下游供应商间的信息互通（如各类药物的库存和需求信息），须保证业务接口的高可用性及数据安全性，防止高频滥刷、数据篡改、业务中断等风险。

5）政企行业

根据国务院印发的《促进大数据发展行动纲要》的要求，各部门和地方积极建设数据开放平台，涉及的数据领域包括教育科技、民生服务、道路交通、健康卫生、资源环境、文化休闲、机构团体、公共安全、经济发展、农业农村、社会保障、劳动就业、企业服务、城市建设、地图服务等，API 使政府后台系统的开放达到了前所未有的程度，给政企业务的服务稳定性及安全性带来了挑战。非授权调用将导致敏感信息泄露，高频的接口滥刷影响服务器性能，导致网站响应缓慢，恶意篡改 API 数据将严重损害政企形象。

8.4.3　产品功能

1. API 管理

API 安全与管理通过 API 资产盘点、API 调用对象管控、API 授权范围管控、API 调用额度管控模块对 API 资产进行全方位管理，保障 API 资产的可见性及可控性。

1）API 资产盘点

定义 API 资源，对 API 的上下线生命周期、隐私状态等进行管控。当 API 下线时，所有针对 API 发起的调用将被拒绝，下线的 API 资产因不再维护可能存在未修复的漏洞同时不被用户所关注，这些 API 或作为跳板被攻击者利用，对业务服务器造成巨大影响。API 资产根据实际业务存在公开调用、第三方调用、内部调用等场景，而针对不同的敏感程度，可为 API 对应地设置私有及公开的隐私状态，公开的 API 可被任意调用，而私有的 API 需结合下方“API 授权范围管控”功能，完成授权才可访问，有效地保护敏感的 API 业务。

2）API 调用对象管控

针对将 API 提供给第三方调用或内部调用的场景，可为所有已知的 API 调用对象创建消费方，维护消费方列表，消费方可为业务合作伙伴、内部账号等，并为每一个消费方分配其身份 ID，据此消费方 ID 可标识请求调用者身份，使调用者的活跃状态可见且可控。

3）API 授权范围管控

管控所有消费方有权调用的 API 资产，同时管控对不同资产的授权周期，保障权限最小化。不同的 API 的开放程度及其调用对象范围因业务场景不同而有了区分，为了缩小 API 的调用范围，防止越权获取敏感数据，通过对象级授权，严控 API 调用者权限，同时配合周期的管控，可灵活调整调用者在不同时期对 API 的调用权限。

4）API 调用额度管控

管理 API 资产的调用额度上限，针对不同调用方、不同周期进行调用额度的灵活管控，防止超额调用。针对需要限制调用对象调用额度的场景，可为不同的调用对象、允许调用的 API、API 调用额度、额度统计周期，配置灵活的限制策略，防止部分调用者的超额调用。

2. API 保护

识别恶意的 API 调用，主动发现伪造请求、非法调用及高频调用，阻止恶意请求数据到达客户源站，缓解源站解析压力，保障 API 调用的方法可信、身份可信、数据可信。

1）API 资产发现

基于流量数据，检测请求侧以及响应侧的请求特征，根据网宿定义的 API 流量请求特征，实时分析流量日志，并自动进行 API 路径规范化与聚合，提炼路径参数。经过离线分析后，将得出的 API 资产清单，完整地展示在“API 资产发现”功能页面中，并对每一个发现的 API 进行请求趋势、响应状态码、可调用的请求方法等数据进行分析统计。

2）请求方法限制

定义合法请求方法，主动阻断恶意请求方法调用，保障接口安全。在 RESTful

Web 服务中，HTTP 请求类型表示要对资源进行的操作，使用非法的请求方法可能导致接口数据被恶意删除或恶意篡改，具体如下。

使用 HTTP GET 请求访问/employee/101，可以取回 101 用户的详细信息。

使用 POST 请求访问/employee/102，将会创建一个 ID 为 102 的新员工；使用 PUT 请求访问/employee/101，可以用来更新员工 101 的信息。

使用 DELETE 请求访问/employee/101，可以删除 ID 为 101 的员工的数据。

当接口当前只允许开放查询时，可限制其请求方法；当出现非法请求方法的调用时，即时将其阻断。

3）Body 合规检测

为请求 Body 定义合规内容，提供 Body 最大限制、JSON 嵌套层数、JSON 参数个数等最大值约束，同时限制请求的 Content Type，控制接收 Body 的安全范围，防止 API 收到规模过大的请求。攻击者发送的过大请求数据，会占用及消耗服务器资源；为绕过对请求体大小的控制，攻击者的应变为发送极小的请求体，但构造极其复杂的数据结构：如无数层的 JSON 嵌套，想方设法地耗尽服务器解析性能。通过实时检测请求 Body 的合规性，及时将构造的不合规 Body 拒之门外，保障 API 业务的平稳运行。

4）参数合规检测

为请求参数定义合规内容，对接口参数名、参数类型、参数范围、是否必带等参数合规性进行精细化校验，有效防止在未知参数的情况下非法调用接口。攻击者在未知接口格式的情况下，会存在尝试构造正常请求数据的过程，通过参数合规地检测，迅速发现尝试状态的可疑用户，组织攻击者的进一步尝试，防止敏感数据的泄露。

5）鉴权认证

客户端根据网宿鉴权算法生成动态鉴权令牌，云端防护平台接收请求携带的动态令牌并进行合法性验证，以验证业务请求是否可信。实现 API 粒度的鉴权，通过对令牌的限制，有效防止未携带令牌、构造令牌的非法调用，同时通过实时动态的检测有效防止重放攻击，阻止令牌盗用的仿冒身份请求。

6）高频请求限制

管理 API 调用频率，限制一定周期内的接口调用上限，防止接口滥用及高并发请求对业务带来的影响。在部分 API 遭到高频调用时，及时启用 API 粒度熔断机制，可使其他业务不受其影响，保障整体业务的平稳运行。

3. API 分析

如图 8-13 所示，网宿 API 安全与管理可实时地将识别到的 API 流量情况以可视化的报表呈现给用户，便于用户实时洞悉 API 活跃状态与风险态势，协助运维进行 API 管控及安全决策。网宿 API 安全与管理的可视化报表包含 API 数量、API 请求趋势、请求来源分布、消费方调用情况、风险事件趋势等指标。

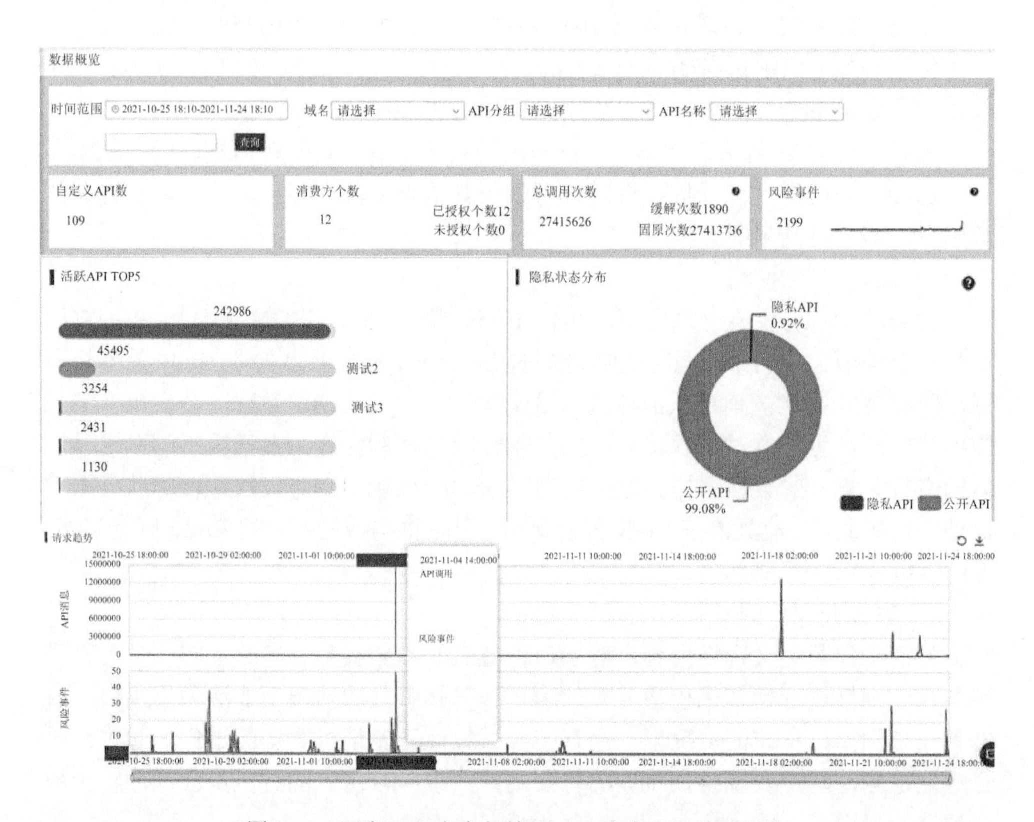

图 8-13　网宿 API 安全与管理 API 资产和风险可视化

8.4.4　产品价值

1. 分布式部署，高性能、高可靠

部署在网宿分布式的全球节点，一键部署，实时生效，全球负载均衡，单节点故障无缝转移。承接大规模 API 流量，在边缘卸载恶意流量，缓解源站压力，保障 API 业务的平稳运行。

2. 管理＋防护一体，API 全生命周期托管

API 管理、防护、分析闭环服务，提供 API 全生命周期管理的同时持续检测 API 流量，主动处置高风险事件，支持 API 大数据分析及可视化，实现 API 全生命周期的业务托管。

3. 多产品联动，一站式 API 服务

可轻松与网宿 CDN 产品、网宿云安全产品轻量集成，结合分布式拒绝服务保护、Web 应用防火墙业务安全实现云 Web 应用程序和 API 保护的一站式 Web 应用安全服务。

第 9 章　内容分发网络和边缘计算的前沿技术展望

CDN 是一种基于分布式网络的内容分发技术，可以将内容缓存在分布式的边缘节点上，从而提高用户的访问速度和服务质量。而边缘计算是一种分布式计算模型，可以将计算和存储等资源移到网络边缘，从而提高数据处理的效率和响应速度。CDN 和边缘计算作为两个热门技术领域，发展前景非常广阔。本章分别对这两个技术的进化趋势和相关前沿技术进行展望。

9.1　内容分发网络前沿技术展望

互联网用户日益增长的低时延内容分发需求导致了内容分发网络的出现。其背后的理念是，内容提供商通过一系列层级化的缓存服务器架构的部署，使得实际响应用户请求的服务器尽可能靠近用户，从而减少时延[40]。如今，CDN 的研究已经过空白发展、蓬勃发展到趋于平稳、探索新的进化方向的阶段。未来，CDN 的研究将集中在标准化过去的成果以及与各类新兴的技术结合两方面，持续地为用户提供更高效、安全的内容分发服务。本节将从总体的进化趋势和具体研究方向讨论 CDN 领域的新兴研究趋势。

9.1.1　CDN 的进化趋势

经过 20 多年的发展，CDN 已经成为互联网无形的支柱，它快速、大规模地为购物、银行、医疗保健和其他业务提供在线内容。CDN 未来的发展趋势主要包括以下几个方面。

1. 智能化

未来的 CDN 将会越来越智能化，能够通过机器学习、人工智能等技术来自动优化内容分发。例如，通过智能路由技术，根据用户的地理位置、网络状况，选择最优的服务器节点；智能缓存技术可以根据用户的访问行为和偏好，预先缓存可能被访问的内容；智能负载均衡技术可以根据服务器负载情况、网络状况等因素，自适应地调整服务器负载，避免过载。这些技术将使得 CDN 更好地适应不同的网络环境和用户需求。

2. 与边缘计算结合

边缘计算是一种新兴的技术，边缘计算则是将计算和存储资源移到网络边缘的设备上，以减少数据传输和延迟，提高数据处理效率和响应速度。未来的 CDN 将会和边缘计算结合起来，CDN 可以将网站或应用的内容缓存在离用户更近的边缘节点上，而边缘计算则可以在这些节点上进行数据处理和计算，从而提供更高效、更快速的内容分发服务。

3. 适应 5G、6G 环境

5G 和 6G 网络具有更高的带宽、更低的延迟、更多的设备连接和更广的覆盖范围，可以提供更好的网络连接和传输速度，更好地满足用户对于大规模视频、游戏、虚拟现实等应用场景的需求，从而支持 CDN 的内容分发服务。

4. 安全性增强

未来的 CDN 将会更加注重网络安全性。CDN 可以提供更强大的防御机制，例如，CDN 可以通过分散内容请求的流量，使得恶意攻击者无法直接攻击内容分发的源服务器，从而防止 DDoS 攻击；CDN 可以通过 SSL/TLS 等加密协议，将网站或应用的数据加密传输，防止数据被窃取或篡改。

9.1.2　CDN 的前沿技术发展

1. 基于人工智能的 CDN 技术

使用人工智能优化复杂的网络系统、解决资源管理问题，在近些年成为趋势。计算集群中的作业调度、视频流中的比特率自适应、云计算中的虚拟机放置、Internet 电话中继选择，这些研究在过去集中在使用传统的启发式方法，随着大数据的驱动和人工智能的发展，基于人工智能的方法成为主流，基于人工智能的方法在决策精度和在反映网络系统变化的实时性上相比原来的启发式方法都有显著的提高。

CDN 技术虽然可以在一定程度上加速流媒体内容分发，实现下载、直播和点播，与传统的中心式内容发布模式相比显示出了很大的优势，但互联网用户规模和流媒体数据的飞速增长，应用场景和用户需求的不断更新对 CDN 的分发体系、分发模型、分发机制等各方面提出了挑战。例如，环境的规模变得更大，更具动态性和异构性（例如，网络、服务类型和范围）。快速增加的用户群需要更高的网络吞吐量，而不断变化的用户期望和要求也意味着在不影响内容分发质量的前提下实现更短的传输延迟。当部署云和雾/边缘应用程序时，挑战更加复杂。面对这些复杂的挑战，人工智能技术可以帮助更好地优化内容分发的质量。

如图 9-1 所示，基于人工智能的方法在 CDN 中提高内容分发质量的工作可以分为两类，即优化内容分发服务的选择（在客户端）和优化 CDN 资源调度（在服务器端）。具体而言，在客户端，每个客户端在访问日志数据时应用人工智能技术来确定服务选择（优化体验质量（quality of experience，QoE）），例如，自适应比特率选择和自适应流。在服务器端，工作重点是优化 CDN 资源调度，如负载平衡和动态资源分配[41]。

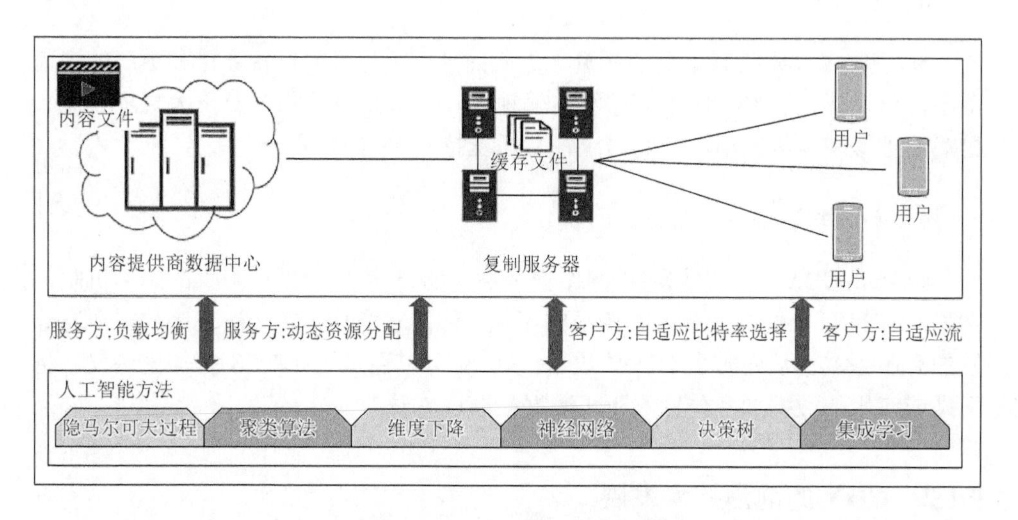

图 9-1 基于人工智能的 CDN 框架

2. CDN 与边缘计算的结合

为了提高可达性，目前，大多数 CDN 服务器都部署在互联网交换机（internet exchange，IXP）的存在点（points of presence，PoP）或分布式数据中心，这可以将内容带到世界上更多的地区，但不一定能提供更快的访问速度。随着数据服务在不同领域的普及，这种体系结构面临着越来越大的挑战。首先，服务器的分布过于集中，距离太远，无法满足一些时间关键型服务的要求，例如，游戏中的用户总是期望实时响应，即使下载速度延迟几毫秒，也可能严重地影响用户的体验质量。其次，随着越来越多的智能应用程序的部署，CDN 架构通常需要设计更多的计算资源与存储缓存集成，以增强其功能，而不仅仅是简单地拉近数据的距离，例如，可以启用网站的图像 CDN 来计算其缓存的图像将如何出现在不同用户的工具栏中[42]。

为了满足这些要求，传统的 CDN 体系结构需要扩展，不仅要增强覆盖能力，还要提高内容分发的效率。随着边缘计算的发展势头越来越强，CDN 的扩展可以通过与边缘网络集成来自然实现，这种扩展不只是将分布在离用户更近的地方，而且更关心将流程带到它将服务的设备上，利用 CDN 和边缘计算，可以为全球用户提供快速、自适应的内容。鉴于这些优势，许多公司目前正在将边缘计算作为改进 CDN 的一种可行手段，这导致了所谓的基于边缘的内容分发网络[42]。

如图 9-2 所示，展示了一个典型的基于边缘计算的内容分发网络，在边缘计算的架构中，可以根据需要和存储策略将内容缓存于用户设备、边缘节点、宏基站、小型基站等。可以采取不同的缓存策略：反应式缓存、主动式缓存、分布式缓存、协作缓存、编码缓存、概率缓存和基于博弈论的缓存。两种最常见的模型是反应式缓存策略和主动式缓存策略[43]。

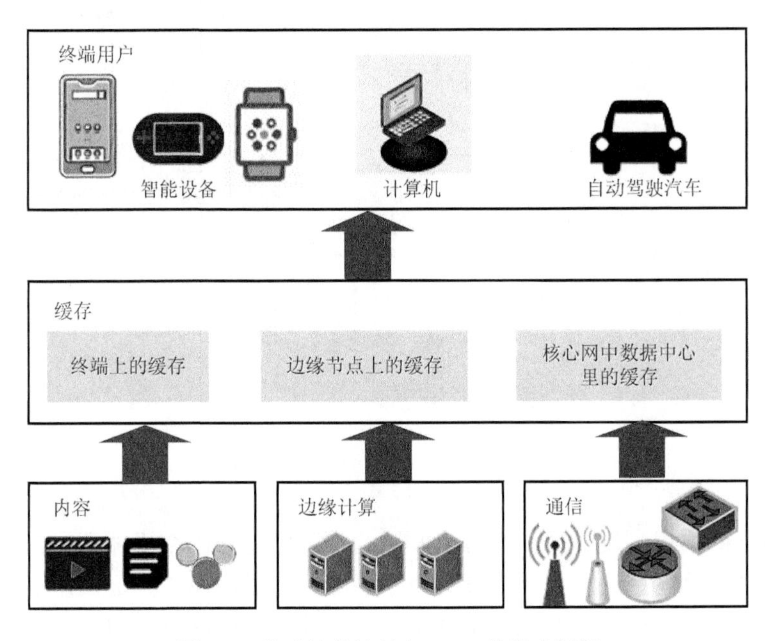

图 9-2　移动边缘计算与 CDN 的结合框架

3. 移动 CDN 技术

在过去的十年里，由于智能手机和平板电脑技术以及物联网、虚拟现实（VR）和增强现实（AR）等应用的发展，移动数据流量呈指数级增长。为了满足日益增长的网络需求，无线通信系统几乎每十年都会进行一次开发和更新。第五代移动通信技术（5G）已于 2018 年实现标准化，并于 2019 年底开始商业部署。迄今为止，许多国家和组织已经就 6G 展开了辩论。大多数研究人员都认为 6G 将是一个智能、动态、异构和密集的网络，它能将万物互联，而且有望支持比 5G 快 100～1000 倍的数据速率（即 1Tbit/s）[44]。

5G 网络的低时延特性及网络切片（network slice，NS）等技术，能够支持各类 CDN 服务。图 9-3 展示了一个典型的移动 CDN 架构。移动运营商可以在 5G 网络外围部署轻量级 CDN，借助核心调度层对于网络热点的实时分析，可以快速地从周围 CDN 节点中获取内容，从而高效地为用户提供热点内容的缓存服务，显著降低了边缘节点的流量[45]。

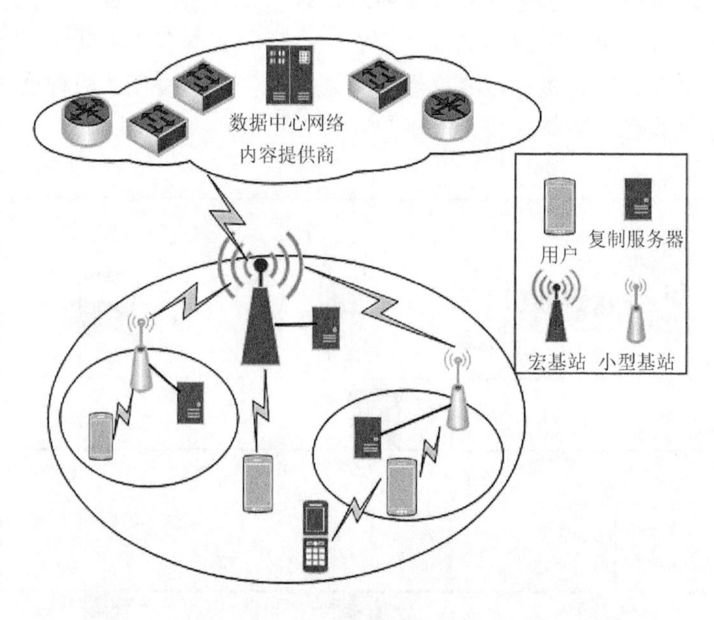

图 9-3　移动 CDN 框架

在移动网络中实现高效的内容分发比起传统的有线网络更加困难。第一，与有线客户端相比，移动用户通常具有较小的缓存容量；第二，无线用户具有移动性，而有线客户端没有；第三，移动网络往往比有线网络具有更多的动态网络拓扑；第四，无线信道比有线信道具有更多的不确定性。因此，有线缓存策略不能直接应用于无线网络中。当我们在移动网络中设计高效的缓存策略时，需要考虑移动网络独特的传输特征，如有限的频谱资源和同信道的干扰[46]。

移动 CDN 包括多项新型的关键技术，如移动感知缓存（mobility-aware caching）、编码缓存（coded caching）、面向缓存的网络切片（network slicing）、用于无线缓存的大数据处理技术等。这些技术研究如何放置文件，如何编码文件，如何在各类给定的通信约束下发放文件等问题，实现智能预取、智能分发以及基站间的无缝切换。

4. CDN的隐私安全保护技术

近年来，大量内容提供商（CP），如Netflix、Youtube和Facebook，使用CDN来交付地理位置更接近用户的对象。CDN不仅降低了用户端的端到端延迟，还降低了内容提供商的负载，确保了在面对分布式拒绝服务攻击时的可用性[47]。

尽管具有这些好处，CDN的使用也分别给内容提供商和用户带来了机密性和隐私性问题。在大多数情况下，内容提供商可能希望其对象仅对特定的一组用户可用。例如，只有付费用户才能在Netflix上观看按次付费的电影。然而，一旦对象被外包给CDN节点，它将失去内容提供商的控制。在电子商务中，每种产品的受欢迎程度都是业务关键信息。CDN服务提供商可以通过分析每个CDN节点上的请求历史来获得对象流行度，如果恶意CDN服务提供商将这些信息出售给竞争对手，将严重影响内容提供商的业务战略。最后，当内容通过CDN传递时，用户的隐私也可能受到影响[47]。

因此，在CDN中分发敏感对象时，保护对象和请求的内容，对象的受欢迎程度，以及CDN服务提供商的用户偏好是至关重要的。可搜索加密（searchable encryption，SE）支持在密文数据上的搜索，是上述隐私问题的一个有力解决方案，在CDN隐私保护的研究中受到广泛关注。

另外，CDN也存在着安全问题，CDN也会受到安全攻击，如DDoS，尽管CDN网络的结构功能使其更能抵御DDoS攻击，但过去的攻击事件表明，DDoS正变得越来越复杂，使各种基础设施层饱和。此外，每种DDoS攻击的特定性和不断发展的性质使得调度、跟踪和缓解流量变得困难。最小化CDN网络上的DDoS也变得越来越困难和复杂。安全问题会影响CDN服务和最终用户体验，降低CDN提供商的声誉，导致重大收入损失，因此，CDN必须保护内容免受盗窃和丢失，同时通过减少安全攻击来保持内容的可用性[48]。

9.2 边缘计算的未来展望

边缘计算作为近年来备受关注的一项新兴技术，它可以将计算和存储资源部署在靠近数据源的边缘设备上，从而提供更快速、可靠、安全的服务[49-51]。本章已经通过技术分析、研究热点和应用现状等多种角度对边缘计算进行了详细的解释。未来，边缘计算将持续发展和演进，为各行各业带来更多的创新和变革。本节将从整体展望、技术发展展望和应用发展三个角度对边缘计算技术的未来进行对应的阐述。

9.2.1 边缘计算的整体进化趋势

1. 加速网络和降低时延

随着人工智能、大数据和物联网等技术的快速发展，数据量的爆炸式增长和对实时性的要求越来越高，传统的云计算架构已经无法满足业务需求。而边缘计算将成为这些问题的解决方案。未来，边缘计算将带来更快速、可靠和安全的网络连接，实现数据的实时处理和传输，并降低网络时延。

2. 支持更多应用场景

目前，边缘计算已经应用于智能家居、工业自动化、智能交通等多个领域。未来，边缘计算将会应用到更多的场景中，例如，医疗保健、智慧城市、无人机等。边缘计算的应用将不断扩大，从而满足更多领域的需求。

3. 推动数字转型

边缘计算的应用可以提供更高效、更安全和更可靠的数字解决方案，从而推动数字转型的进程。边缘计算将为企业带来更多的机会和挑战，帮助企业更好地适应数字化时代的变化[52]。

4. 增强安全性和隐私保护

边缘计算可以将计算和存储资源部署在靠近数据源的边缘设备上，因此可以提供更加安全和可靠的服务。边缘计算可以通过加密技术、身份验证等手段来增强安全性和隐私保护，使得数据更加安全和可信。

5. 打造新的商业模式

边缘计算可以帮助企业改变传统的商业模式，实现更高效、更灵活的业务模式。例如，边缘计算可以提供更加个性化、定制化的服务，满足不同用户的需求。此外，边缘计算还可以提供更加多样化的服务，从而创造更多的商业机会。

6. 加速边缘计算的标准化和规范化

边缘计算涉及多个领域的技术，如计算、通信、安全等，因此标准化和规范化对于边缘计算的发展至关重要。未来，边缘计算标准化和规范化将逐步完善和健全，从而为边缘计算的应用提供更好的支持和保障[50]。

7. 促进技术创新和研发

边缘计算涉及多个领域的技术，如计算、通信、安全等，这意味着边缘计算需要跨领域的技术创新和研发。未来，边缘计算将促进技术创新和研发，从而推动技术的发展和进步。

8. 增加资源利用效率

传统的云计算架构需要将数据传输到云端进行处理和分析，这会导致网络负载过重和能源浪费。而边缘计算可以将计算和存储资源部署在靠近数据源的边缘设备上，从而减轻网络负载和能源浪费，提高资源利用效率。

9. 提升用户体验

边缘计算可以提供更快速、更可靠和更安全的服务，从而提升用户体验。例如，在智能家居中，边缘计算可以实现智能设备的快速响应和实时互动，从而提高用户的满意度。

10. 推动边缘智能化的发展

随着边缘计算的发展，边缘智能化的应用将不断扩大和深化[6]。未来，边缘智能化的应用将会涉及更多的领域，例如，智能制造、智能农业、智能交通等。边缘智能化将为各行各业带来更多的创新和变革。

总之，边缘计算将是未来计算和通信领域的重要方向之一。未来，随着技术的不断发展和进步，边缘计算将会带来更多的创新和变革。同时，也需要注意解决边缘计算中的安全和隐私等问题，推动边缘计算的标准化和规范化，促进技术创新和研发，提高资源利用效率，提升用户体验，推动边缘智能化的发展。

9.2.2　边缘计算的技术手段展望

如果从技术手段来对边缘计算进行展望，边缘计算架构正在随着人工智能技术、边缘计算平台、边缘设备的不断普及而迅速成为学术界研究的热点。不仅如此，边缘计算架构还针对特定场景和商业应用等内容进行深入融合。接下来将具体阐述未来边缘技术可能发展的技术手段。

1. 网络技术

网络技术是边缘计算的基础，而 5G 等新一代网络技术的发展将为边缘计算的应用提供更好的基础。5G 网络具有超高带宽和低时延的特点，可以为边缘计算提供更快速、更可靠和更安全的网络环境，从而实现边缘计算的实时性和响应性。

未来，5G 网络将为边缘计算带来更多的应用场景和商业模式。例如，5G 网络可以为智能制造、智能交通和智能城市等领域提供更完善的解决方案，从而推动边缘计算的发展。此外，边缘计算还需要更完善的网络技术支持，例如，边缘计算节点之间的通信、网络拓扑优化等。网络技术将为边缘计算的发展提供更全面和更可靠的支持。

2. 人工智能技术

人工智能技术是边缘计算的另一个重要支持。边缘计算可以通过将人工智能算法部署在边缘设备上，实现智能化的边缘应用服务。

未来，人工智能技术将为边缘计算带来更多的应用场景和商业模式。例如，在智能家居中，人工智能技术可以为智能家居设备提供更智能化和更个性化的服务。在智能制造中，人工智能技术可以实现智能化的设备监测和智能化的质量控制。此外，人工智能技术还可以为边缘计算带来更高的效率和更好的性能。例如，在视频监控领域，人工智能技术可以实现实时的视频分析和人脸识别等功能，从而提高视频监控的效率和准确性。

3. 边缘计算平台

边缘计算平台是边缘计算的关键技术之一。边缘计算平台可以提供边缘设备的资源管理、应用部署和数据处理等服务，从而实现边缘计算的可靠性和稳定性。

未来，边缘计算平台将成为边缘计算的核心技术之一。边缘计算平台需要满足边缘设备的资源限制、应用场景的多样性和安全性等要求，从而实现边缘计算的高效性和可扩展性。此外，边缘计算平台还需要结合人工智能技术和网络技术等方面的支持，从而实现更全面和更优化的边缘计算平台。

4. 边缘设备

边缘设备是边缘计算的重要组成部分。边缘设备需要具备一定的计算和存储能力，可以满足不同场景下的应用需求。

未来，边缘设备将成为边缘计算的重要发展方向之一。边缘设备需要结合人工智能技术、网络技术等方面的支持，实现更智能化、更可靠和更安全的服务。此外，边缘设备还需要具备更多的功能和能力，例如，边缘设备之间的协作、设备的自适应能力等。未来，边缘设备的发展将为边缘计算带来更多的应用场景和商业模式。

5. 安全技术

安全技术是边缘计算的重要保障。边缘计算需要面对复杂的网络环境和安全威胁，需要具备完善的安全技术支持。

未来，安全技术将成为边缘计算的重要发展方向之一。边缘计算需要结合区块链技术、密码学技术等方面的支持，实现更可靠和更安全的服务。此外，边缘计算还需要加强数据隐私保护等方面的支持，从而保护用户的隐私权。安全技术将为边缘计算的发展带来更多的保障和支持。

6. 应用场景

边缘计算的应用场景非常广泛。未来，边缘计算将为各个领域的应用提供更多的解决方案和商业模式。

例如，在智能家居中，边缘计算可以实现智能化的设备控制和更智能化的服务。在智能制造中，边缘计算可以实现智能化的设备监测和更高效的生产管理。此外，在物流和零售领域，边缘计算可以实现更高效的物流管理和更智能化的零售服务。在智能医疗中，边缘计算可以实现更高效的医疗服务和更智能化的医疗管理。边缘计算的应用场景将不断扩大，各个领域都将可以通过边缘计算实现更高效和更智能化的服务。

7. 商业模式

边缘计算的发展离不开商业模式的支持。未来，边缘计算将为各个领域的商业模式提供更多的创新和变革。

例如，在智能家居中，边缘计算可以实现更智能化的服务，从而实现服务的个性化和差异化。在智能制造中，边缘计算可以实现更高效的生产管理，从而实现生产的个性化和定制化。此外，在物流和零售领域，边缘计算可以实现更高效的物流管理和更智能化的零售服务，从而实现物流的个性化和定制化。边缘计算的商业模式将更加多样化和创新化，为各个领域的发展带来更多的机遇和挑战。

总结来说，边缘计算作为新一代计算技术，将为各个领域的应用带来更高效和更智能的服务。未来，边缘计算将在技术、应用场景、商业模式等方面不断发展和创新，为各个领域的发展带来更多的机遇和挑战。在技术方面，边缘计算将面临更多的挑战和机遇，需要结合人工智能技术、网络技术等方面的支持，实现更高效和更可靠的服务。在应用场景方面，边缘计算将为各个领域的应用提供更多的解决方案和商业模式，从而实现更高效和更智能化的服务。在商业模式方面，边缘计算将为各个领域的商业模式提供更多的创新和变革，从而实现更个性化和更定制化的服务。总之，边缘计算是未来计算技术的重要发展方向之一，将为各个领域的发展带来更多的机遇和挑战。我们期待边缘计算在未来的发展中，实现更高效、更可靠、更安全和更智能的服务，为人类社会的进步和发展做出更多贡献。

9.2.3 边缘计算开源平台的发展

近年来边缘计算快速发展，得到了越来越多的关注和应用。随着边缘计算市场的扩大和应用场景的增多，越来越多的开源平台出现在市场上，以支持边缘计算的发展。在最初的起步阶段，边缘计算主要应用于机器人、智能交通和智能家居等领域的研究和应用。在这个阶段，边缘计算的开源平台还很少，主要是一些研究机构和厂商自主开发的平台。随着边缘计算技术的逐渐成熟，一些开源平台开始出现。例如，OpenFog 联盟于 2017 年发布了一个名为 OpenFog Reference Architecture 的开源平台，该平台为边缘计算的实现提供了一套标准架构。此外，百度也在 2017 年推出了一个名为 OpenEdge 的开源平台，用于构建边缘计算应用。

接着进入了边缘计算开源平台的迅速增长时期，越来越多的开源平台也开始涌现并逐渐开始了平台的多样化。例如，Eclipse IoT 在 2018 年推出了一个名为 Eclipse ioFog 的开源平台，它提供了一套工具和框架，用于在边缘设备上运行容器化应用程序。此外，Zededa 也在 2018 年推出了一个名为 EZ Edge 的开源平台，它提供了一套全栈解决方案，用于在边缘设备上构建和管理应用程序。华为在 2019 年基于 Kubernates 推出了一个名为 KubeEdge 的开源平台，它将 Kubernetes 的容器编排技术扩展到边缘设备上，使得在边缘设备上运行容器化应用程序更加容易和可靠。此外，Nutanix 也在 2019 年推出了一个名为 Nutanix Karbon Edge 的开源平台，它提供了一套完整的边缘计算解决方案，包括管理、安全和容错等方面。此外，2019 年年底，OpenYurt 由阿里云正式推出，它是 Kubernetes 的一个扩展，为边缘计算提供了一个自动化部署、升级和管理的解决方案。OpenYurt 可以将边缘设备和云端的 Kubernetes 集群无缝连接起来，使得应用程序可以在边缘设备和云端之间自由迁移。OpenYurt 还提供了多种插件和工具，使得边缘设备和云端的 Kubernetes 集群可以更加高效和安全地协同工作。SuperEdge 由腾讯在 2020 年 12 月底推出，它是一个面向边缘计算的全栈解决方案，为边缘计算应用程序提供了全套的开发、部署和管理工具。SuperEdge 支持多种边缘计算设备和网络环境，并且提供了统一的 API 和管理界面，使得开发者可以更加便捷地开发和管理边缘计算应用程序。SuperEdge 还提供了数据管理、安全保护、性能优化和容错处理等功能，可以保证边缘计算应用程序的高效和稳定运行。2021 年开始，华为推出了 KubeEdge 的子项目 Sedna，致力于在边缘侧进行部署模型训练和推理等多种功能，以支持人工智能应用的开发和部署。Sedna 的边缘计算能力主要是通过华为 Atlas AI 智能计算平台来实现的，可以将人工智能应用部署在边缘设备上，以实现更加低延迟、高效能的推理和处理。

未来，边缘计算开源平台的发展将会越来越重要。随着 5G 技术的普及和物联网设备数量的增加，边缘计算应用场景将会越来越多样化和复杂化。因此，边缘计算开源平台需要具备以下特点。

（1）更高的性能和可靠性：边缘计算应用需要更高的性能和可靠性，因为它们需要在较短的时间内响应请求和提供服务。因此，边缘计算开源平台需要提供更高效的计算和存储资源管理机制，以保证应用程序的运行效率和可靠性。

（2）更好的安全和隐私保护：随着物联网设备的普及和数据量的增加，边缘计算应用需要更好的安全和隐私保护机制，以保护用户数据和应用程序的安全性。因此，边缘计算开源平台需要提供更好的安全和隐私保护机制，例如，数据加密和身份认证等。

（3）更容易使用的开发和管理工具：边缘计算应用程序的开发和管理需要更容易使用的工具和框架，以降低开发和管理的门槛。因此，边缘计算开源平台需要提供更多的开发和管理工具，如自动化部署、可视化界面和监控等。

（4）更好的兼容性和扩展性：随着边缘计算应用场景的不断变化和扩展，边缘计算开源平台需要具备更好的兼容性和扩展性。它需要能适应不同的硬件和软件环境，并且能够支持不同的应用程序类型和数据格式。

（5）更好的整合和标准化：随着边缘计算市场的不断扩大和应用场景的不断增多，边缘计算开源平台需要更好的整合和标准化。这样可以让不同的厂商和开发者在同一个平台上开发和部署边缘计算应用程序，并且提高整个边缘计算生态系统的互操作性和可扩展性。

总的来说，未来边缘计算开源平台的发展趋势将是更高效、更安全、更易用、更兼容和更标准化。这将有助于推动边缘计算技术的普及和应用，为人们的生产和生活带来更多的便利和效益。

9.2.4　未来边缘计算应用范例

在移动通信网络发展演进的过程中，算力需求的快速增长，传统的云边协同的网络体系架构承担着越来越多的算力服务。在未来的边缘计算的应用范例中，除了云计算中心和边缘侧的资源外，端侧网络本身空闲着大量的算力资源。不仅如此，随着芯片制造工艺的不断进步，各种智能设备的性能不断提高，如智能手机、智能穿戴设备等。这些设备能够提供越来越多的算力和存储资源，为端侧算力网络体系架构下边缘计算技术的进一步应用和实现提供更多可能。端侧算力本身具有自身的特点，包括移动特性、分布特性及组网特性，而相关研究相比于传统云边体系架构显得尤为匮乏。为了应对这一现状，需要在未来的边缘计算应用中将端侧算力网络纳入云边端协同统一协同调度，尤其是在逐渐兴起的 6G 网络架构中，通过已有的边缘计算基础构建高效的端侧算力体系架构和新型网络范式，可以让泛在的云边端资源得到更加充分的利用，实现端侧算力感知、端侧资源虚拟化、端侧设备多粒度算力调度以及保障安全隐私。图 9-4 展示了 6G 架构下的边缘计算技术通过 WiFi、光纤和卫星接入等方式连接大量分散的智能终端设备，从而充分调度利用端侧算力，实现网络内生智能的应用场景。

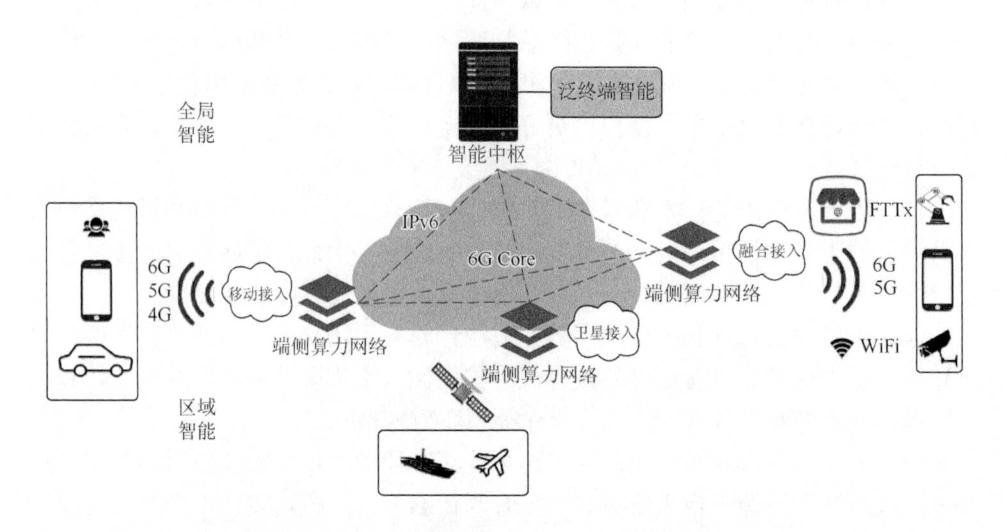

图 9-4　边缘计算技术在 6G 网络中的应用场景

在未来的边缘计算应用范例中往往会是一个融合网络、计算、存储、应用核心能力的开放平台。利用边缘计算的架构和技术，它能提供智能服务，满足行业数字化在敏捷连接、实时业务、数据优化、应用智能、安全与隐私保护等方面的关键需求。在实现过程中将智能模型部署在边缘服务器或者终端设备上，使服务贴近用户，更快、更好地为用户提供智能服务。不仅如此，在边缘侧和端侧组成的算力网络中，智能协同任务（主要包括协同训练和协同推理）的个性化执行将成为一种常态。未来边缘计算的应用中协同训练任务依托多方算力和数据，所以通常在资源、隐私保护等限制下，分治训练任务，进而融合各方的中间计算结果，形成最终的全局模型。值得注意的是，协同推理任务聚焦在边缘服务器和终端设备上部署和使用智能模型以满足不同应用的需求。人工智能模型，特别是深度学习模型的协同任务属于资源密集型任务，依赖高性能的硬件支持。对于智能任务，完全依赖云端进行处理会导致高通信延迟和隐私问题，而仅仅在终端设备上进行本地模型处理，则可能导致高计算延迟、低模型精度的问题。因此，需要对大模型进行解耦，对解耦后得到的小模型进行模型调度，综合考虑任务需求、模型特点、各级节点的电量、异构的计算能力等综合因素，将任务中简单的、实时性高的部分由终端设备处理，复杂的、实时性低的部分由云端模型处理，各级设备协同处理，高效地完成训练和推理任务。

如图 9-5 所示，当终端智能设备在未来大量地进入边缘计算的应用网络体系以后，传统基于云计算中心和边缘服务器的架构中具有资源受限、系统异构、分布范围广等特点将会进一步被放大。为了构建边缘计算应用网络体系架构，需要充分发掘和利用终端智能设备的算力资源，实现对边缘侧硬件设备和端侧设备的算力进行实时动态感知，并对不同硬件设备进行多层次算力等资源的应用编排，尤其是对主流的终端智能设备的处理将会成为关键。

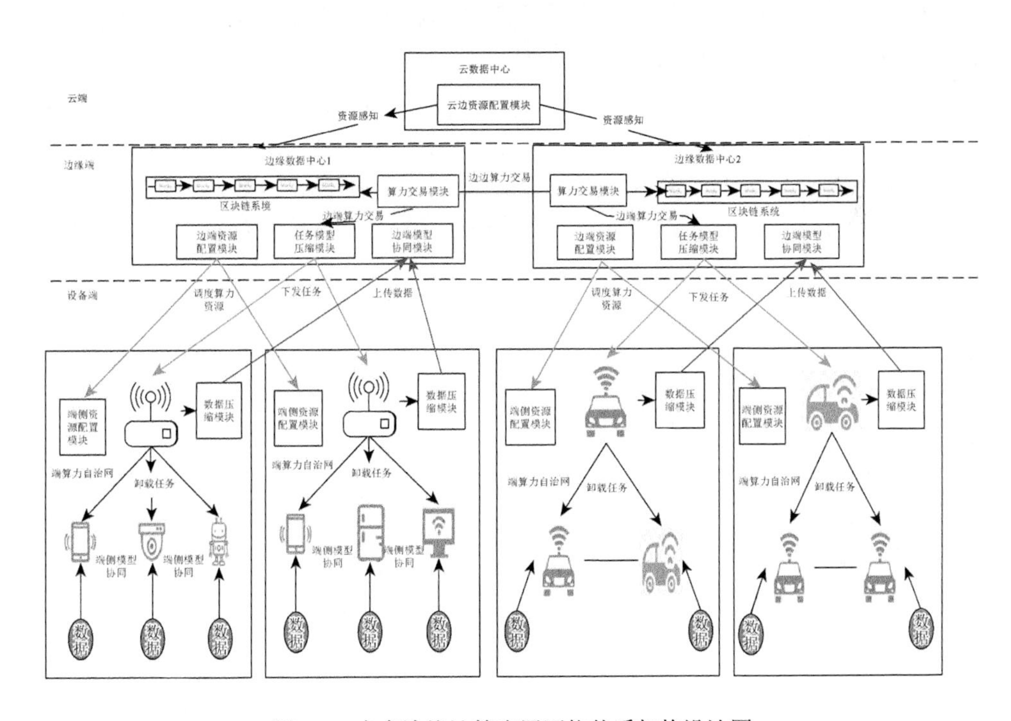

图 9-5　未来边缘计算应用网络体系架构设计图

目前主流的终端智能设备可分为如智能汽车等时空动态变化的终端设备和类似智能家居等相对静态的终端设备两类。对于前者，智能汽车等移动终端设备可构成时空高度动态的端侧算力网络。该网络中智能终端设备的时空变化较快，随时可能会有设备退出或加入该网络，我们将研究如何实时动态地感知端侧算力设备的加入和退出。对于后者，智能家居等终端设备往往处于室内，连接较为稳定，但是不同的智能家居算力具有较大差异。智能台灯、智能冰箱计算能力较弱，但是连接电源拥有充足的电量。手机、电脑计算能力较强，但是在未连接电源时电量会成为其完成算力任务的瓶颈。所以我们将研究如何对不同算力及资源的终端设备进行多层次的管理，基于各个设备实时的计算能力、存储能力、电量和通信能力的变化，对其所具有的能力进行评估并分层编排。可以预见的是，在未来的边缘计算应用范例中，这种架构为用户提供的是近期在迅速发展的智能服务，它的核心技术是分布式机器学习模型的训练和推理。而直接将传统的分布式机器学习框架部署在复杂的多层次的边缘计算网络上往往会出现通信、效率、安全等各方面问题，因此在未来的研究中需要设计、优化针对多层级、资源有限的多种边缘计算设备所支持的训练和推理框架，并针对各类应用需求实现智能模型的最佳部署方案。如图 9-6 所示，作者在最新的研究中，提出了相应的智能模型协同训练与推理技术和模型调度技术。具体来说，将从智能任务变化适应性、隐私保护能力、可扩展性、激励机制、效率几个方面来优化未来边缘计算架构下的协同训练、推理框架。根据不同的模型训练、推理任务的需求和终端算力设备资源约束条件，权衡和量化各类指标，并对智能模型、设备资源和任务需求分别进行建模，最后通过压缩、分割的方式对人工智能模型进行解构（decomposition）并构建解构后的人工智能模型到拥有不同层次算力设备之间的最佳映射。

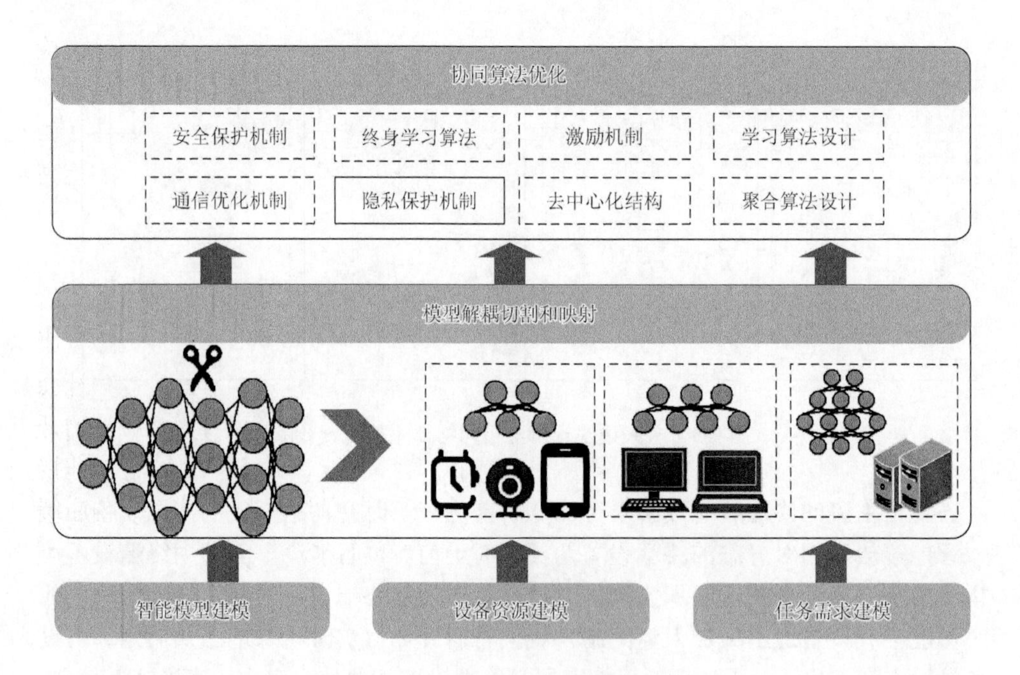

图 9-6　任务协同和模型调度框架设计

整体来说，边缘计算是一项令人兴奋的技术，它已经在现实世界中发挥了越来越重要的作用。随着技术的进步和创新，我们有理由相信边缘计算会在未来继续发挥巨大的作用，并成为技术创新的重要驱动力。从实时数据分析到物联网设备的管理，从智能城市到智能家居，边缘计算将为未来的数字化世界提供更好的解决方案。这个领域还有许多问题需要解决，如网络安全、可靠性和隐私问题，但是我们相信，随着技术的不断发展和完善，这些问题也将被逐步解决。边缘计算将继续推动数字化转型，为人们的生活和工作带来更多的便利和效率。我们期待着未来边缘计算技术的进一步发展，同时也期待着更多的人加入这个领域的研究和探索。让我们一起迎接未来，共同创造更美好的世界。

参 考 文 献

[1] 何峰赋. 5G 移动网络新技术及核心网架构. 电子技术与软件工程，2019，（19）：7-8.

[2] 中国电子信息产业发展研究院. 2021 5G 发展展望白皮书. https://www.sgpjbg.com/baogao/51019.html[2023-09-03].

[3] 史健，陈北雅，刘璐. 爱立信基于 IMS 的固网移动融合（FMC）解决方案. 电信网技术，2008，（10）：44-48.

[4] 宁冬. 5G 环境下流媒体内容生产与传播研究. 新媒体研究，2020，6（23）：85-87.

[5] 中兴通讯股份有限公司. 5G CDN 白皮书. https://www.zte.com.cn/china/about/news/20201020C2.html[2023-09-11].

[6] 李子姝，谢人超，孙礼，等. 移动边缘计算综述. 电信科学，2018，34（1）：87-101.

[7] 中国移动 5G 联合创新中心.区块链 + 边缘计算技术白皮书：中国移动 5G 联合创新中心创新研究报告. https://www.docin.com/p-2550194413.html[2023-09-03].

[8] 齐彦丽，周一青，刘玲，等. 融合移动边缘计算的未来 5G 移动通信网络. 计算机研究与发展，2018，55（3）：478-486.

[9] 百度百科. Cloud Computing 云计算. https://www.baike.baidu.com/item/云计算/9969353[2023-02-20].

[10] 百度百科. 云服务. https://www.baike.baidu.com/item/云服务/7843499[2023-02-19].

[11] RedHat. 一文了解云计算的类型与相关概念. https://www.redhat.com/zh/topics/cloud-computing/public-cloud-vs-private-cloud-and-hybrid-cloud[2023-02-20].

[12] Box G E P，Pierce D A. Distribution of residual autocorrelations in autoregressive-integrated moving average time series models. Journal of the American Statistical Association，1970，65（332）：1509-1526.

[13] Dashevskiy M，Luo Z Y. Prediction of long-range dependent time series data with performance guarantee. Proceedings of the Stochastic Algorithms：Foundations and Applications：5th International Symposium，Sapporo，2009.

[14] Wagner H M. An integer linear-programming model for machine scheduling. Naval Research Logistics Quarterly，1959，6（2）：131-140.

[15] Liu L，Chen C，Pei Q Q，et al. Vehicular edge computing and networking：A survey. Mobile Networks and Applications，2021，26（3）：1145-1168.

[16] Guo H Z, Liu J J, Ren J, et al. Intelligent task offloading in vehicular edge computing networks. IEEE Wireless Communications，2020，27（4）：126-132.

[17] Cheng J，Guan D J. Research on task-offloading decision mechanism in mobile edge computing-based internet of vehicle. EURASIP Journal on Wireless Communications and Networking，2021，（1）：101.

[18] Dai M H，Su Z，Xu Q C，et al. Vehicle assisted computing offloading for unmanned aerial

vehicles in smart city. IEEE Transactions on Intelligent Transportation Systems，2021，22（3）：1932-1944.

[19] Wan S H，Li X，Xue Y，et al. Efficient computation offloading for Internet of vehicles in edge computing-assisted 5G networks. The Journal of Supercomputing，2020，76（4）：2518-2547.

[20] Chen C，Zhang Y，Wang Z，et al. Distributed computation offloading method based on deep reinforcement learning in ICV. Applied Soft Computing，2021，103：107108.

[21] Higuchi T，Ucar S，Altintas O. Offloading tasks to vehicular virtual edge servers. Proceedings of the 2019 IEEE 16th International Conference on Mobile Ad Hoc and Sensor Systems Workshops（MASSW），Monterrey，2019.

[22] Malik P K，Sharma R，Singh R，et al. Industrial internet of things and its applications in industry 4.0：State of the art. Computer Communications，2021，166：125-139.

[23] 阿里巴巴中间件. 阿里云边缘容器服务 ACK@Edge 通过 33 项测评，拿到“2021 云边协同能力认证”. https://developer.aliyun.com/article/784645[2022-11-15].

[24] Open Yurt. OpenYurt 架构. https://openyurt.io/zh/docs/core-concepts/architecture[2022-11-17].

[25] Open Yurt. OpenYurt 介绍. https://openyurt.io/zh/docs/[2022-11-17].

[26] 阿里云. ACK@Edge 概述. https://www.alibabacloud.com/help/zh/container-service-for-kubernetes/ latest/ack-edge-overview[2022-11-16].

[27] Open Yurt. OpenYurt 助力申通快递云边端 DevOps 协同. https://openyurt.io/zh/docs/best-practices/practices-1[2022-11-16].

[28] Chen J S，Ran X K. Deep learning with edge computing：A review. Proceedings of the IEEE，2019，107（8）：1655-1674.

[29] 百度智能云. 智能边缘产品概述. https://cloud.baidu.com/doc/BIE/s/Gjwvyhh7i[2022-11-17].

[30] 百度智能云. 智能边缘开源框架 Baetyl，构建边缘融合智能应用. https://developer.baidu.com/ article/detail.html？id = 293634[2022-11-22].

[31] Baetyl. Baetyl 架构. https://baetyl.io/docs/cn/latest/overview/architecture.html[2022-11-17].

[32] 百度智能云. Intelligent Edge Video-infer Realizes Edge Video AI Inference. https://intl.cloud.baidu.com/doc/BIE/s/7k3nv4ysd-en[2022-11-25].

[33] Jiang X，Yu F R，Song T，et al. A survey on multi-access edge computing applied to video streaming：Some research issues and challenges. IEEE Communications Surveys & Tutorials，2021，23（2）：871-903.

[34] 爱奇艺. 爱奇艺边缘计算探索与实践. https://www.infoq.cn/article/yebsga8phmpekekkh1bf [2023-01-02].

[35] KubeEdge. KubeEdge 官方文档. https：//kubeedge.io/zh/docs/kubeedge/[2023-01-05].

[36] 傅国庆，范传根. 云原生边缘计算 KubeEdge 在智慧停车中的实践. https://zhuanlan.zhihu.com/p/498461327[2023-01-05].

[37] Richter F. The End of the Flash Era. https://www.statista.com/chart/3796/websites-using-flash [2023-01-05].

[38] Technavio. Web Real Time Communication（webRTC）Market by Service and Geography-Forecast and Analysis 2022-2026. https://www.technavio.com/report/web-real-time-communication-market-industry-analysis[2023-01-05].

[39] 中商情报网. 2022 年中国在线教育行业及其细分领域市场规模预测分析. https://www.

askci.com/news/chanye/20220107/1148131716902.shtml[2023-01-05].

[40] Zolfaghari B，Srivastava G，Roy S，et al. Content delivery networks：State of the art，trends，and future roadmap. ACM Computing Surveys，2020，53（2）：34.

[41] Lu Z H，Gai K K，Duan Q，et al. Machine learning empowered content delivery：Status，challenges，and opportunities. IEEE Network：The Magazine of Global Internetworking，2020，34（6）：228-234.

[42] Wang Y，Dai H，Han X X，et al. Cost-driven data caching in edge-based content delivery Networks. IEEE Transactions on Mobile Computing，2021：1384-1400.

[43] Aghazadeh R，Shahidinejad A，Ghobaei-Arani M. Proactive content caching in edge computing environment：A review. Software：Practice and Experience，2023，53（3）：811-855.

[44] Zhang S W，Liu J J，Guo H Z，et al. Envisioning device-to-device communications in 6G. IEEE Network，2020，34（3）：86-91.

[45] 谢人超，廉晓飞，贾庆民，等. 移动边缘计算卸载技术综述. 通信学报，2018，39（11）：138-155.

[46] Li L Y，Zhao G D，Blum R S. A survey of caching techniques in cellular networks：Research issues and challenges in content placement and delivery strategies. IEEE Communications Surveys & Tutorials，2018，20（3）：1710-1732.

[47] Cui S，Asghar M R，Russello G. Privacy-preserving content delivery networks. 2017 IEEE 42nd Conference on Local Computer Networks（LCN），Singapore，2017.

[48] Ghaznavi M，Jalalpour E，Salahuddin M A，et al. Content delivery network security：A survey. IEEE Communications Surveys & Tutorials，2021，23（4）：2166-2190.

[49] Yi S H，Li C，Li Q. A survey of fog computing：Concepts，applications and issues. Proceedings of the Proceedings of the 2015 Workshop on Mobile Big Data，Hangzhou，2015.

[50] Shi W S，Cao J，Zhang Q，et al. Edge computing：Vision and challenges. IEEE Internet of Things Journal，2016，3（5）：637-646.

[51] Naha R K，Garg S，Georgakopoulos D，et al. Fog computing：Survey of trends，architectures，requirements，and research directions. IEEE Access，2018，6：47980-48009.

[52] Mao Y Y，You C S，Zhang J，et al. A survey on mobile edge computing：The communication perspective. IEEE Communications Surveys & Tutorials，2017，19（4）：2322-2358.